安全生产管理概论

陈金龙　郑绍成　主编

化学工业出版社

·北京·

安全生产是企业管理的重点,是企业发展的根本保证。做好安全管理工作,是各级政府和生产经营单位做好安全生产工作的基础。《安全生产管理概论》全面讲述了安全生产管理知识。主要内容包括安全生产管理概述,生产经营单位的安全生产管理,安全评价,重大危险源辨识与监控,事故应急救援与有限空间作业,职业危害与职业病管理,职业健康安全管理体系,安全生产监督和特种设备监察。书后附有安全生产标准化三级企业标准及安全生产标准化企业自查表,以便供企业参考使用。

《安全生产管理概论》可作为企业安全生产培训教材,也可作为从事企业安全生产管理的管理者、技术人员、安全员等专业人员的参考书,还可供大、专院校、高职高专院校相关专业师生参考阅读。

图书在版编目(CIP)数据

安全生产管理概论/陈金龙,郑绍成主编. —北京:
化学工业出版社,2017.9(2022.9重印)
ISBN 978-7-122-30444-5

Ⅰ.①安… Ⅱ.①陈…②郑… Ⅲ.①安全生产-生
产管理-概论 Ⅳ.①X92

中国版本图书馆 CIP 数据核字(2017)第 195828 号

责任编辑:高 震 装帧设计:韩 飞
责任校对:宋 玮

出版发行:化学工业出版社(北京市东城区青年湖南街 13 号 邮政编码 100011)
印 装:北京七彩京通数码快印有限公司
710mm×1000mm 1/16 印张 15¼ 字数 408 千字 2022 年 9 月北京第 1 版第 7 次印刷

购书咨询:010-64518888 售后服务:010-64518899
网 址:http://www.cip.com.cn
凡购买本书,如有缺损质量问题,本社销售中心负责调换。

定 价:58.00 元

前言
FOREWORD

　　安全工作的根本目的是保护广大劳动者和生产设备的安全，防止伤亡事故的发生，保护企业财产不受损失，保障生产和建设的正常进行。为了实现企业的安全生产，需要开展三方面的工作，即安全管理、安全技术和安全教育。而这三者中，安全管理又起着决定性的作用。

　　坚持以人为本，树立全面、协调、可持续的发展观，是对企业安全生产的最根本要求，安全生产管理是企业管理的重要组成部分，安全管理不善是企业失败的主要原因。安全管理缺陷是所有事故的普遍原因，管理失误往往是多重失误造成的。因此，安全管理应全方位、全天候、全过程、全员管理，即横向到边，纵向到底。

　　加强安全技术教育、安全培训工作，提高人员安全素质，是搞好安全管理的重要环节。搞好员工的安全教育培训工作，要重点把握好培训对象、内容、形式、效果 4 个环节。使广大员工把安全作为工作、生活中的"第一需要"，实现安全工作由"要我安全向我要安全、我懂安全、我会安全"的转变。所谓安全生产管理就是针对人们在安全生产过程中的安全问题，运用有效的资源，发挥人们的智慧，通过人们的努力，进行有关决策、计划、组织和控制等活动，实现生产过程中人与机器设备、物料环境的和谐，达到安全生产的目标。

　　本书从企业安全生产管理基本要求着手，共分八章，第一章是安全生产管理概述，从安全生产管理基本概念、现代安全生产管理理论简介、我国安全生产管理方针等内容介绍；第二章是生产经营单位的安全生产管理，从危险化学品安全管理法律责任、安全生产责任制建立、生产经营单位安全生产管理组织保障、安全生产投入、安全生产教育培训、建设项目"三同时"、劳动防护用品管理、安全生产标准化、安全检查、安全生产台账等内容介绍；第三章是安全评价，从安全评价类型、程序、方法、报告编制等方面介绍；第四章是重大危险源，从辨识标准、评价与监控等内容介绍；第五章是应急求援与有限空间作业，从救援体系建立、预案策划与编制、演练与评审等内容介绍；第六章是职业危害与职业病管理，从职业危害与职业病、职业危害评价、职业危害申报及报告等内容介绍；第七章是职业健康安全管理体系，从体系的运行、要素、方法、步骤、审核、认证等方面介绍；第八章是安全生产监督及特种设备监察，从监督管理、特种设备安全监察等内容介绍。同时介绍了安全标准化的评审标准，企业申报基本资料等内容。

本书为广大从事安全生产管理人员及生产一线员工学习安全基础知识提供一个选择。本书可作为企业安全生产培训教材，也可作为从事企业安全生产管理的管理者、技术人员、安全员等专业人员的参考书，还可为大、专院校、高职高专院校相关专业师生提供系统的安全生产管理方面的知识。希望本书能够为企业的安全基础知识的普及和安全员的培训有所贡献。

本书由金华市表面工程协会陈金龙秘书长，浙江师范大学行知学院理学院院长郑绍成教授级高工担任主编。在编撰本书的过程中得到了金华市安监局主管领导、金华市表面工程学会、浙江师范大学行知学院的大力支持；周福富、应礼彪、黄达谦、钟柏连、严晓阳、应强、汪海滨、胡鸿雨、余晓红、陈寒松等也为本书的编写提供了大量建议，在此表示衷心感谢。同时也感谢所有支持和关心本书编写、出版的领导和同事。

由于水平有限，不足之处恳请专家、学者和读者批评指正。

编者

2017 年 3 月

目录
CONTENTS

第一章

安全生产管理概述

经济全球化背景下的企业生产组织和实施，离不开科学、系统化的安全生产管理。企业安全生产管理是生产管理的重要组成部分，它不仅具有生产管理的一般规律和特点，还有特殊的规律和范畴。本章将简要介绍安全生产管理的发展历史、我国安全生产工作现状和我国安全生产管理方针，阐述安全生产管理的基本概念和基本理论。

第一节　安全生产管理基本概念

安全是人类生存和发展活动永恒的主题，安全生产管理作为生产的重要组成部分，在其长期的发展历程中产生了一些基本概念。

1. 安全生产

《辞海》中将安全生产解释为：安全生产是指为预防生产过程中发生人身、设备事故，形成良好劳动环境和工作秩序而采取的一系列措施和活动。在《中国大百科全书》中将安全生产解释为：安全生产旨在保护劳动者在生产过程中安全的一项方针，也是企业管理必须遵循的一项原则，要求最大限度地减少劳动者的工伤和职业病，保障劳动者在生产过程中的生命安全和身体健康。后者将安全生产解释为企业生产的一项方针、原则或要求，前者则解释为企业生产的一系列措施和活动。根据现代系统安全工程的观点，上述的解释都代表了一个方面，但都不够全面。概括地说，安全生产是为了使生产过程在符合物质条件和工作秩序下进行，防止发生人身伤亡和财产损失等生产事故，消除或控制危险有害因素，保障人身安全与健康、设备和设施免受损坏、环境免遭破坏的总称。

2. 职业安全卫生

职业安全卫生是安全生产、劳动保护和职业卫生的统称，它是以保障劳动者在劳动过程中的安全和健康为目的的工作领域，以及在法律法规、技术、设备与设施、组织制度、管理机制、宣传教育等方面所有措施、活动和事物，目前职业安全卫生与劳动安全卫生可以作为同义词使用。

对于企业，职业安全卫生涉及企业生产、管理的方方面面。如目前很多国家正在推行的职业安全卫生管理体系，包括了企业的安全、卫生和管理，涉及企业内部和进入企业的外部的生产设备、设施、环境和场所以及企业员工和相关方。

3. 事故

在《现代汉语词典》中对事故的解释是，事故多指生产、工作上发生的意外的损失或灾祸。

企业生产中，发生有毒有害气体泄漏，造成意外的人员伤亡，发生了安全生产事故。

在生产过程中，事故是指造成人员死亡、伤害、职业病、财产损失、环境破坏或其他损失的意外事件，从这个解释可以看出，事故是意外事件，该事件是人们不希望发生的；同时该事件产生了违背人们意愿的后果。如果事件的后果是人员死亡、受伤或身体的损害就称为人员伤亡事故，如果没有造成人员伤亡就是非人员伤亡事故，称一般事故。

事故有很多种分类方法，我国在工伤事故统计中，按照导致事故发生的原因，将工伤事故分为20类，分别为物体打击、车辆伤害、机械伤害、起重伤害、触电、淹溺、灼烫、火灾、高处坠落、坍塌、冒顶片帮、透水、放炮、瓦斯爆炸、火药爆炸、锅炉爆炸、容器爆炸、其他爆炸、中毒和窒息和其他伤害等。

4. 事故隐患

《现代汉语词典》对隐患的解释是，潜藏着的祸患，即隐藏不露、潜伏的危险性大的事情或灾害。事故隐患泛指生产系统中可导致事故发生的人的不安全行为、物的不安全状态和管理上的缺陷。在生产过程中，凭着对事故发生与预防规律的认识，为了预防事故的发生，制定关于生产过程中物的状态、人的行为和环境条件的标准、规章、规定、规程等，如果生产过程中物的状态、人的行为和环境条件不能满足这些标准、规章、规定、规程等，就可能发生事故。

事故隐患分类非常复杂，它与事故分类有密切关系，但又不同于事故分类。本着尽量避免交叉的原则，综合事故性质分类和行业分类，考虑事故起因，可将事故隐患归纳为21类，即火灾、爆炸、中毒和窒息、水害、坍塌、滑坡、泄漏、腐蚀、触电、坠落、机械伤害、煤与瓦斯突出、公路设施伤害、公路车辆伤害、铁路设施伤害、铁路车辆伤害、水上运输伤害、港口码头伤害隐患、空中运输伤害隐患、航空港伤害隐患、其他类隐患等。

5. 危险

根据系统安全工程的观点，危险是指系统中存在导致发生不期望后果的可能性超过了人们的承受程度。从危险的概念可以看出，危险是人们对事物的具体认识，必须指明具体对象。如危险环境、危险条件、危险状态、危险物质、危险场所、危险人员、危险因素等。

一般用危险度来表示危险的程度。在安全生产管理中，危险度用生产系统中事故发生的可能性与严重性给出，即：

$$R = f(F, C)$$

式中　R——危险度；

　　　F——发生事故的可能性；

　　　C——发生事故的严重性。

6. 危险源

从安全生产角度，危险源是指可能造成人员伤害、疾病、财产损失、作业环境破坏或其他损失的根源或状态。

7. 重大危险源

为了对危险源进行分级管理，防止重大事故发生，提出了重大危险源的概念。广义上说，可能导致重大事故发生的危险源就是重大危险源。各国政府部门为了对重大危险源进行安全生产监察，对重大危险源做出了规定。

《危险化学品重大危险源辨识》（GB 18218）和《中华人民共和国安全生产法》对重大危险源作出了明确的规定，《中华人民共和国安全生产法》第一百一十二条的解释是：重大危险源，是指长期地或者临时地生产、搬运、使用或者储存危险物品，且危险物品的数量等于或者超过临界量的单元（包括场所和设施）。单元内存在的危险化学品为多品种时，则按下式计算，若满足下式，则定为重大危险源：

$$q_1/Q_1 + q_2/Q_2 + \cdots + q_n/Q_n \geqslant 1$$

式中　$q_1, q_2, \cdots, q_n$——每种危险化学品实际存在量，t；

　　　$Q_1, Q_2, \cdots, Q_n$——与各危险化学品相对应的临界量，t。

　　　　　　　　　q——单元中危险物质的实际存在量；

　　　　　　　　　Q——危险物质的临界量。

在《危险化学品重大危险源辨识》（GB 18218）中，作为举例给出了爆炸品、易燃气体、易燃液体和毒性物质等共78种物质的临界量，同时规定了危险化学品类别和临界量。各国政府部门对重大危险源的定义、规定的临界量是不同的。无论是重大危险源的范围，还是重大危险源临界量，都是为了防止重大事故发生，从国家的经济实力、人们对安全与健康的承受水平和安全监督管理的需要给出的，随着人们生活水平的提高和对事故控制能力的增强，重大危险源的规定也会发生改变。

8. 安全

安全与危险是相对的概念，它们是人们对生产、生活中是否可能遭受健康损害和人身伤亡的综合认识，按照系统安全工程的认识论，无论是安全还是危险都是相对的。

顾名思义，安全为"无危则安，无缺则全"，安全意味着不危险，这是人们传统的认识。按照系统安全工程观点，安全是指生产系统中人员免遭不可承受危险的伤害。在生产过程中，不发生人员伤亡、职业病或设备、设施损害或环境危害的条件，是指安全条件。不因人、机、环境的相互作用而导致系统失效、人员伤害或其他损失，是指安全状况。

9. 本质安全

本质安全是指设备、设施或技术工艺含有内在的能够从根本上防止发生事故的功能。具体包括三方面的内容。

（1）失误　安全功能。指操作者即使操作失误，也不会发生事故或伤害，或者说设备、设施和技术工艺本身具有自动防止人的不安全行为的功能。

（2）故障　安全功能。指设备、设施或技术工艺发生故障或损坏时，还能暂时维持正常工作或自动转变为安全状态。

（3）上述两种安全功能应该是设备、设施和技术工艺本身固有的，即在它们的规划设计阶段就被纳入其中，而不是事后补偿的。

本质安全是安全生产管理预防为主的根本体现，也是安全生产管理的最高境界，实际上由于技术、资金和人们对事故的认识等原因，到目前还很难做到，只能作为我们为之奋斗的目标。

10. 安全生产管理

安全生产管理是管理的重要组成部分，是安全科学的一个分支。所谓安全生产管理，就是针对人们生产过程的安全问题，运用有效的资源，发挥人们的智慧，通过人们的努力，进行有关决策、计划、组织和控制等活动，实现生产过程中人与机器设备、物料、环境的和谐，达到安全生产的目标。

安全生产管理的目标是，减少和控制危害，减少和控制事故，尽量避免生产过程中由于事故所造成的人身伤害、财产损失、环境污染以及其他损失。安全生产管理包括安全生产法制管理、行政管理、监督检查、工艺技术管理、设备设施管理、作业环境和条件管理等。

安全生产管理的基本对象是企业的员工，涉及企业中的所有人员、设备设施、物料、环境、财务、信息等各个方面。安全生产管理内容包括：安全生产管理机构和安全生产管理人员、安全生产责任制、安全生产管理规章制度、安全生产策划、安全培训教育、安全生产档案等。

第二节　现代安全生产管理理论简介

安全生产管理随着安全科学技术和管理科学发展而发展，系统安全工程原理和方法的出现使安全生产管理的内容、方法、原理都有了很大的拓展。

一、安全生产管理发展历史

人类要生存、要发展，就需要认识自然、改造自然，通过生产活动和科学研究，掌握自然变化规律。科学技术的不断进步，生产力的不断发展，使人类生活越来越丰富，也产生了威胁人类安全与健康的安全问题。

人类"钻木取火"的目的是利用火，如果不对火进行管理，火就会给使用火的人们带来灾难。在公元前 27 世纪，古埃及第二王朝在建造金字塔时，组织 10 万人花 20 年的时间开凿地下通道和墓穴及建造地面塔体，对于如此庞大的工程，生产过程中没有管理是不可想象的。在古罗马和古希腊时代，维护社会治安和救火的工作由禁卫军和值班团承担。到公元 12 世纪英国颁布了《防火法令》，17 世纪颁布了《人身保护法》，安全管理有了自己的内容。

在我国，早在公元前 8 世纪，周朝人所著《周易》一书中就有"水火相忌"、"水在火上既济"的记载，说明了用水灭火的道理。自秦人开始兴修水利以来，其后几乎我国历朝历代都设有专门管理水利的机构。到北宋时代消防组织已相当严密。据《东京梦华录》一书记载，当时的首都汴京消防组织十分严密，消防管理机构不仅有地方政府，而且由军队担负值勤任务。

到 18 世纪中叶，蒸汽机的发明引起了工业革命，大规模的机器化生产开始出现，工人们在极其恶劣的作业环境中从事超过 10 小时的劳动，工人的安全和健康时刻受到机器的威胁，伤亡事故和职业病不断出现。为了确保生产过程安全与健康，工人采用很多手段争取改善作业环境条件，一些学者也开始研究劳动安全卫生问题。安全生产管理的内容和范畴有了很大发展。

到 20 世纪初，现代工业的兴起并快速发展，重大生产事故和环境污染相继发生，造成了大量的人员伤亡和巨大的财产损失，给社会带来了极大危害，使人们不得不在一些企业设置专职安全人员，并对工人进行安全教育。到了 20 世纪 30 年代，很多国家设立了安全生产管理的政府机构，发布了劳动安全卫生的法律法规，逐步建立了较完善的安全教育、管理、技术体系，形成了现代安全生产管理雏形。

进入 20 世纪 50 年代，经济的快速增长，使人们生活水平迅速提高，创造就业机会、改进工作条件、公平分配国民生产总值等问题，引起了越来越多经济学家、管理学家和安全工程专家和政治家的注意。工人强烈要求不仅有工作机会，还要有安全与健康的工作环境。一些工业化国家，进一步加强了安全生产法律法规体系建设，在安全生产方面投入大量的资金进行科学研究，加强企业生产安全管理的制度化建设，产生了一些安全生产管理原理、事故致因理论和事故预防原理等风险管理理论，以系统安全理论为核心的现代安全管理方法、模式、思想、理论基本形成。

到 20 世纪末，随着现代制造业和航空航天技术的飞跃发展，人们对职业安全卫生问题的认识也发生了很大变化，安全生产成本、环境成本等成为产品成本的重要组成部分，职业安全卫生问题成为非官方贸易壁垒的利器。在这种背景下，"持续改进"、"以人为本"的健康安全管理理念逐渐被企业管理者所接受，以职业健康安全管理体系为代表的企业安全生产风险管理思想开始形成，现代安全生产管理的内容更加丰富，现代安全生产管理理论、方法、模式以及相应的标准、规范更成熟。

现代安全生产管理理论、方法、模式是 20 世纪 50 年代进入我国的。在 20 世纪 60、70 年代，我国开始吸收并研究事故致因理论、事故预防理论和现代安全生产管理思想。80、90 年代，开始研究企业安全生产风险评价、危险源辨识和监控，我国一些企业管理者尝试安全生产风险管理。在 20 世纪末，我国几乎与世界工业化国家同步，研究并推行了职业健康安全管理体系。进入 21 世纪以来，我国有些学者提出了系统化企业安全生产风险管理的理论雏形，该理论认为企业安全生产管理是风险管理，管理的内容包括：危险源辨识、风险评价、危险预警与监测管理、事故预防与风险控制管理以及应急管理，该理论将现代风险管理完全融入到了安全生产管理之中。

二、安全生产管理原理与原则

安全生产管理作为管理的主要组成部分，遵循管理的普遍规律，它既服从管理的基本原理与原则，也有其特殊性的原理与原则。

原理是对客观事物实质内容及其基本运动规律的表述，原理与原则实质内容之间存在内在的逻辑对应关系。安全生产管理原理是从生产管理的共性出发，对生产管理工作的实质内容进行科学的分析、综合、抽象与概括所得出的生产管理规律。

原则是根据对客观事物基本规律的认识引发出来的，需要人们共同遵循的行为规范和准则。安全生产原则是指在生产管理原理的基础上，指导生产管理活动的通用规则。

原理与原则的本质与内涵是一致的。一般来说，原理更基本，更具普遍意义。原则更具体，对行动更有指导性。

（一）系统原理

1. 系统原理的含义

系统原理是现代管理学的一个最基本原理。它是指人们在从事管理工作时，运用系统观点、理论和方法，对管理活动进行充分的系统分析，以达到管理的优化目标，即用系统论的观点、理论和方法来认识和处理管理中出现的问题。

所谓系统是由相互作用和相互依赖的若干部分组成的有机整体。任何管理对象都可以作为一个系统，系统可以分为若干个子系统，子系统可以分为若干个要素，即系统是由要素组成的。按照系统的观点，管理系统具有六个特征，即集合性、相关性、目的性、整体性、层次性和适应性。

安全生产管理系统是生产管理的一个子系统，它包括各级安全管理人员、安全防护设备与设施、安全管理规章制度、安全生产操作规范和规程以及安全生产管理信息等。安全贯穿生产活动的方方面面，安全生产管理是全方位、全天候和涉及全体人员的管理。

2. 运用系统原理的原则

（1）动态相关性原则。动态相关性原则告诉我们，构成管理系统的各要素是运动和发展的，它们相互联系又相互制约。显然如果管理系统的各要素都处于静止状态，就不会发生事故。

（2）整分合原则。高效的现代安全生产管理必须在整体规划下明确分工，在分工基础上有效综合，这就是整分合原则。运用该原则，要求企业管理者在制订整体目标和宏观决策时，必须将安全生产纳入其中。资金、人员和体系都必须将安全生产作为一项重要内容考虑。

（3）反馈原则。反馈是控制过程中对控制机构的反作用。反馈原则是指成功的高效管理，离不开灵活、准确、快速的反馈。企业生产的内部条件和外部环境在不断变化，所以必须及时捕获、反馈各种安全生产信息，及时采取行动。

（4）封闭原则。在任何一个管理系统内部，管理手段、管理过程等必须构成一个连续封闭的回路，才能形成有效的管理活动，这就是封闭原则。封闭原则告诉我们，在企业安全生产中，各管理机构之间、各种管理制度和方法之间，必须具有紧密的联系，形成相互制约的回路，才能有效。

（二）人本原理

1. 人本原理的含义

在管理中必须把人的因素放在首位，体现以人为本的指导思想，这就是人本原理。以人为本有两层含义，其一是一切管理活动都是以人为本展开的，人既是管理的主体，又是管理的客体，每个人都处在一定的管理层面上，离开人就无所谓管理；其二是管理活动中，作为管理对象的要素和管理系统各环节，都是需要人掌管、运作、推动和实施。

2. 运用人本原理的原则

（1）动力原则。推动管理活动的基本力量是人，管理必须有能够激发人的工作能力的动力，这就是动力原则。对于管理系统，有三种动力，即物质动力、精神动力和信息动力。

（2）能级原则。现代管理认为，单位和个人都具有一定的能量，并且可按照能量的大小顺序排列，形成管理的能级，就像原子中电子的能级一样。在管理系统中，建立一套合理能级，根据单位和个人能量的大小安排其工作，才能发挥不同能级的能量，保证结构的稳定性和管理的有效性。

（3）激励原则。管理中的激励就是利用某种外部诱因的刺激调动人的积极性和创造性。以科学的手段，激发人的内在潜力，使其充分发挥积极性、主动性和创造性，这就是激励原则。工作动力来源于内在动力、外部压力和工作吸引力。

（三）预防原理

1. 预防原理的含义

安全生产管理工作应该做到预防为主，通过有效的管理和技术手段，减少和防止人的不安全行为和物的不安全状态，这就是预防原理。在可能发生人身伤害、设备或设施损坏和环境破坏的场合，事先采取措施，防止事故发生。

2. 运用预防原理的原则

（1）偶然损失原则。事故后果以及后果的严重程度，都是随机的、难以预测的。反复发生的同类事故，并不一定产生完全相同的后果，这就是事故损失的偶然性。偶然损失原则告诉我们，无论事故损失的大小，都必须做好预防工作。

（2）因果关系原则。事故的发生是许多因素互为因果连续发生的最终结果，只要事故的因素存在，发生事故是必然的，只是时间或迟或早而已，这就是因果关系原则。

（3）3E原则。造成人的不安全行为和物的不安全状态的原因可归结为四个方面，技术原因、教育原因、身体和态度原因以及管理原因。针对这四方面的原因，可以采取三种防止对策，即安全技术（Engineering）对策、安全教育（Education）和安全管理（Enforcement）对策，即所谓3E原则。

（4）本质安全化原则。本质安全化原则是指从一开始和从本质上实现安全化，从根本上消除事故发生的可能性，从而达到预防事故发生的目的。本质安全化原则不仅可以应用于设备、设施，还可以应用于建设项目。

（四）强制原理

1. 强制原理的含义

采取强制管理的手段控制人的意愿和行为，使个人的活动、行为等受到安全生产管理要求的约束，从而实现有效的安全生产管理，这就是强制原理。所谓强制就是绝对服从，不必经被管理者同意便可采取控制行动。

2. 运用强制原理的原则

（1）安全第一原则。安全第一就是要求在进行生产和其他活动时把安全工作放在一切工作的首要位置。当生产和其他工作与安全发生矛盾时，要以安全为主，生产和其他工作首先必须要服从安全，这就是安全第一原则。

（2）监督原则。监督原则是指，在安全工作中，为了使安全生产法律和规章制度得到落实，必须设立安全生产监督管理部门，对企业生产中的守法和执法情况进行监督。

三、事故致因理论

事故发生有其自身的发展规律和特点，只有掌握事故发生的规律，才能保证安全生产系统处于安全状态。前人站在不同的角度，对事故进行了研究，给出了很多事故致因理论，下面简要介绍几种。

（一）事故频发倾向理论

1919年，英国的格林伍德和伍兹把许多伤亡事故发生次数按照泊松分布、偏态分布和非均等分布进行了统计分析发现，当发生事故的概率不存在个体差异时，一定时间内事故发生次数服从泊松分布。一些工人由于存在精神或心理方面的问题，如果在生产操作过程中发生过一次事故，当再继续操作时，就有重复发生事故的倾向，服从偏态分布。当工厂中存在许多特别容易发生事故的人时，发生不同次数事故的人数服从非均等分布。

1939年，法默和查姆勃等人提出了事故频发倾向理论。事故频发倾向是指个别容易发生事故的稳定的个人内在倾向。事故频发倾向者的存在是工业事故发生的主要原因，即少数具有事故频发倾向的工人是事故频发倾向者，他们的存在是工业事故发生的原因。如果企业中减少了事故频发倾向者，就可以减少工业事故。

（二）海因里希因果连锁理论

1931年，美国的海因里希在《工业事故预防》一书中，阐述了工业安全理论，该书的主要内容之一就是论述了事故发生的因果连锁理论，后人称其为海因里希因果连锁理论。

海因里希把工业伤害事故的发生发展过程描述为具有一定因果关系事件的连锁，即人员伤亡的发生是事故的结果，事故的发生原因是人的不安全行为或物的不安全状态，人的不安全行为或物的不安全状态是由于人的缺点造成的，人的缺点是由于不良环境诱发或者是由先天的遗传因素造成的。

海因里希将事故因果连锁过程概括为以下五个因素：遗传及社会环境，人的缺点，人的不安全行为或物的不安全状态，事故，伤害。海因里希用多米诺骨牌来形象地描述这种事故因果连锁关系（见图1-1）。在多米诺骨牌系列中，一个骨牌被碰倒了，则将发生连锁反应，其余的几个骨牌相继被碰倒。如果移去中间的一个骨牌，则连锁被破坏，事故过程被中止。他认为，企业安全工作的中心就是防止人的不安全行为，消除机械的或物质的不安全状态，中断事故连锁的进程而避免事故的发生。

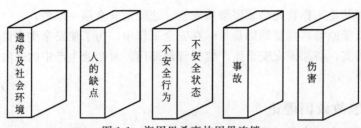

图 1-1   海因里希事故因果连锁

（三）能量意外释放理论

1961 年吉布森提出了事故是一种不正常的或不希望的能量释放，各种形式的能量是构成伤害的直接原因。因此，应该通过控制能量或控制能量载体来预防伤害事故。

在吉布森的研究基础上，1966 年哈登（Haddon）完善了能量意外释放理论，提出"人受伤害的原因只能是某种能量的转移"。并提出了能量逆流于人体造成伤害的分类方法，将伤害分为两类：第一类伤害是由于施加了局部或全身性损伤阈值的能量引起的；第二类伤害是由影响了局部或全身性能量交换引起的，主要指中毒窒息和冻伤。哈登认为，在一定条件下某种形式的能量能否产生伤害造成人员伤亡事故取决于能量大小、接触能量时间长短和频率以及力的集中程度。根据能量意外释放论，可以利用各种屏蔽来防止意外的能量转移，从而防止事故的发生。

（四）系统安全理论

在 20 世纪 50 年代到 60 年代美国研制洲际导弹的过程中，系统安全理论应运而生。系统安全理论包括很多区别于传统安全理论的创新概念。

（1）在事故致因理论方面，改变了人们只注重操作人员的不安全行为而忽略硬件的故障在事故致因中作用的传统观念，开始考虑如何通过改善物的系统可靠性来提高复杂系统的安全性，从而避免事故。

（2）没有任何一种事物是绝对安全的，任何事物中都潜伏着危险因素。通常所说的安全或危险只不过是一种主观的判断。

（3）不可能根除一切危险源，可以减少来自现有危险源的危险性，宁可减少总的危险性而不是只彻底去消除几种选定的风险。

（4）由于人的认识能力有限，有时不能完全认识危险源及其风险，即使认识了现有的危险源，随着生产技术的发展，新技术、新工艺、新材料和新能源的出现，又会产生新的危险源。安全工作的目标就是控制危险源，努力把事故发生概率减到最低，即使万一发生事故时，把伤害和损失控制在较轻的程度上。

四、事故预防与控制的基本原则

事故预防与控制包括两部分内容，即事故预防和事故控制，前者是指通过采用技术和管理手段使事故不发生，后者是通过采取技术和管理手段使事故发生后不造成严重后果或使后果尽可能减小。对于事故的预防与控制，应从安全技术、安全教育、安全管理三方面着手，采取相应措施。

安全技术对策着重解决物的不安全状态问题。安全教育对策和安全管理对策则主要着眼于人的不安全行为问题。安全教育对策主要使人知道，在哪里存在危险源、为何导致事故、事故的可能性和严重程度如何，对于可能的危险应该怎么做。安全管理措施则是要求必须怎么做。

第三节 我国安全生产管理方针

一、我国安全生产工作现状

1. 安全生产事故情况

2012～2015年，我国每年因各类事故死亡人数都在10万人左右，发生各类事故100多万起。安全生产事故的总体现状是：工矿企业事故发生总数有下降趋势，但事故发生次数多、事故伤亡人数多，事故发生率远高于美国、英国、日本等国家，重大事故和特别重大事故多发和死亡人数多是安全生产事故的一大特点。

2. 安全生产法律法规体系建设情况

改革开放以来，我国制定并颁布了近20部有关安全生产方面的法律和行政法规，如《矿山安全法》、《海上交通安全法》、《消防法》、《煤炭法》、《铁路法》、《公路法》、《民航法》和《建筑法》等。这些法律和行政法规对依法加强安全生产管理工作发挥了重要作用，促进了安全生产法制建设。2002年，为全面、完整地反映国家关于加强安全生产监督管理的基本方针、基本原则，确定对各行业、各部门和各类企业普遍适用的安全生产基本管理制度，并对安全生产管理中普遍存在的共性的、基本的法律问题做出统一规范，全国人大颁布实施《安全生产法》。以《安全生产法》为核心，包括法律、行政法规、部门规章和地方性安全生产法规和规章，我国安全生产法律法规体系正在逐步建立并完善。

2014年修订《安全生产法》，同年颁布并实施《特种设备安全法》，是党和政府加强安全生产工作的又一重大举措，是指导安全生产工作的纲领性文件。

3. 安全生产监督管理情况

我国建立了国家、省（自治区、直辖市）、地（市）、县级安全生产监督管理机构，建立了安全生产监督、监察管理机构体系，增大了对一些高风险行业的安全生产监察力度。但整体上还存在薄弱环节，如安全生产监察执法人数少、监督机构不够健全、监督执法人员水平需提高等。

4. 安全生产技术情况

随着我国经济能力的增强，国家已经规定淘汰了多批落后设备。企业按照产品升级换代的需要，也逐渐淘汰了一些落后的工艺和设备。自主开发和引进了一些先进的安全检测、监测仪器设备。国家整体安全生产技术水平在逐年提高。但是，总体安全技术水平比较低，特别是安全监测技术设备、应急救援技术装备远远落后于工业化国家。

5. 安全生产管理情况

近年来，我国一些企业在安全生产中，引入了"以人为本"、"持续改进"的管理理念，建立了系统化、科学化的职业健康安全管理体系。2003年，全国绝大部分煤矿、超过50年的非煤矿山和危险化学品生产、储存企业完成了安全评估工作。2003年，按照《中华人民共和国安全生产法》及其他安全生产法律法规的要求，大型建设项目、高风险建设项目和高风险企业开展了安全预评价和安全现状综合评价，使整体安全生产管理水平有了很大提高。

二、安全生产管理方针及其含义

2014年修订的《中华人民共和国安全生产法》新法中确立了"安全第一、预防为主、综合治理"的安全生产工作"十二字方针"，明确了安全生产的重要地位、主体任务和实现安全生产的根本途径。

"安全第一"要求从事生产经营活动必须把安全放在首位，不能以牺牲人的生命、健康为代价换取发展和效益，安全必须作为一条不可逾越的红线。

"预防为主"要求把安全生产工作的重心放在预防上，强化隐患排查治理，"打非治违"，从源头上控制、预防和减少安全生产事故。

"综合治理"要求运用行政、经济、法治、科技等多种手段，充分发挥社会、职工、舆论监督各个方面的作用，抓好安全生产工作。

坚持"十二字方针"，总结实践经验，《安全生产法》明确要求建立生产经营单位负责、职工参与、政府监管、行业自律、社会监督的机制，进一步明确各方安全生产职责。做好安全生产工作，落实生产经营单位主体责任是根本，职工参与是基础，政府监管是关键，行业自律是发展方向，社会监督是实现预防和减少生产安全事故目标的保障。

第二章

生产经营单位的安全生产管理

第一节　安全管理法律责任

能以最少的时间、人力、物力、财力取得尽可能多的经营成果，这是每一个生产经营单位追求的最佳状态。盈利是生产经营的最终目的，追求利润、追求经济效益无可厚非。但凡事皆有度，特别是从安全生产角度来说，无数生产安全事故的主要原因可以用一个字的来总结，那就是"省"字。省了不该省的时间，省了不该省的力，省了不该省的钱，只看到了经济效益，忽视了安全效益，省出了事故，顷刻间一切付出都化为乌有。

例如 2016 年 4 月 29 日 16 时许，广东省深圳市光明新区精艺星五金加工厂主要从事自行车铝合金配件抛光。作业时发生铝粉尘爆炸事故，事故造成 4 人死亡、6 人受伤，其中 5 人严重烧伤。该加工厂无视《严防企业粉尘爆炸五条规定》（原国家安全监管总局令第 68 号，已废止）等要求，违法违规组织生产，未及时规范清理除尘风道和作业场所积尘，除尘风机、风道未采取防火防爆措施。据初步调查分析，这起事故是在砖槽除尘风道内发生铝粉尘初始爆炸，引起厂房内铝粉尘二次爆炸，造成人员伤亡。2016 年 11 月 24 日 7 时 40 分左右，江西丰城发电厂三期在建项目工地冷却塔施工平台坍塌，造成 74 人死亡，两人受伤的特别重大事故。

2013 年吉林长春宝源丰禽业有限公司"6·3"特别重大火灾爆炸事故，事故共造成 121 人死亡、76 人受伤，17234m² 主厂房及主厂房内生产设备被损毁，直接经济损失 1.82 亿元，公司董事长也被法院以工程重大安全事故罪判处有期徒刑九年，并处罚金人民币 100 万元。这本是一家经济效益不错的企业，年生产肉鸡 36000t，年均销售收入约 3 亿元，正是过于追求经济效益最大化，为了企业的利益而无视员工生命，才会导致这样的悲剧发生。省了安全培训时间，员工缺乏逃生自救互救知识和能力；省了管理的能力，为了管理方便，采用简单的管理方式，车间安全出口一锁了之，使火灾发生后大量人员无法逃生。投产以来没有组织开展过全厂性的安全检查，事故隐患未能及时发现，省了材料的钱，将保温

13

材料由不燃的岩棉换成易燃的聚氨酯泡沫，导致起火后火势迅速蔓延，产生大量有毒气体，造成大量人员伤亡。

当代人说得最多的一个字大概就是"忙"字，时间总不够用。所以，安全培训没时间，工作忙，安全检查没时间，业务忙。省了应了解掌握本职工作所需的安全生产知识和技能的时间、省了检查机器设备隐患的时间，最终导致事故发生。在事故发生时，在生死一线间，又缺乏应急处理能力，做出了错误判断和选择，使事故进一步恶化扩大。

2014 年 8 月 2 日 7 时 34 分，位于江苏省苏州市昆山市昆山经济技术开发区的昆山中荣金属制品有限公司抛光二车间发生特别重大铝粉尘爆炸事故，当天造成 75 人死亡、185 人受伤。依照《生产安全事故报告和调查处理条例》（国务院令第 493 号）规定的事故发生后 30 日报告期，共有 97 人死亡、163 人受伤（事故报告期后，经全力抢救医治无效陆续死亡 49 人，尚有 95 名伤员在医院治疗，病情基本稳定），直接经济损失 3.51 亿元。从业人员对铝粉尘会引发爆炸的相关专业知识不了解不掌握，未建立岗位安全操作规程，对管理存在的严重漏洞和问题没有能力加以及时弥补，安全生产规章制度不健全、不规范，现有的安全生产规章制度没有认真执行，各级人员没有尽心尽力履行自己的职责，是事故发生的主要原因之一。

《安全生产法》第十八条规定，生产经营单位的主要负责人对本单位安全生产工作负有下列职责：

（1）建立、健全本单位安全生产责任制；

（2）组织制定本单位安全生产规章制度和操作规程；

（3）组织制定并实施本单位安全生产教育和培训计划；

（4）保证本单位安全生产投入的有效实施；

（5）督促、检查本单位的安全生产工作，及时消除生产安全事故隐患；

（6）组织制定并实施本单位的生产安全事故应急救援预案；

（7）及时、如实报告生产安全事故。

《安全生产法》第二十条规定，生产经营单位应当具备的安全生产条件所必需的资金投入，由生产经营单位的决策机构、主要负责人或者个人经营的投资人予以保证，并对由于安全生产所必需的资金投入不足导致的后果承担责任。

有关生产经营单位应当按照规定提取和使用安全生产费用，专门用于改善安全生产条件。安全生产费用在成本中据实列支。安全生产费用提取、使用和监督管理的具体办法由国务院财政部门会同国务院安全生产监督管理部门征求国务院有关部门意见后制定。

《企业安全生产费用提取和使用管理办法》第八条规定，危险品生产与储存企业以上年度实际营业收入为计提依据，采取超额累退方式按照以下标准平均逐月提取：

（1）营业收入不超过 1000 万元的，按照 4％提取；

（2）营业收入超过 1000 万元至 1 亿元的部分，按照 2％提取；

（3）营业收入超过 1 亿元至 10 亿元的部分，按照 0.5％提取；

（4）营业收入超过 10 亿元的部分，按照 0.2％提取。

《企业安全生产费用提取和使用管理办法》第二十条规定，危险品生产与储存企业安全费用应当按照以下范围使用：

（1）完善、改造和维护安全防护设施设备支出（不含"三同时"，要求初期投入的安全设施），包括车间、库房、罐区等作业场所的监控、监测、通风、防晒、调温、防火、灭火、防爆、泄压、防毒、消毒、中和、防潮、防雷、防静电、防腐、防渗漏、防护围堤或者隔离操作等设施设备支出；

（2）配备、维护、保养应急救援器材、设备支出和应急演练支出；

（3）开展重大危险源和事故隐患评估、监控和整改支出；

（4）安全生产检查、评价（不包括新建、改建、扩建项目安全评价）、咨询和标准化建设支出；

（5）配备和更新现场作业人员安全防护用品支出；

（6）安全生产宣传、教育、培训支出；

（7）安全生产适用的新技术、新标准、新工艺、新装备的推广应用支出；

（8）安全设施及特种设备检测检验支出；

（9）其他与安全生产直接相关的支出。

《安全生产法》第二十二条规定，生产经营单位的安全生产管理机构以及安全生产管理人员履行下列职责：

（1）组织或者参与拟订本单位安全生产规章制度、操作规程和生产安全事故应急救援预案；

（2）组织或者参与拟订本单位安全生产教育和培训，如实记录安全生产教育和培训情况；

（3）督促落实本单位重大危险源的安全管理措施；

（4）组织或者参与本单位应急救援演练；

（5）检查本单位的安全生产状况，及时排查生产安全事故隐患，提出改进安全生产管理的建议；

（6）制止和纠正违章指挥、强令冒险作业、违反操作规程的行为；

（7）督促落实本单位安全生产整改措施。

《安全生产法》第二十三条规定，生产经营单位的安全生产管理机构以及安全生产管理人员应当恪尽职守，依法履行职责。生产经营单位作出涉及安全生产的经营决策，应当听取安全生产管理机构以及安全生产管理人员的意见。生产经营单位不得因安全生产管理人员依法履行职责而降低其工资、福利等待遇或者解除与其订立的劳动合同。

危险物品的生产、储存单位以及矿山、金属冶炼单位的安全生产管理人员的任免，应当告知主管的负有安全生产监督管理职责的部门。

《安全生产法》第二十五条规定，生产经营单位应当建立安全生产教育和培训档案，如实记录安全生产教育和培训的时间、内容、参加人员以及考核结果等情况。

《安全生产法》第三十三条规定，生产经营单位必须对安全设备进行经常性维护、保养，并定期检测，保证正常运转。维护、保养、检测应当作好记录，并由有关人员签字。

《安全生产法》第四十三条规定，生产经营单位的安全生产管理人员应当根据本单位的生产经营特点，对安全生产状况进行经常性检查；对检查中发现的安全问题，应当立即处理；不能处理的，应当及时报告本单位有关负责人，有关负责人应当及时处理。检查及处理情况应当如实记录在案。

生产经营单位的安全生产管理人员在检查中发现重大事故隐患，依照前款规定向本单位有关负责人报告，有关负责人不及时处理的，安全生产管理人员可以向主管的负有安全生产监督管理职责的部门报告，接到报告的部门应当依法及时处理。

《安全生产法》第四十四条规定，生产经营单位应当安排用于配备劳动防护用品、进行安全生产培训的经费。

《安全生产法》第四十八条规定，生产经营单位必须依法参加工伤保险，为从业人员缴纳保险费。

《安全生产法》第五十四条规定，从业人员在作业过程中，应当严格遵守本单位的安全生产规章制度和操作规程，服从管理，正确佩戴和使用劳动防护用品。

《安全生产法》第五十五条规定，从业人员应当接受安全生产教育和培训，掌握本职工作所需的安全生产知识，提高安全生产技能，增强事故预防和应急处理能力。

《安全生产法》第五十六条规定，从业人员发现事故隐患或者其他不安全因素，应当立即向现场安全生产管理人员或者本单位负责人报告；接到报告的人员应当及时予以处理。

《安全生产法》第九十条规定，生产经营单位的决策机构、主要负责人或者个人经营的投资人不依照本法规定保证安全生产所必需的资金投入，致使生产经营单位不具备安全生产条件的，责令限期改正，提供必需的资金；逾期未改正的，责令生产经营单位停产停业整顿。

有前款违法行为，导致发生生产安全事故的，对生产经营单位的主要负责人给予撤职处分，对个人经营的投资人处二万元以上二十万元以下的罚款；构成犯罪的，依照刑法有关规定追究刑事责任。

《安全生产法》第九十一条规定，生产经营单位的主要负责人未履行本法规定的安全生产管理职责的，责令限期改正；逾期未改正的，处二万元以上五万元以下的罚款，责令生产经营单位停产停业整顿。

生产经营单位的主要负责人有前款违法行为，导致发生生产安全事故的，给予撤职处分；构成犯罪的，依照刑法有关规定追究刑事责任；

生产经营单位的主要负责人依照前款规定受刑事处罚或者撤职处分的，自刑罚执行完毕或者受处分之日起，五年内不得担任任何生产经营单位的主要负责人；对重大、特别重大生产安全事故负有责任的，终身不得担任本行业生产经营单位的主要负责人。

《安全生产法》第九十二条规定，生产经营单位的主要负责人未履行本法规定的安全生产职责，导致发生生产安全事故的，由安全生产监督管理部门依照下列规定处以罚款：

（1）发生一般事故的，处上一年年收入百分之三十的罚款；

（2）发生较大事故的，处上一年年收入百分之四十的罚款；

（3）发生重大事故的，处上一年年收入百分之六十的罚款；

（4）发生特别重大事故的，处上一年年收入百分之八十的罚款。

《安全生产法》第九十三条规定，生产经营单位的安全生产管理人员未履行本法规定的安全生产管理职责的，责令限期改正；导致发生生产安全事故的，暂停或者撤销其与安全生产有关的资格；构成犯罪的，依照刑法有关规定追究刑事责任。

《安全生产法》第九十四条 生产经营单位有下列行为之一的，责令限期改正，可以处五万元以下的罚款；逾期未改正的，责令停产停业整顿，并处五万元以上十万元以下的罚款，对其直接负责的主管人员和其他直接责任人员处一万元以上二万元以下的罚款：

（1）未按照规定设置安全生产管理机构或者配备安全生产管理人员的；

（2）危险物品的生产、经营、储存单位以及矿山、金属冶炼、建筑施工、道路运输单位的主要负责人和安全生产管理人员未按照规定经考核合格的；

（3）未按照规定对从业人员、被派遣劳动者、实习学生进行安全生产教育和培训，或者未按照规定如实告知有关的安全生产事项的；

（4）未如实记录安全生产教育和培训情况的；

（5）未将事故隐患排查治理情况如实记录或者未向从业人员通报的；

（6）未按照规定制定生产安全事故应急救援预案或者未定期组织演练的；

（7）特种作业人员未按照规定经专门的安全作业培训并取得相应资格，上岗作业的。

《安全生产法》第九十六条 生产经营单位有下列行为之一的，责令限期改正，可以处五万元以下的罚款；逾期未改正的，处五万元以上二十万元以下的罚款，对其直接负责的主管人员和其他直接责任人员处一万元以上二万元以下的罚款；情节严重的，责令停产停业整顿；构成犯罪的，依照刑法有关规定追究刑事责任：

（1）未在有较大危险因素的生产经营场所和有关设施、设备上设置明显的安全警示标志的；

（2）安全设备的安装、使用、检测、改造和报废不符合国家标准或者行业标准的；

（3）未对安全设备进行经常性维护、保养和定期检测的；

（4）未为从业人员提供符合国家标准或者行业标准的劳动防护用品的；

（5）危险物品的容器、运输工具，以及涉及人身安全、危险性较大的海洋石油开采特种设备和矿山井下特种设备未经具有专业资质的机构检测、检验合格，取得安全使用证或者安全标志，投入使用的；

（6）使用应当淘汰的危及生产安全的工艺、设备的。

《安全生产法》第九十九条规定，生产经营单位未采取措施消除事故隐患的，责令立即消除或者限期消除；生产经营单位拒不执行的，责令停产停业整顿，并处十万元以上五十万元以下的罚款，对其直接负责的主管人员和其他直接责任人员处二万元以上五万元以下的罚款。

《安全生产法》第一百零四条规定，生产经营单位的从业人员不服从管理，违反安全生产规章制度或者操作规程的，由生产经营单位给予批评教育，依照有关规章制度给予处分；构成犯罪的，依照刑法有关规定追究刑事责任。

《生产经营单位安全培训规定》第九条规定，生产经营单位主要负责人和安全生产管理人员初次安全培训时间不得少于 32 学时。每年再培训时间不得少于 12 学时。煤矿、非煤矿山、危险化学品、烟花爆竹、金属冶炼等生产经营单位主要负责人和安全生产管理人员安全资格培训时间不得少于 48 学时；每年再培训时间不得少于 16 学时。

《生产经营单位安全培训规定》第十三条规定，生产经营单位新上岗的从业人员，岗前培训时间不得少于 24 学时。

煤矿、非煤矿山、危险化学品、烟花爆竹、金属冶炼等生产经营单位新上岗的从业人员安全培训时间不得少于 72 学时，每年接受再培训的时间不得少于 20 学时。

《危险化学品安全管理条例》第十三条第一款规定，生产、储存危险化学品的单位，应当对其铺设的危险化学品管道设置明显标志，并对危险化学品管道定期检查、检测。

《危险化学品安全管理条例》第二十条第一款规定，生产、储存危险化学品的单位，应当根据其生产、储存的危险化学品的种类和危险特性，在作业场所设置相应的监测、监控、通风、防晒、调温、防火、灭火、防爆、泄压、防毒、中和、防潮、防雷、防静电、防腐、防泄漏以及防护围堤或者隔离操作等安全设施、设备，并按照国家标准、行业标准或者国家有关规定对安全设施、设备进行经常性维护、保养，保证安全设施、设备的正常使用。

《危险化学品安全管理条例》第二十二条第一款规定，生产、储存危险化学品的企业，应当委托具备国家规定的资质条件的机构，对本企业的安全生产条件每 3 年进行一次安全评价，提出安全评价报告。安全评价报告的内容应当包括对安全生产条件存在的问题进行整改的方案。

《危险化学品安全管理条例》第二十六条第二款规定，储存危险化学品的单位应当对其危险化学品专用仓库的安全设施、设备定期进行检测、检验。

《危险化学品安全管理条例》第七十八条规定（节选），有下列情形之一的，由安全生产监督管理部门责令改正，可以处 5 万元以下的罚款；拒不改正的，处 5 万元以上 10 万元以下的罚款；情节严重的，责令停产停业整顿：

生产、储存危险化学品的单位未对其铺设的危险化学品管道设置明显的标志，或者未对危险化学品管道定期检查、检测的。

《危险化学品安全管理条例》第八十条规定（节选），生产、储存、使用危险化学品的单位有下列情形之一的，由安全生产监督管理部门责令改正，处 5 万元以上 10 万元以下的罚款；拒不改正的，责令停产停业整顿直至由原发证机关吊销其相关许可证件，并由工商行政管理部门责令其办理经营范围变更登记或者吊销其营业执照；有关责任人员构成犯罪的，依法追究刑事责任：

（1）未根据其生产、储存的危险化学品的种类和危险特性，在作业场所设置相关安全设施、设备，或者未按照国家标准、行业标准或者国家有关规定对安全设施、设备进行经常性维护、保养的；

（2）未依照本条例规定对其安全生产条件定期进行安全评价的；

（3）未对危险化学品专用仓库的安全设施、设备定期进行检测、检验的。

《国务院安委会关于进一步加强安全培训工作的决定》（安委［2012］10 号）提出，严格落实企业职工先培训后上岗制度。矿山、危险物品等高危企业要对新职工进行至少 72 学时的安全培训，建筑企业要对新职工进行至少 32 学时的安全培训，每年进行至少 20 学时的再培训；非高危企业新职工上岗前要经过至少 24 学时的安全培训，每年进行至少 8 学时的再培训。企业调整职工岗位或者采用新工艺、新技术、新设备、新材料的，要进行专门的安全培训。

《国务院安委会关于进一步加强安全培训工作的决定》提出，完善和落实师傅带徒弟制度。高危企业新职工安全培训合格后，要在经验丰富的工人师傅带领下，实习至少 2 个月后方可独立上岗。工人师傅一般应当具备中级工以上技能等级、3 年以上相应工作经历，成绩突出，善于"传、帮、带"，没有发生过"三违"行为等条件。要组织签订师徒协议，建立师傅带徒弟激励约束机制。

《国务院关于加快发展现代职业教育的决定》（国发［2014］19 号）第二十一点提出，企业要依法履行职工教育培训和足额提取教育培训经费的责任，一般企业按照职工工资总额的 1.5％足额提取教育培训经费，从业人员技能要求高、实训耗材多、培训任务重、经济效益较好的企业可按 2.5％提取，其中用于一线职工教育培训的比例不低于 60％。除国务院财政、税务主管部门另有规定外，企业发生的职工教育经费支出，不超过工资薪金总额 2.5％的部分，准予扣除；超过部分，准予在以后纳税年度结转扣除。对不按规定提取和使用教育培训经费并拒不改正的企业，由县级以上地方人民政府依法收取企业应当承担的职业教育经费，统筹用于本地区的职业教育。

《工伤保险条例》第二条规定，中华人民共和国境内的企业、事业单位、社会团体、民办非企业单位、基金会、律师事务所、会计师事务所等组织和有雇工的个体工商户，应当依照本条例规定参加工伤保险，为本单位全部职工或者雇工缴纳工伤保险费。

中华人民共和国境内的企业、事业单位、社会团体、民办非企业单位、基金会、律师事务所、会计师事务所等组织的职工和个体工商户的雇工，均有依照本条例的规定享受工伤保险待遇的权利。

《工伤保险条例》第十条规定，用人单位应当按时缴纳工伤保险费。职工个人不缴纳工伤保险费。用人单位缴纳工伤保险费的数额为本单位职工工资总额乘以单位缴费费率之积。

对难以按照工资总额缴纳工伤保险费的行业，其缴纳工伤保险费的具体方式，由国务院社会保险行政部门规定。

《工伤保险条例》第六十二条第二款，依照本条例规定应当参加工伤保险而未参加工伤保险的用人单位职工发生工伤的，由该用人单位按照本条例规定的工伤保险待遇项目和标准支付费用。

第二节　安全生产责任制

一、建立安全生产责任制的必要性

《安全生产法》第四条明确规定，"生产经营单位必须遵守本法和其他有关安全生产的法律、法规，加强安全生产管理，建立、健全安全生产责任制度，完善安全生产条件，确保安全生产。

安全生产责任制是生产经营单位各项安全生产规章制度的核心，是生产经营单位行政岗位责任制和经济责任制度的重要组成部分，也是最基本的职业健康安全管理制度。安全生产责任制是根据我国的安全生产方针"安全第一，预防为主，综合治理"和安全生产法规建立的各级领导、职能部门、工程技术人员、岗位操作人员在劳动生产过程中对安全生产层层负责的制度。

生产经营单位的安全生产责任制的核心是实现安全生产的"五同时"，就是在计划、布置、监察、总结、评比生产工作的时候，同时计划、布置、检查、总结、评比安全工作。其内容大体可分为两个方面：一是纵向方面各级人员的安全生产责任制，即各类人员（从最高管理者、管理者代表到一般职工）的安全生产责任制；二是横向方面各职能部门（如安全、设备、技术、生产、基建、人事、财务、设计、档案、培训、宣传等部门）的安全生产责任制。

安全生产是关系到生产经营单位全员、全层次、全过程的大事。因此，生产经营单位必须建立安全生产责任制。把"安全生产，人人有责"从制度上固定下来。从而增强各级管理人员的责任心，使安全管理纵向到底、横向到边，责任明确、协调配合，共同努力把安全工作真正落到实处。

二、建立安全生产责任制的要求

要建立起一个完善的生产经营单位安全生产责任制，需要达到如下要求。

（1）建立的安全生产责任制必须符合国家安全生产法律法规和政策、方针的要求，并应适时修订。

（2）建立的安全生产责任制体系要与生产经营单位管理体制协调一致。

（3）制订安全生产责任制要根据本单位、部门、班组、岗位的实际情况，明确、具体，具有可操作性，防止形式主义。

（4）制订、落实安全生产责任制要有专门的人员与机构来保障。

（5）在建立安全生产责任制的同时建立安全生产责任制的监督、检查等制度，特别要注意发挥职工群众的监督作用，以保证安全生产责任制得到真正落实。

三、安全生产责任制的主要内容

1. 生产经营单位主要负责人

生产经营单位的主要负责人对本单位安全生产工作负有下列职责：

（1）建立、健全本单位安全生产责任制；

（2）组织制订本单位安全生产规章制度和操作规程；

（3）组织制订并实施本单位安全生产教育和培训计划；

（4）保证本单位安全生产投入的有效实施；

（5）督促、检查本单位的安全生产工作，及时消除事故隐患；

（6）组织制订并实施本单位的生产安全事故应急救援预案；

（7）及时、如实报告生产安全事故。

2. 副厂长安全生产职责

（1）协助厂长（经理）领导本企业的安全生产工作，对分管的安全工作负直接领导责任，支持安全技术部门开展工作。

（2）组织企业员工学习安全生产法规、标准及有关文件，结合本企业安全生产情况，制订保证安全生产的具体方案，并组织实施。

（3）协助厂长（经理）召开安全生产例会，对例会决定的事项负责组织贯彻落实。

（4）主持编制、审查年度安全技术措施计划，并组织实施。

（5）组织车间和有关部门定期开展专业性安全检查、季节性安全检查；对重大事故隐患，组织有关人员研究解决，或按规定权限向上级有关部门提出报告，在上报的同时，应制订可靠的临时安全措施。

（6）主持制订安全生产管理制度和安全操作规程，并组织实施；定期检查执行情况，负责推广安全生产先进经验。

（7）发生事故后，应迅速察看现场，及时准确地向上级报告，同时按分工主持事故调查，确定事故责任，提出对事故责任者的处理意见。

3. 技术负责人安全生产职责

（1）在厂长（经理）的领导下，对企业的安全技术工作全面负责。

（2）组织制订、修订和审定各项安全管理制度、安全操作规程，组织编制安全技术措施计划、方案及安全技术长远规划。

（3）协助厂长（经理）组织安全技术研究工作，负责解决安全技术、安全管理上的疑难或重大问题，推广和采用先进的安全技术和安全防护措施。

（4）组织制订审批安全教育计划，参加对干部的安全教育和考核。

（5）审批重大工艺处理、检修、施工的安全技术方案，审查引进技术（设备）和开发新产品中的安全技术问题。

（6）审批特殊危险动火作业，参加事故的技术分析。

4. 安全生产管理机构职责

（1）组织或者参与拟订本单位安全生产规章制度、操作规程和生产安全事故应急救援预案。

（2）组织或者参与本单位安全生产教育和培训，如实记录安全生产教育和培训情况。

（3）督促落实本单位重大危险源的安全管理措施。

（4）组织或者参与本单位应急救援演练。

（5）检查本单位的安全生产状况，及时排查事故隐患，提出改进安全生产管理的建议。

（6）制止和纠正违章指挥、强令冒险作业、违反操作规程的行为。

（7）督促落实本单位安全生产整改措施。

5. 设备部门的安全生产职责

（1）做好主管业务范围的安全工作，负责制订和修改各类设备设施的操作规程和管理制度。

（2）负责设备设施的管理，及时掌握运行状态，使其符合安全技术要求。

（3）负责组织对特种设备、职业危害防护设施、安全装置、计量装置进行定期检查、校验和送检工作，协助办理特种设备的注册登记。

（4）在制订或审定有关设备制造、更新改造方案和编制设备检修计划时，应有相应安全措施内容，并确保实施。

（5）参与安全大检查和组织本专业安全检查，对检查出的有关问题要有计划地及时解决，按期完成安全技术措施计划和事故隐患整改项目。

（6）在签订设备施工合同时，要对承包施工的单位进行安全资质认定，并订立施工安全协议。

（7）负责生产设备事故的管理和参与各类事故的调查处理。

6. 工会安全生产职责

（1）贯彻有关安全卫生的方针、政策，并监督认真执行，对忽视安全生产和违反劳动保护的现象及时提出批评和建议，督促和配合有关部门及时改进。

（2）监督劳动保护费用的使用情况，对有碍安全生产、危害职工安全健康和违反安全操作规程的行为有权抵制、纠正和控告。

（3）做好安全生产宣传教育工作，教育职工自觉遵纪守法，执行安全生产各项规程、规定，支持厂长对安全生产作出贡献的单位和个人给予表彰奖励，对违反安全生产规定的单位和个人给予批评和惩罚。

（4）参加企业有关安全生产规章制度制订。

（5）协助行政搞好班组的安全生产工作。

（6）关心职工劳动条件的改善，保护职工在劳动中的安全与健康，组织从事职业危害作业人员进行预防性健康检查和疗养。

（7）发动和依靠广大职工群众有效地搞好安全生产。

（8）参加安全生产检查和对建设项目的"三同时"进行监督，参加事故的调查处理工作。

7. 车间主任安全生产职责

（1）保证国家和上级安全生产法规、制度、标准在本车间贯彻执行。把安全工作列入议事日程，做到"五同时"。

（2）组织制订车间安全管理规定、安全操作规程和安全技术措施计划。

（3）组织对新职工进行车间安全教育和班组安全教育，对职工进行经常性的安全意识、安全知识和安全技术教育，定期组织考核，组织班组安全日活动，及时吸取工人提出的正确意见。

（4）组织全车间职工定期进行安全检查，保证设备、安全装置、消防、防护器材等处于完好状态。

（5）组织各项安全生产活动。总结交流安全生产经验，表彰先进班组和个人。

(6) 严格执行有关劳保用品、保健食品、清凉饮料等发放标准。加强防护器材的管理，教育职工妥善保管，正确使用。

(7) 坚持"四不放过"原则，对本车间发生的事故及时报告和处理，注意保护现场，查清原因，采取防范措施。

(8) 组织本车间安全管理网，配备合格的安全管理人员，支持车间安全员工作，充分发挥班组安全员的作用。

8. 专职安全生产管理员职责

(1) 贯彻执行国家有关安全生产政策法规，加强对企业安全管理工作的调查研究，当好领导的助手和参谋。

(2) 负责制订各类安全生产管理制度、安全操作规程，并检查落实情况。

(3) 编制、审查安全技术措施计划，并检查执行情况。督促和检查新工人"三级"安全教育情况，工人生产工种调换时必须通知有关部门做好必要的安全技术教育。督促与检查个人防护用品的正确发放和合理使用。

(4) 定期或不定期进行安全工作检查，开展专业性、季节性与节假日的安全工作检查，对检查出的事故隐患督促及时整改。做好防尘、防毒、防暑、降温、防寒、保暖等工作。督促与检查危险物品的安全管理和使用。认真做好安全台账资料记录和归档。

(5) 负责事故的调查、分析、上报等工作，认真执行"四不放过"原则，会同有关部门对事故进行妥善处理。

(6) 编制本企业事故应急预案和组织演练，负责事故抢救工作。

(7) 组织员工安全生产培训和开展各类安全生产活动。

(8) 负责各类安全装置、防护器具和消防器材的管理。

(9) 参与单位新建、改建、扩建工程设计和设备改造以及工艺条件变动方案的审查工作。

(10) 负责安全作业票证的审核，检查具体落实情况。

9. 兼职安全生产管理员职责

(1) 协助聘用单位贯彻执行有关安全生产的法律法规和方针政策。

(2) 协助聘用单位建立、健全安全生产责任制度、安全生产管理制度、安全生产工作档案、安全操作规程和安全生产检查表，拟定年度安全生产工作计划和安全技术措施计划，并检查和督促落实。

(3) 掌握聘用单位安全生产状况，协助聘用单位制订生产事故应急预案并指导落实。

(4) 履行现场安全生产检查职责，对检查发现的事故隐患，提出整改意见，并及时报告安全生产负责人，督促聘用单位落实整改。

（5）协助聘用单位对职工开展安全生产宣传教育和培训工作，督促聘用单位执行特种作业人员持证上岗制度和员工上岗前及轮岗前培训教育制度。

（6）指导和督促生产经营单位按国家规定为从业人员发放劳动防护用品，并监督教育从业人员按规定使用。

10. 车间安全员职责

（1）车间安全员在车间主任的直接领导下开展工作，业务上接受安全技术部门领导。

（2）贯彻有关安全生产法律、法规、制度和标准；参与拟订、修订车间安全操作规程和安全生产管理制度，并监督检查执行情况。

（3）协助车间主任编制安全技术措施计划和方案，并督促实施。

（4）制订车间安全活动计划，并组织实施。

（5）对班组安全员进行业务指导，协助车间主任搞好职工安全教育，培训和考核工作。

（6）参与车间设备改造以及工艺条件变动方案的审查工作。

（7）深入现场进行安全检查，制止违章指挥和违章作业，对不听劝阻者，有权停止其工作，并报请领导处理。

（8）参与有关安全作业票证的审核，并检查落实情况。

（9）负责车间安全装置、防护器具、消防器材的管理。

（10）负责车间伤亡事故的统计上报，参与事故调查。

11. 班组长安全职责

（1）组织职工学习、贯彻执行企业、车间有关安全产规章制度、安全操作规程和要求。

（2）班组班级安全教育和安全活动。

（3）认真执行交接班制度，做到班前讲安全、班中检查安全、班后总结安全。

（4）检查各岗位工艺指标及各项规章制度执行情况，做好设备和安全设施的巡回检查及维护保养，并认真做好记录。

（5）严格劳动纪律，不违章指挥，有权制止一切违章作业，监督检查本辖区内的各种作业，维护正常生产秩序。

（6）负责本班组防护器具、安全装置和消防器材的日常管理，使之完整好用。

（7）发现隐患要及时解决，并做好记录。不能解决的要上报领导，同时采取有效的防范措施。发生事故要立即组织抢救并保护现场，及时报告。

12. 职工安全生产职责

（1）遵守劳动纪律，自觉执行企业安全规章制度和安全操作规程，听从指挥，杜绝违章行为。

（2）认真执行交接班制度，保证本岗位工作地点和设备工具的安全、整洁，不随便拆除安全防护装置，不使用自己不该使用的机械和设备。

（3）自觉并正确佩戴劳动防护用品，妥善保管和正确使用各种防护器具和灭火器材。

（4）积极参加安全生产知识教育和安全生产技能培训，提高安全操作技术水平。

（5）不得擅自私拉乱接电线，不得擅自动用明火。

（6）及时报告、处理事故隐患，积极参加事故抢救工作。

（7）批评、检举、拒绝违章指挥、违章操作、违反劳动纪律行为。

13. 仓管员安全生产职责

（1）遵守本公司劳动纪律。严格执行本岗位的操作规程和各项安全管理制度。

（2）仓管员必须经过安全培训合格，持证上岗。能掌握安全操作技能和事故的预防、救护措施。

（3）服从安全员的领导，严格执行流向登记。剧毒、易制毒化学品的储存安排及储存量的限制，要按照安全评价的要求，不得超量储存，摆放要整齐。

（4）剧毒危险化学品出、入库前均应按合同进行检查、验收、登记。验收内容包括品名、规格、数量、《产品质量检验合格证》、"一书一签"、供货合同与随货清单，经核对无误后方可入库。如有不合格产品拒绝接收入库或通知供货单位另行处理；验收在库外安全地点进行；登记生产厂家及供方押运员的身份证号码，填写验收记录。

（5）凡是出、入仓库的剧毒品、有毒品（包括购入、发出、扣押、罚没、返还等各种出、入库情况）都应记在流向登记本上，不得有涂改。将入库单交给安监科；做到账目清楚、账物相符。

（6）和安全员一起做好仓库管理工作。严禁无关人员进入库区；定期对仓库存储的剧毒物品和安全设备设施进行检查；并对其进行日常维护、保养。对仓库已安装的各种安全报警设备，要 24 小时开通，如有发现因没有使用相关报警装置，发生安全事故的，由仓管员和安全员共同承担责任。

（7）库内保持整洁、干净、及时整理包装破损危险物品。加强库房的安全检查，包括火灾隐患检查，如通风、温度、湿度、货垛堆放是否符合标准等。有异常问题，先采取措施并及时上报公司领导，确保剧毒物品的储存安全。

（8）指导装卸人员规范操作，做到轻装轻卸，堆放整齐，符合堆放标准。

（9）与安全员一起做好出库管理工作。凭领料单发货并核对有否多发、少发或错发，确保发货安全；进行出库登记，包括领料人的姓名，填写出库记录。

(10) 做好事故应急救援工作，并积极参与事故救援处置。

14. 驾驶员安全生产职责

(1) 遵守本公司的劳动纪律。严格执行本岗安全技术操作规程和各项安全管理制度。

(2) 持证上岗，掌握安全操作技能和事故的预防及救护措施。

(3) 遵守有关法律、法规关于剧毒化学品运输的管理要求和交通法规。

(4) 在出车前对车辆进行全面检查，尤其是车辆制动、方向操作、方向指示等部分，严禁病车上路。发现故障必须排除后方可投入运行。车辆必须根据剧毒物品的特性配备相应的消防、捆扎、防水、防散失工具。

(5) 车辆装载货物时，严禁将包装不合格的剧毒物品装上车或货物上车后堆放松散。装卸车时要督促押运员对品种、数量，以防差错。

(6) 出车时应带齐各种有效证件，随车携带的有关应急处理和防护器材必须配备齐全，并保证状态良好，车厢内保持清洁干燥。在同一车上不得混装化学性质相互抵触的产品。

(7) 按通行证指定的路线运输，严禁在人口稠密地段和闹市地段停车或停放。在路上行驶必须遵守交通法规；根据车辆装载情况，应经常检查。在路上严禁搭乘无关人员。

(8) 避免在高温雨雪、大雾、雷雨等恶劣天气运输剧毒物品。

(9) 做好事故应急救援工作，并积极参与事故救援处置。

15. 装卸员安全生产职责

(1) 遵守本公司劳动纪律。严格执行本岗安全技术操作规程和各项安全管理制度。

(2) 持证上岗，掌握安全操作技能和事故的预防及救护措施。

(3) 在装卸过程中，按规定穿着防护服，手套，穿防护靴；作业中禁止进食饮水。装卸完毕后及时用肥皂洗脸、手等部位。

(4) 装卸时要轻装轻卸，严禁摔、碰、撞、击、拖拉、倾倒和滚动，防止包装破损。

(5) 剧毒、有毒危险化学品的储存。堆垛要整齐，要核对数量，无误后关好仓库并加锁。

(6) 各项操作不能使用能产生火花的工具，作业现场应远离热源和火源。

(7) 剧毒化学品验收应在库房外进行。

(8) 做好事故应急救援工作，并积极参与事故救援处置。

16. 保卫员安全生产职责

(1) 遵守本公司劳动纪律，服从安全员的管理。严格执行各项安全管理制度。

（2）持证上岗，掌握安全操作技能和事故的预防及救护措施。

（3）仓库必须24小时保证有两人巡逻执勤。无关人员不得进入库区。严禁无关人员进入库区。公司相关人员（如公司领导、驾驶员、押运员、提货客户等）车辆进出库区要检查相关证件和记录滞留时间；公安、安监等相关部门人员进入库区检查应记录滞留时间，并明示库区严禁携带烟火。

（4）夜间要进行巡逻，并做好值勤记录，包括记录库内的温、湿度。按规定时间交接班。

（5）巡逻执勤员应做好每日巡回检查。包括库门窗、消防、监控、避雷等设施和库内有无异常情况，库区10m内安全情况，谨防库外火源或危险因素影响库区安全。

（6）巡逻值勤员发现异常情况要及时向领导汇报，必要时首先报警。

（7）积极参与应急救援演练与事故救援处置。

（8）完成公司交办的其他工作。

17. 车间领料员安全生产职责

（1）车间领料员在车间主任的直接领导下开展工作，业务上接受安全技术部门领导。

（2）化学毒品的使用，根据生产需要制订需求计划，由车间主任开具领料单，经主管领导批准后领取。

（3）易燃、易爆、剧毒品，必须随用随领，领取的数量不得超过当班用量，剩余的剧毒品应及时退回库房。

（4）使用化学毒品的场所，应根据化学物品的种类、性能设置相应的通风、防火、防爆、防毒隔离等安全措施。

（5）酸类物品，严谨与氧化物相遇。

（6）操作者工作前必须穿戴好专用的防护用品。

第三节　生产经营单位安全生产管理组织保障

生产经营单位应按照《安全生产法》的规定要求设置安全生产管理机构和配备安全生产管理人员。

安全生产管理机构指的是生产经营单位专门负责安全生产监督管理的内设机构，其工作人员都是专职安全生产管理人员。安全生产管理机构的作用是落实国家有关安全生产的法律法规，组织生产经营单位内部各种安全检查活动，负责日常安全检查，及时整改各种事故隐患，监督安全生产责任制的落实等。它是生产经营单位安全生产的重要组织保证。

安全生产管理机构的设置和专职、兼职安全生产管理人员的配备，是根据生产经营单位的危险性、规模大小等因素来确定的。

从事危险性较大的矿山开采、建筑施工和危险物品的生产、经营、储存活动的生产经营单位，必须设置安全生产管理机构或者配备专职安全生产管理人员。具体是否设置安全生产管理机构或者配备多少专职安全生产管理人员，则应根据生产经营单位危险性的大小、从业人员的多少、生产经营规模的大小等因素确定。

除从事矿山开采、建筑施工和危险物品生产、经营、储存活动的生产经营单位外，其他生产经营单位是否设立安全生产管理机构以及是否配备专职安全生产管理人员，则要根据其从业人员的规模来确定。从业人员超过 100 人的生产经营单位，必须设置安全生产管理机构或者配备专职安全生产管理人员。设置安全生产管理机构，还是配备专职安全生产管理人员，要根据生产经营单位的实际情况来确定，没有统一规定。从业人员在 100 人以下的生产经营单位，可以不设置安全生产管理机构，但必须配备专职或者兼职的安全生产管理人员，或者委托具有国家规定的相关专业技术资格的工程技术人员提供安全生产管理服务。

需要指出的是，当生产经营单位依据法律规定和本单位实际情况，委托工程技术人员提供安全生产管理服务时，保证安全生产的责任仍由本单位负责。

第四节　安全生产投入

一、对安全生产投入的基本要求

生产经营单位必须安排适当的资金，用于改善安全设施，更新安全技术装备、器材、仪器、仪表以及其他安全生产投入，以保证生产经营单位达到法律、法规、标准规定的安全生产条件。生产经营单位的主要负责人对由于安全生产所必需的资金投入不足导致的后果承担责任。

安全投入资金具体由谁来保证，依据该单位的性质而定。一般说来，股份制企业、合资企业等安全生产投入资金由董事会予以保证；一般国有企业由厂长或者经理予以保证；个体工商户等个体经济组织由投资人予以保证。上述保证人承担由于安全生产所必需的资金投入不足，而导致事故后果的法律责任。

安全生产投入主要用于以下方面：

（1）建设安全技术措施工程，如防火工程、通风工程等；

（2）增设新安全设备、器材、装备、仪器、仪表等以及这些安全设备的日常维护；

（3）重大安全生产课题的研究；

（4）按国家标准为职工配备劳动保护用品；

（5）职工的安全生产教育和培训；

（6）其他有关预防事故发生的安全技术措施费用，如用于制订及落实生产事故应急救援预案等。

二、安全技术措施计划的基本原则

生产经营单位为了保证安全资金的有效投入，应编制安全技术措施计划，该计划的核心是安全技术措施。

安全技术主要是运用工程技术手段消除物的不安全因素，来实现生产工艺和机械设备等生产条件的本质安全。

安全技术按照行业可分为：矿山安全技术、煤矿安全技术、石油化工安全技术、冶金安全技术、建筑安全技术、水利水电安全技术等。

按照危险、有害因素的类别可分为：防火防爆安全技术、锅炉与压力容器安全技术、起重与机械安全技术、电气安全技术等。

按照导致事故的原因可分为：防止事故发生的安全技术、减少事故损失的安全技术等。

1. 防止事故发生的安全技术

防止事故发生的安全技术是指为了防止事故的发生，采取的约束、限制能量或危险物质，防止其意外释放的技术措施。常用防止事故发生的安全技术有消除危险源、限制能量或危险物质、隔离等。

（1）消除危险源　消除系统中的危险源，可以从根本上防止事故的发生。但是，按照现代安全工程的观点，彻底消除所有危险源是不可能的。因此，人们往往首先选择危险性较大、在现有技术条件下可以消除的危险源，作为优先考虑的对象。可以通过选择合适的工艺、技术、设备、设施，合理结构形式，选择无害、无毒或不能致人伤害的物料来彻底消除某种危险源。

（2）限制能量或危险物质　限制能量或危险物质可以防止事故的发生。如，减少能量或危险物质的量，防止能量蓄积，安全地释放能量等。

（3）隔离　隔离是一种常用的控制能量或危险物质的安全技术措施。采取隔离技术，即可以防止事故的发生，也可以防止事故的扩大，减少事故的损失。

（4）故障安全设计　在系统、设备、设施的一部分发生故障或破坏的情况下，在一定时间内也能保证安全的技术措施称为故障安全设计。通过设计，使得系统、设备、设施发生故障或事故时处于低能状态，防止能量的意外释放。

（5）减少故障和失误　通过增加安全系数、增加可靠性或设置安全监控系统等来减轻物的不安全状态，减少物的故障或事故的发生。

2. 减少事故损失的安全技术

防止意外释放的能量引起人的伤害或物的损坏，或减轻其对人伤害或对物破坏的技术称为减少事故损失的安全技术。

在事故发生后，迅速控制局面，防止事故的扩大，避免引起二次事故的发生，从而减少事故造成的损失。

常用的减少事故损失的安全技术有隔离、个体防护、设置薄弱环节、避难与救援等。

（1）隔离　作为减少事故损失的隔离，是把被保护对象与意外释放的能量或危险物质等隔开。隔离措施按照被保护对象与可能致害对象的关系可分为：隔开、封闭和缓冲等。

（2）个体防护　个体防护是把人体与意外释放能量或危险物质隔离开，是一种不得已的隔离措施，但是却是保护人身安全的最后一道防线。

（3）设置薄弱环节　利用事先设计好的薄弱环节，使事故能量按照人们的意图释放，防止能量作用于被保护的人或物。如锅炉上的安全阀、电路中的熔断器等。

（4）避难与救援　设置避难场所，当事故发生时人员暂时躲避，免遭伤害或赢得救援的时间。在事先选择撤退路线，当事故发生时，人员按照撤退路线迅速撤离。事故发生后，组织有效的应急救援力量，实施迅速的救护，是减少事故人员伤亡和财产损失的有效措施。

此外，安全监控系统作为防止事故发生和减少事故损失的安全技术，是发现系统的故障和异常的重要手段。安装安全监控系统，可以及早发现事故，获得事故发生、发展的数据，避免事故的发生或减少事故的损失。

三、安全技术措施计划的编制

1. 编制安全技术措施计划的依据

编制安全技术措施计划应以"安全第一、预防为主、综合治理"的安全生产方针为指导思想，以《安全生产法》等法律、法规、国家或行业标准为依据。除此以外，编制安全技术措施计划还应依据考虑本单位的实际情况，包括：在安全生产检查中发现而尚未解决的问题；针对可能引发伤亡事故和职业病的主要原因所应采取的技术措施；针对新技术、新工艺、新设备等应采取的安全技术措施；安全技术革新项目和职工提出的合理化建议等。

2. 安全技术措施计划的项目

安全技术措施计划的项目，包括改善劳动条件、防止事故、预防职业病、提高职工安全素质技术措施。主要有以下几个方面。

（1）工业卫生技术措施　以改善对职工身体健康有害的生产环境条件、防止职业中毒与职业病的技术措施。如防尘、防毒、防噪声与振动、通风、降温、防寒等装置或设施。

（2）减轻劳动强度等其他安全技术措施。

（3）辅助措施　以保证工业卫生方面所必须的房屋及符合卫生条件的措施。

如尘毒作业人员的淋浴室、更衣室或存衣箱、消毒室、妇女卫生室等。

（4）安全宣传教育措施　以提高作业人员安全素质的有关宣传教育设备、仪器、教材和场所等，如劳动保护教育室、安全卫生教材、挂图、宣传画、培训室、安全卫生展览等。

安全技术措施计划的项目应按《安全技术措施计划项目总名称表》执行，保证安全技术措施费用的合理使用。

3. 编制安全技术措施计划的原则

（1）必要性和可行性原则。在编制计划时，一方面要考虑安全生产的需要，另一方面还要考虑技术可行性与经济承受能力。

（2）自力更生与勤俭节约的原则。编制计划时要注意充分利用现有的设备和设施，挖掘潜力，讲求实效。

（3）轻重缓急统筹安排的原则。对影响最大、危险性最大的项目应预先考虑，逐步有计划解决。

（4）领导和群众相结合的原则。加强领导、依靠群众，使得计划切实可行，以便顺利实施。

4. 安全技术措施计划的编制方法

（1）编制时间　年度安全技术措施计划应与同年度的生产、技术、财务、供销等计划同时编制。

（2）计划内容　编制措施计划一般包括以下几方面的内容：①单位和工作场所；②措施名称；③措施内容与目的；④经费预算及来源；⑤负责设计、施工单位及负责人；⑥措施使用方法及预期效果。

（3）编制计划的布置　企业领导应根据本单位具体情况向下属单位或职能部门提出具体要求、进行编制计划布置。

（4）计划项目的确定与编制　下属单位确定本单位的安全技术措施计划项目，并编制具体的计划和方案，经群众讨论后，送上级安全部门审查。

（5）计划的审批　安全部门将上报计划进行审查、汇总后，再由安全、技术、计划部门联合会审，并确定计划项目、明确设计施工部门、负责人、完成期限，成文后报厂总工程师或同等职能领导审批。

（6）计划的下达　厂长根据总工程师的意见，召集有关部门和下属单位负责人审查核定计划。根据审查、核定结果，与生产计划同时下达到有关部门贯彻执行。

5. 安全技术措施计划的实施验收

编制好的安全卫生措施项目计划要组织实施，项目计划落实到各有关部门和下属单位后，计划部门应定期检查。企业领导在检查生产计划的同时，应检查安全技术措施计划的完成情况。安全管理与安全技术部门应经常了解安全技术措施计划项目的实施情况，协助解决实施中的问题，及时汇报并督促有关单位按期完成。

已完成的计划项目要按规定组织竣工验收。竣工验收一般应注意：所有材料、成品等必须经检验部门检验；外购设备必须有质量证明书；安全技术措施计划项目完成后，负责单位应向安全技术部门填报交工验收单，由安全技术部门组织有关单位验收；验收合格后，由负责单位持竣工验收单向计划部门报完工，并办理财务结算手续；使用单位应建立台账，按《劳动保护设施管理制度》进行维护管理。

第五节　安全生产教育培训

一、安全生产教育培训的基本要求

生产经营单位的安全教育工作是贯彻经营单位方针、目标，实现安全生产、文明生产、提高员工安全意识和安全素质、防止产生不安全行为、减少人为失误的重要途径。安全生产教育制度作为加强安全生产管理、进行事故预防的重要且有效的手段，其重要性首先在于提高经营单位管理者及员工做好安全生产管理的责任感和自觉性。帮助其正确认识和学习职业健康安全法律、法规、基本知识；其次是能够普及和提高员工的安全技术知识，增强安全操作技能，从而保护自己和他人的安全与健康。

《安全生产法》对安全生产教育培训做出明确规定：

第二十四条　生产经营单位的主要负责人和安全生产管理人员必须具备与本单位所从事的生产经营活动相应的安全生产知识和管理能力。

危险物品的生产、经营、储存单位以及矿山、金属冶炼、建筑施工、道路运输单位的主要负责人和安全生产管理人员，应当由主管的负有安全生产监督管理职责的部门对其安全生产知识和管理能力考核合格。考核不得收费。

危险物品的生产、储存单位以及矿山、金属冶炼单位应当有注册安全工程师从事安全生产管理工作。鼓励其他生产经营单位聘用注册安全工程师从事安全生产管理工作。注册安全工程师按专业分类管理，具体办法由国务院人力资源和社会保障部门、国务院安全生产监督管理部门会同国务院有关部门制定。

第二十五条　生产经营单位应当对从业人员进行安全生产教育和培训，保证从业人员具备必要的安全生产知识，熟悉有关的安全生产规章制度和安全操作规程，掌握本岗位的安全操作技能，了解事故应急处理措施，知悉自身在安全生产方面的权利和义务。未经安全生产教育和培训合格的从业人员，不得上岗作业。

生产经营单位使用被派遣劳动者的，应当将被派遣劳动者纳入本单位从业人员统一管理，对被派遣劳动者进行岗位安全操作规程和安全操作技能的教育和培训。劳务派遣单位应当对被派遣劳动者进行必要的安全生产教育和培训。

生产经营单位接收中等职业学校、高等学校学生实习的，应当对实习学生进行相应的安全生产教育和培训，提供必要的劳动防护用品。学校应当协助生产经营单位对实习学生进行安全生产教育和培训。

生产经营单位应当建立安全生产教育和培训档案，如实记录安全生产教育和培训的时间、内容、参加人员以及考核结果等情况。

第二十六条 生产经营单位采用新工艺、新技术、新材料或者使用新设备，必须了解、掌握其安全技术特性，采取有效的安全防护措施，并对从业人员进行专门的安全生产教育和培训。

第二十七条 生产经营单位的特种作业人员必须按照国家有关规定经专门的安全作业培训，取得相应资格，方可上岗作业。

特种作业人员的范围由国务院安全生产监督管理部门会同国务院有关部门确定。

为此，国家安全生产监督管理局出台了相关安全生产培训考核规定和《特种作业人员安全技术培训考核管理规定》，对各类人员的安全培训考核做出了具体规定。

二、安全生产教育培训的对象和内容

（一）生产经营单位主要负责人的安全生产教育培训

1. 基本要求

（1）危险品单位、矿山、建筑施工单位主要负责人必须进行安全资格培训，经安全生产监督管理部门或法律法规规定的有关主管部门考核合格并取得安全资格证书后方可任职。

（2）其他单位主要负责人必须按照国家有关规定进行安全生产培训。

（3）所有单位主要负责人每年应进行安全生产再培训。

2. 培训主要内容

（1）国家有关安全生产的方针、政策、法律和法规及有关行业的规章、规程、规范和标准。

（2）安全生产管理的基本知识、方法与安全生产技术，有关行业安全生产管理专业知识。

（3）重大事故防范、应急救援措施及调查处理方法，重大危险源管理与应急救援预案编制原则。

（4）国内外先进的安全生产管理经验。

（5）典型事故案例分析。

3. 对培训时间的要求

（1）危险品单位、矿山、建筑施工单位主要负责人安全资格培训时间不得少于 48 学时；每年再培训时间不得少于 16 学时；

（2）其他单位主要负责人安全生产管理培训时间不得少于 32 学时；每年再

培训时间不得少于 12 学时。

（二）对安全生产管理人员的培训要求

1. 基本要求

（1）危险物品的生产、经营、储存单位以及矿山、建筑施工单位的安全生产管理人员必须进行安全资格培训，经安全生产监督管理部门或法律法规规定的有关主管部门考核合格后并取得安全资格证书后方可任职；

（2）其他单位安全生产管理人员必须按照国家有关规定进行安全生产培训；

（3）所有单位安全生产管理人员每年应进行安全生产再培训。

2. 培训主要内容

（1）国家有关安全生产的方针、政策、法律和法规及有关行业的规章、规程、规范和标准。

（2）安全生产管理知识、安全生产技术，劳动卫生知识和安全文化知识，有关行业安全生产管理专业知识。

（3）工伤保险的政策、法律、法规。

（4）伤亡事故和职业病统计、报告及调查处理方法。

（5）事故现场勘验技术，以及应急处理措施。

（6）重大危险源管理与应急救援预案编制。

（7）国内外先进的安全生产管理经验。

（8）典型事故案例分析。

3. 对培训时间的要求

危险品单位、矿山、建筑施工单位安全生产管理人员安全资格培训时间不得少于 48 学时；每年再培训时间不得少于 16 学时。

其他单位安全生产管理人员安全生产管理培训时间不得少于 32 学时；每年再培训时间不得少于 12 学时。

4. 再培训的主要内容

再培训的主要内容是新政策、新技术和新知识，包括：

（1）有关安全生产的法律、法规、规章、规程、标准和政策；

（2）安全生产的新技术、新知识；

（3）安全生产管理经验；

（4）典型事故案例。

（三）对生产经营单位其他从业人员安全生产的教育培训

1. 生产经营单位其他从业人员

生产经营单位其他从业人员（简称"从业人员"）是指除主要负责人和安全

生产管理人员以外，该单位从事生产经营活动的所有人员，包括其他负责人、管理人员、技术人员和各岗位的工人，以及临时聘用的人员。

2. 新从业人员

单位对新从业人员，应进行厂（矿）、车间（工段、区、队）、班组三级安全生产教育培训。

（1）厂（矿）级安全生产教育培训主要内容：安全生产基本知识；本单位安全生产规章制度；劳动纪律；作业场所和工作岗位存在的危险因素、防范措施及事故应急措施；有关事故案例等。

（2）车间（工段、区、队）级安全生产教育培训主要内容：本车间（工段、区、队）安全生产状况和规章制度；作业场所和工作岗位存在的危险因素、防范措施及事故应急措施；事故案例等。

（3）班组级安全生产教育培训主要内容：岗位安全操作规程；生产设备、安全装置、劳动防护用品（用具）的正确使用方法；事故案例等。

新从业人员安全生产教育培训时间不得少于 24 学时。危险性较大的行业和岗位，教育培训时间不得少于 48 学时。

3. 重新上岗从业人员

从业人员调整工作岗位或离岗一年以上重新上岗时，应进行相应的车间（工段、区、队）级安全生产教育培训。

单位实施新工艺、新技术或使用新设备、新材料时应对从业人员进行有针对性的安全生产教育培训。

4. 在岗从业人员

单位要确立终身教育的观念和全员培训的目标，对在岗的从业人员应进行经常性的安全生产教育培训，其主要内容：安全生产新知识、新技术；安全生产法律法规；作业场所和工作岗位存在的危险因素、防范措施及事故应急措施；事故案例等。

（四）特种作业人员的安全生产教育

特种作业是指在劳动过程中容易发生伤亡事故，对操作者本人，尤其对他人和周围设施的安全有重大危害的作业，从事特种作业的人员称为特种作业人员。

特种作业人员上岗作业前，必须进行专门的安全技术和操作技能的培训教育，增强其安全生产意识，并获得证书后方可上岗。特种作业人员的培训推行全国统一培训大纲、统一考核教材、统一证件的制度。《特种作业人员安全技术培训考核管理规定》（国家安全监管总局令第 30 号）和国家安全监管总局办公厅《关于实施〈特种作业人员安全技术培训考核管理规定〉有关问题的通知》（安监总厅培训〔2010〕179 号）精神，国家安全监管总局关于印发特种作业人员安全技术培训大纲和考核标准（试行）的通知。该大纲与标准内容涉及了电工作业、焊接与热切割作业、高处作业、制冷与空调作业、金属非金属矿山安全作业、危险化学品安全作业、烟花爆竹安全作业等作业人员安全技术培训大纲和考核标准，作为特种作业人员安全技术培训、考核工作的指导性文件。

特种作业人员安全技术考核包括安全技术理论考试与实际操作技能考核两部分，以实际操作技能考核为主。《特种作业人员操作证》由国家统一印制，地、市级以上行政主管部门负责签发，全国通用。离开特种作业岗位达 6 个月以上的特种作业人员，应当重新进行实际操作考核，经确认合格后方可上岗作业。取得《特种作业人员操作证》者，根据相关规定复审。连续从事本工种 10 年以上的，经用人单位进行知识更新教育后，每 4 年复审 1 次。复审的内容包括：健康检查、违章记录、安全新知识和事故案例教育、本工种安全知识考试。未按期复审或复审不合格者，其操作证自行失效。

三、安全生产教育培训的形式和方法

安全教育培训方法和一般教学方法一样，多种多样，各有特点。在应用中要针对培训内容和培训对象，

灵活选择。安全教育可采用讲授法、实际操作演练法、案例研讨法、读书指导法、宣传娱乐法等。

经常性安全培训教育的形式有：每天的班前班后会上说明安全注意事项、安全活动日、安全生产会议。

各类安全生产业务培训班，事故现场会，张贴安全生产招贴画，宣传标语及标志，安全文化知识竞赛等。

第六节　建设项目"三同时"

一、法律依据

《劳动法》第六章第五十三条明确要求：劳动安全卫生设施必须符合国家规定的标准。新建、改建、扩建工程的劳动安全卫生设施必须与主体工程同时设计、同时施工、同时投入生产和使用。

《安全生产法》第二十八条规定：生产经营单位新建、改建、扩建工程项目（以下统称建设项目）的安全设施，必须与主体工程同时设计、同时施工、同时投入生产和使用。安全设施投资应当纳入建设项目概算。

《职业病防治法》第十八条规定：建设项目的职业病防护设施所需费用应当纳入建设项目工程预算，并与主体工程同时设计，同时施工，同时投入生产和使用。

二、"三同时"的定义和内容

(一)建设项目"三同时"的定义

建设项目"三同时"是指生产性基本建设项目中的劳动安全卫生设施必须符合国家规定的标准,必须与主体工程同时设计、同时施工、同时投入生产和使用,以确保建设项目竣工投产后,符合国家规定的劳动安全卫生标准,保障劳动者在生产过程中的安全与健康。

"三同时"的要求是针对我国境内的新建、改建、扩建的基本建设项目、技术改造项目和引进的建设项目,它包括在我国境内建设的中外合资、中外合作和外商独资的建设项目。

建设项目中引进的国外技术和设备应符合我国规定或认可的劳动安全卫生标准;全部设计应符合我国有关规范和规定的要求。

"三同时"是生产经营单位安全生产的重要保障措施,是一种事前保障措施。"三同时"对贯彻落实"安全第一,预防为主,综合治理"方针,改善劳动者的劳动条件,防止发生工伤事故,促进社会主义经济的发展,具有重要意义,也是各级政府安全生产监督管理机构实施安全卫生监督管理的主要内容,是一项根本性的基础工作,也是有效消除和控制建设项目中危险、有害因素的根本措施。随着经济建设迅速发展,"三同时"作为"事前预防"的途径,将不断深化并不断提出更高的要求。

(二)"三同时"的内容

"三同时"制度的实施要求从项目的论证到设计、施工、竣工验收都应按"三同时"的规定进行审查验收,具体包括以下内容。

1. 可行性研究

建设单位或可行性研究承担单位在进行可行性研究时,应进行劳动安全卫生论证,并将其作为专门章节编入建设项目可行性研究报告。同时,将劳动安全卫生设施所需投资纳入投资计划。

在建设项目可行性研究阶段,实施建设项目劳动安全卫生预评价。

对符合下列情况之一的,由建设单位自主选择并委托建设项目设计单位以外的、有劳动安全卫生预评价资格的单位进行劳动安全卫生预评价。

(1)大中型或限额以上的建设项目。

(2)火灾危险性生产类别为甲类的建设项目。

(3)爆炸危险场所等级为特别危险场所和高度危险场所的建设项目。

(4)大量生产或使用 I 级、E 级危害程度的职业性接触毒物的建设项目。

(5)大量生产或使用石棉粉料或含有 10% 以上游离二氧化硅粉料的建设项目。

(6)安全生产监督管理机构确认的其他危险、危害因素大的建设项目。

建设项目劳动安全卫生预评价单位应采用先进、合理的定性、定量评价方法，分析建设项目中潜在的危险、危害因素及其可能造成的后果，提出明确的预防措施，并写入预评价报告。预评价单位在完成预评价工作后，由建设单位将预评价报告报送安全生产监督管理机构。

建设项目劳动安全卫生预评价工作应在建设项目初步设计会审前完成并通过安全生产监督管理机构的审批。

2. 初步设计

初步设计是说明建设项目的技术经济指标、总图运输、工艺、建筑、采暖通风、给排水、供电、仪表、设备、环境保护、劳动安全卫生、投资概算等设计意图的技术文件（含图纸），我国对初步设计的深度有详细规定。

设计单位在编制初步设计文件时，应严格遵守我国有关劳动安全卫生的法规、标准，同时编制"劳动安全卫生专篇"，并应依据劳动安全卫生预评价报告及安全生产监督管理机构的批复，完善初步设计。

"劳动安全卫生专篇"的主要内容包括：设计依据；工程概述；建筑及场地布置；生产过程中职业危险、危害因素的分析；劳动安全卫生设计中采用的主要防范措施；劳动安全卫生机构设置及人员配备情况；专用投资概算；建设项目劳动安全卫生预评价的主要结论；预期效果及存在的问题与建议。

建设单位在初步设计会审前，应向安全生产监督管理机构报送建设项目劳动安全卫生预评价报告和初步设计文件及图纸资料。初步设计方案经安全生产监督管理机构审查同意后，应及时办理《建设项目劳动安全卫生初步设计审批表》，安全生产监督管理机构根据国家有关法规和标准，审查并批复建设项目初步设计文件中"劳动安全卫生专篇"。

3. 施工

建设单位对承担施工任务的单位提出落实"三同时"规定的具体要求，并负责提供必须的资料和条件。

施工单位应对建设项目的劳动安全卫生设施的工程质量负责。施工中应严格按照施工图纸和设计要求施工，确实做到劳动安全卫生设施与主体工程同时施工、同时投入生产和使用，并确保工程质量。

4. 试生产

建设单位在试生产设备调试阶段，应同时对劳动安全卫生设施进行调试和考核，对其效果做出评价；组织、进行劳动安全卫生培训教育，制订完整的劳动安全卫生方面的规章制度及事故预防和应急处理预案。

建设单位在试生产运行正常后，建设项目预验收前，应自主选择、委托安全生产监督管理机构认可的单位进行劳动条件检测、危害程度分级和有关设备的安全卫生检测、检验，并将试运行中劳动安全卫生设备运行情况、措施的效果、检测检验数据、存在的问题以及采取的措施写入劳动安全卫生验收专题报告，报送安全生产监督管理机构审批。

5. 劳动安全卫生竣工验收

建设单位在试生产阶段进行安全卫生检测检验，编制完成建设项目劳动安全卫生验收专题报告后，报送安全生产监督管理机构审批。

安全生产监督管理机构根据建设单位报送的建设项目劳动安全卫生验收专题报告，对建设项目竣工进行劳动安全卫生验收。

建设项目劳动安全卫生验收专题报告主要包括以下内容。

（1）初步设计中劳动安全卫生设施，已按设计要求与主体工程同时建成、投入使用的情况。

（2）建设项目中特种设备已经由具有法定资格的单位检验合格，取得安全使用证（或检验合格证书）的情况。

（3）工作环境、劳动条件经测试符合国家有关规定的情况。

（4）建设项目中劳动安全卫生设施经现场检查符合国家有关劳动安全卫生规定和标准情况。

（5）设立了安全卫生管理机构，配备了必要的检测仪器、设备，建立、健全了劳动安全卫生规章制度和安全操作规程，组织进行了劳动安全卫生培训教育，特种作业人员已经培训、考核，取得安全操作证的情况，制订了事故预防和应急处理预案情况。

凡符合需要进行预评价情况的建设项目，在正式验收前应进行劳动安全卫生预验收或专项审查验收。

对预验收中提出的劳动安全卫生方面的改进意见应按期整改。

建设项目劳动安全卫生设施和技术措施经安全生产监督管理机构验收通过后，应及时办理《建设项目劳动安全卫生验收审批表》。

第七节　劳动防护用品管理

劳动防护用品是指在劳动过程中能够对劳动者的人身起保护作用，使劳动者免遭或减轻各种人身伤害或职业危害的各种用品。使用劳动防护用品，是保障从业人员人身安全与健康的重要措施，也是保障生产经营单位安全生产的基础。

《安全生产法》第四十二条规定：生产经营单位必须为从业人员提供符合国家标准或者行业标准的劳动防护用品，并监督、教育从业人员按照使用规则佩戴、使用。

《职业病防治法》第二十二条规定：用人单位必须采用有效的职业病防护设

施，并为劳动者提供个人使用的职业病防护用品。

一、劳动防护用品分类

劳动防护用品种类很多，从劳动卫生学角度，通常按防护部位分类。

（1）头部防护用品　为防御头部不受外来物体打击和其他因素危害配备的个人防护装备。如一般防护帽、防尘帽、防水帽、安全帽、防寒帽、防静电帽、防高温帽、防电磁辐射帽、防昆虫帽等。

（2）呼吸器官防护用品　为防御有害气体、蒸气、粉尘、烟、雾呼吸道吸入，或直接向使用者供氧或清净空气，保证尘、毒污染或缺氧环境中作业人员正常呼吸的防护用具。如防尘口罩（面具）、防毒口罩（面具）等。

（3）眼面部防护用品　预防烟雾、尘粒、金属火花和飞屑、热、电磁辐射、激光、化学飞溅等伤害眼睛或面部的个人防护用品称为眼面部防护用品。如焊接护目镜和面罩、炉窑护目镜和面罩以及防冲击眼护具等。

（4）听觉器官防护用品　能够防止过量的声能侵入外耳道，使人耳避免噪声的过度刺激，减少听力损失，预防由噪声对人身引起的不良影响的个体防护用品。如耳塞、耳罩、防噪声头盔等。

（5）手部防护用品　保护手和手臂，供作业者劳动时戴用的手套（劳动防护手套）。如一般防护手套、防水手套、防寒手套、防毒手套、防静电手套、防高温手套、防 X 射线手套、防酸碱手套、防油手套、防振手套、防切割手套、绝缘手套等。

（6）足部防护用品　防止生产过程中有害物质和能量损伤劳动者足部的护具，通常人们称劳动防护鞋。如防尘鞋、防水鞋、防寒鞋、防足趾鞋、防静电鞋、防高温鞋、防酸碱鞋、防油鞋、防烫脚鞋、防滑鞋、防刺穿鞋、电绝缘鞋、防震鞋等。

（7）躯干防护用品　即通常讲的防护服。如一般防护服、防水服、防寒服、防砸背心、防毒服、阻燃服、防静电服、防高温服、防电磁辐射服、耐酸碱服、防油服、水土救生衣、防昆虫服、防风沙服等。

（8）护肤用品　用于防止皮肤（主要是脸面、手等外露部分）免受化学、物理等因素的危害。如防毒、防腐、防射线、防油漆的护肤品等。

（9）防坠落用品　防止人体从高处坠落，通过绳带，将高处作业者的身体系接于固定物体上，或在作业场所的边沿下方张网，以防不慎坠落。如安全带、安全网等。

劳动防护用品也可按照用途分类。以防止伤亡事故为目的可分为：防坠落用品，防冲击用品，防触电用品，防机械外伤用品，防酸碱用品，耐油用品，防水用品，防寒用品；以预防职业病为目的可分为：防尘用品，防毒用品，防放射性用品，防热辐射用品，防噪声用品等。

二、劳动防护用品选用原则及发放要求

（一）选用原则

《个人防护装备选用选项》（GB 11651—2008）为选用劳动防护用品提供了依据。正确选用优质的防护用品是保证劳动者安全与健康的前提，选用的基本原则如下。

（1）根据国家标准、行业标准或地方标准选用。

（2）根据生产作业环境、劳动强度以及生产岗位接触有害因素的存在形式、性质、浓度（或强度）和防护用品的防护性能进行选用。

（3）穿戴要舒适方便，不影响工作。

（二）劳动防护用品发放要求

《劳动防护用品配备标准》（DB23/T 1496.1—2012），规定了国家工种分类目录中的 63 个典型工种的劳动防护用品配备标准。用人单位应当按照有关标准，根据不同工种、不同劳动条件发给职工个人劳动防护用品。

用人单位的具体责任如下。

（1）用人单位应根据工作场所中的职业危害因素及其危害程度，按照法律、法规、标准的规定，为从业人员免费提供符合国家规定的护品。不得以货币或其他物品替代应当配备的护品。

（2）用人单位应到定点经营单位或生产企业购买特种作业防护用品。护品必须具有"三证"，即生产许可证、产品合格证和安全鉴定证的护品。购买的护品须经本单位安全管理部门验收。并应按照护品的使用要求，在使用前对其防护功能进行必要的检查。

（3）用人单位应教育从业人员，按照护品的使用规则和防护要求，正确使用护品。使职工做到"三会"：会检查护品的可靠性；会正确使用护品；会正确维护保养护品，并进行监督检查。

（4）用人单位应按照产品说明书的要求，及时更换、报废过期和失效的护品。

（5）用人单位应建立健全护品的购买、验收、保管、发放、使用、更换、报废等管理制度和使用档案，并切实贯彻执行和进行必要的监督检查。

三、劳动防护用品的正确使用方法

使用劳动防护用品的一般要求如下。

（1）劳动防护用品使用前应首先做一次外观检查。检查的目的是认定用品对有害因素防护效能的程度；用品外观有无缺陷或损坏；各部件组装是否严密，启动是否灵活等。

（2）劳动防护用品的使用必须在其性能范围内，不得超极限使用；不得使用

未经国家指定、经监测部门认可（国家标准）和检测还达不到标准的产品；不能随便代替，更不能以次充好。

（3）严格按照《使用说明书》正确使用劳动防护用品。

第八节　安全生产标准化

我国煤炭、冶金、有色、建材等行业相继开展了安全标准化活动，加强了行业的安全生产基础管理，适应了新形势下企业改革和发展的需要。在此基础上，2011年5月6日，国务院安委会下发了《国务院安委会关于深入开展企业安全生产标准化建设的指导意见》（安委〔2011〕4号），要求全面推进企业安全生产标准化建设，进一步规范企业安全生产行为，改善安全生产条件，强化安全基础管理，有效防范和坚决遏制重特大事故发生。

同时，国家安监总局在2005年颁发了《危险化学品从业单位安全标准化规范》、《机械制造企业安全质量标准化评级标准》，2007年颁布了《烟花爆竹生产企业安全标准化考评办法》等标准化的考核评级标准。

一、安全生产标准化工作的意义

1. 安全生产标准化，是"安全生产条件"的具体诠释

《安全生产法》第四条，生产经营单位必须遵守本法和其他有关安全生产的法律、法规，加强安全生产管理，建立、健全安全生产责任制和安全生产规章制度，改善安全生产条件，推进安全生产标准化建设，提高安全生产水平，确保安全生产。

随着社会的进步，人们对安全的意识在提高，对安全的需求在增加，也认识到事故隐患及事故给企业带来的负面效应，因此我们并不否认现在大多数企业及其业主对安全的重视。但如何重视安全，如何落实一个行业的基本安全生产要求，把安全生产工作落实到实处，程度上还是困惑着企业，抱侥幸心理的有之，担心投入产出比的有之。

一个行业有一个行业的规范。长期以来，由于对一个企业来说，其产品有准入条件、有质量监督、有客户要求，因此企业较多循规蹈矩于产品的行业规范。但一个企业在追求经济效益以获得生存及发展的同时，它还承担着社会责任，其中之一就是保护企业财产员工生命的安全和健康。这既是企业应承担的一种社会责任，又是一个企业是否可以持续发展的重要条件。针对行业的安全标准化，正是将适合于该行业的管理、设备、运行等的安全要求的具体化，它体现的是国家对这一行业的安全要求，是这一行业的安全准入条件，也是这一行业本质安全的标准。

因此，企业要通过建立安全生产责任制，制订安全管理制度和操作规程，排查治理隐患和监控重大危险源，建立预防机制，规范生产行为，使各生产环节符合有关安全生产法律法规和标准规范的要求，即安全生产标准化。

在先期开展的机械制造企业的《机械制造企业安全质量标准化评级标准》中，就根据机械制造企业的特点，明确了基础管理、设备设施和作业环境与职业健康三部分的安全标准，给出了机械制造企业本质安全的行为准则。在《危险化学品从业单位安全标准化通用规范》（AQ/T 3013—2010）中，从①负责人与责任；②风险管理；③法律法规与管理制度；④培训教育；⑤生产设施；⑥作业安全；⑦产品安全与危害告知；⑧职业危害；⑨事故与应急；⑩检查与绩效考核十个综合要素，规定了危险化学品从业单位的安全生产基本要求。

在《金属非金属矿山安全标准化规范地下矿山实施指南》（AQ/T 2050.2—2016）、《金属非金属矿山安全标准化规范露天矿山实施指南》（AQ/T 2050.3—2016）、《金属非金属矿山安全标准化规范尾矿库实施指南》（AQ/T 2050.4—2016）、《金属非金属矿山安全标准化规范小型露天采石场实施指南》（AQ/T 2050.5—2016）近日相继出台，《金属非金属矿山安全标准化规范》（AQ 2050.1～.5—2016）从地下矿山、露天矿山、尾矿库、小型露天采石场等方面明确了非煤矿山的安全生产条件。

2. 安全生产标准化是落实安全生产责任主体的重要手段

有关法律、行政法规和国家标准或者行业标准规定的安全生产条件是基础，那么企业将这些法律、行政法规和国家标准或者行业标准规定的安全生产条件消化为自己的行为准则，就是安全生产标准化的活动。实现企业安全生产状况的稳定好转，首先必须从生产经营单位的安全管理和基础工作抓起，落实企业安全责任主体，建立自我约束、持续发展的安全生产工作机制，提高企业本质安全水平。各个行业的安全生产标准化考评标准，依据相关法律法规，结合行业的特点，对生产经营单位在遵守法规、加强管理、健全责任制和完善安全生产条件等方面做出了明确规定。同时还明确了生产经营单位的主要负责人、安全管理人员和所有从业人员的安全生产责任。安全生产标准化工作是企业生产经营活动中的一项基础性建设，它要求企业将安全生产责任逐一落实到每个操作岗位上和每个工种、每个从业人员，强调了安全生产工作的规范化和标准化，完善标准化操作的考核和评级办法，真正落实企业作为安全生产主体的责任，从基础上保障企业的安全生产。

企业的安全生产状况取决于设备设施的本质安全。设备设施的安全状况，可以通过企业的自检自查，可以通过技术监督部门的检验鉴定，但所有这些的依据，都是设备设施的安全标准。企业的设备设施以及对物料的使用，符合有关国家标准或者行业标准，就是企业的本质安全。因此，安全标准化，就是明确企业内设备设施，包括企业的建筑物、电气、消防、设备、工（器）具以及所使用的物料的安全要求，并通过安全生产标准化的活动，使我们企业内设备设施的状况以及对各种材料的使用环境达到标准的要求。

因此，安全生产标准化的活动，就是依据法律和相关标准，从落实每一个人的岗位责任制、明确每一个作业环节的操作规程、保障每一台设备设施的安全状况着手，构建着一个企业的安全运行体系。

3. 安全生产标准化的复评是企业安全状况的主动输出

何以衡量一个企业的安全管理水平以及安全生产状况，是事故率？是伤亡人数？这些数据确实能反映一定的问题，但事故还是带有一定的偶然性。更客观反映企业安全状况的，应该是企业的人员素质、管理软件以及设备硬件符合相关标准的程度。而这一符合程度，就是通过安全标准化的复评来得以体现。因此，安全是一种状态，是一种符合国家法律法规的状态，是一种主动的输出，而不是事故、伤亡人数等被动的数据。安全生产标准化的复评，是企业向安全监管部门展示其安全管理水平及状况的过程，是企业安全状况的晴雨表。安全标准化的复评，是企业勇于向社会做出承诺，有能力保证其财产及员工的安全和健康的过程。

4. 安全生产标准化有利于安全监管部门的指导和监督

安全生产标准的考核评定标准，从基础管理、设备设施和运行监控等方面，针对各个行业提出了具体的安全生产要求，也给了政府安全监管部门提了指导和监督的工具。同时，企业开展的标准化的活动及其复评，勾画出了一个企业从软件到硬件的整体安全管理水平和状况，有利于安全监督管理部门准确掌握企业的安全现状。对企业安全生产状况的监控，有利于安全监督管理部门将事后管理转变为事前监管、主动监管。

二、企业开展安全生产标准化的工作步骤

企业开展安全生产标准化的活动，一般要经过理解标准化、明确安全生产要求、组建工作小组、全面排查、明确隐患、对照整改和自评等阶段。

1. 理解标准化并明确安全生产要求

开展安全生产标准化活动，是明确安全生产的责任主体，并将有关法律法规和技术标准等规定的安全生产要求贯彻落实于企业自身的软件、硬件及现场运行等方面的过程，是落实《安全生产法》第十七条"生产经营单位应当具备本法和有关法律、行政法规和国家标准或者行业标准规定的安全生产条件"的具体行动。因此，开展安全生产标准化活动，首先要理解针对行业的安全生产要求，即标准化的条款，以及明确每个条款的出处、引用的法律法规及标准等。

2. 组建工作小组

安全生产标准化活动，虽然围绕着的是安全生产，但安全生产的基础管理、设备设施和现场运行控制，涉及企业的教育培训、设备设施、采购供应、生产组织、后勤保障以及班组活动等方面，体现的是实施全员、全过程、全方位、全天候的安全管理和监控。因此，为了保障开展标准化活动的开展，要求企业的各个部门均能参与到标准化的活动，按照各自的安全生产职责全面排查，明确隐患并对照整改。

3. 全面排查，明确隐患

隐患是指生产经营作业场所、设备、设施的不安全状态，人的不安全行为和

管理上的缺陷。安全生产标准化的文本和条款，正式按照行业，具体明确了生产作业场所的安全状态要求，人的行为要求和管理要求。因此，对照标准，全面排查，根据企业的实际情况进行符合性的评判，找出不足，明确隐患。这是开展标准化活动的关键性步骤。

4. 对照整改和自评

隐患明确了企业的安全生产现状与国家法律法规和相关技术标准要求之间的差距。这一差距，也就是企业整改提高的目标和方向。采取管理方案、技术改造、教育培训等措施和方法，消除隐患，使企业的安全生产状况逐步符合国家法律法规和相关技术标准的要求，这是开展标准化活动最实质性的步骤。在此基础上，企业可以按照相应的考评办法，对照标准进行自评和打分。

目前，我国对标准化企业实行分级考评制。国家级标准化企业分一级、二级、三级。其中一级企业由国家级考评机构承担复评，国家二级、三级标准化企业由省级考评机构承担复评。省级标准化企业和市级标准化企业，分别由省、市级考评机构承担复评。

第九节　现代安全管理方法的新发展

安全生产是人类进行生产活动的客观需要，是企业管理的永恒主题。随着我国深化改革的深入，市场竞争已呈现出全方位、全球化的态势。运用现代安全管理方法指导安全生产工作，可以减少和杜绝事故发生，逐步提高企业本质安全水平。因此，探索一些先进的管理方法，研究这些管理方法与安全管理的结合已成为人们关注的焦点。在现代众多管理方法中，6σ、5s、标杆管理具有广泛的适用性，本节将针对这三种管理方法进行重点阐述。

一、6σ 安全管理

（一）管理方法的产生

1. 6σ 的定义

6σ 是一项以数据为基础，追求几乎完美的管理方法。在统计学中，6σ 用来表示标准偏差，即数据的分散程度。对连续可计量的质量特性：用"σ"度量质量特性总体上对目标值的偏离程度。几个 σ 是一种表示质量的统计尺度。任何一个工作程序或工艺过程都可以用几个 σ 表示。6σ 表示每一百万个机会中有 3、4个出错的概率，即质量的合格率是 99.99966％。而 3σ 的合格率只有 93.32％。

6σ 管理工作方法的重点是将所有工作作为一种流程，采用量化的方法分析流程中影响质量的因素，找出最关键的因素加以改进从而达到更高的客户满意度。

6σ 是在 20 世纪 90 年代中期从一种全面质量管理方法演变成为一个高度有效的企业流程设计、改善和优化技术。并提供了一系列同等适用于设计、生产和服务的新产品开发工具。继而与全球化、产品服务、电子商务等战略齐头并进，成为全世界追求管理卓越性的企业最为重要的战略举措。6σ 逐步发展成为以顾客为主体来确定企业战略目标和产品开发设计的标尺，追求持续进步的一种质量管理哲学。

2. 6σ 的发展史

6σ 最早作为一种突破性的质量管理战略于 20 世纪 80 年代末在摩托罗拉公司成形并付诸实践，三年后该公司的 6σ 质量战略取得了空前的成功：产品的不合格率从百万分之 6210 件（大约 4σ）减少到百万分之 32（5.5σ）。在此过程中节约成本超过 20 亿美元，平均每年提高生产率 12.3%，因质量缺陷造成的损失减少了 84%。

真正把 6σ 的质量战略变成管理哲学和实践，从而形成一种企业文化的是在杰克·韦尔奇领导下的通用电气公司（GE）。该公司在 1996 年初开始把 6σ 作为一种管理战略列在公司三大战略举措之首（另外两个是全球化和服务业），在公司全面推行 6σ 的流程变革方法。而 6σ 也逐渐成为世界上追求管理卓越性的企业最为重要的战略举措。GE 由此所产生的效益每年加速度递增：每年节省的成本为 1997 年 3 亿美元、1998 年 7.5 亿美元、1999 年 15 亿美元；利润率从 1995 年的 13.6% 提升到 1998 年的 16.7%。GE 的总裁韦尔奇因此说："6σ 是 GE 公司历史上最重要、最有价值、最盈利的事业。我们的目标是成为一个 6σ 公司，这将意味着公司的产品、服务、交易零缺陷"。6σ 管理模式在摩托罗拉和 GE 两大公司推行并取得立竿见影的效果后，立即引起了世界各国的高度关注，各大企业也纷纷效仿、引进并推行 6σ 管理，从而在全球掀起了一场"6σ 管理"浪潮。

（二）6σ 安全管理执行成员

6σ 安全管理的一大特色是要创建一个实施组织，以确保企业提高绩效活动具备必须的资源。一般情况下，6σ 管理的执行成员组成如下。

（1）倡导者（Champion） 倡导者由企业内的高级管理层人员组成，通常由总裁、副总裁组成，他们大多数为兼职。一般会设 1~2 位副总裁全面负责 6σ 推行，主要职责为调动公司各项资源，支持和确认 6σ 全面推行，决定"该做什么"，确保按时、按质完成既定的安全目标。倡导者领导黑带大师和黑带。

（2）黑带大师（Master BlackBelt） 黑带大师与倡导者一起协调 6σ 项目的选择和培训，该职位为全职 6σ 人员。其主要工作为培训黑带和绿带、理顺人员，组织和协调项目、会议、培训，收集和整理信息，执行和实现由倡导者提出的"该做什么"的工作。

（3）黑带（BlackBelt） 黑带为企业全面推行 6σ 的中坚力量，负责具体执行和推广 6σ，同时负责培训绿带。一般情况下一名黑带一年要培训 100 名绿带。该职位也为全职 6σ 人员。

（4）绿带（CreenBelt）　绿带为 6σ 兼职人员，是公司内部推行 6σ 众多底线安全项目的执行者。他们侧重于 6σ 在每日工作中的应用，通常为公司各基层部门的负责人。6σ 占其工作的比例可视实际情况而定。

以上各类人员的比例一般为：每 1000 名员工，应配备黑带大师 1 名，黑带 10 名，绿带 50～70 名。

（三）6σ 安全管理方法实施原则

1. 真正以顾客为关注焦点

尽管许多公司十分强调以顾客为关注焦点，声称"满足并超越顾客的期望和需求"，但是许多公司在推行 6σ 时经常惊讶地发现，他们对顾客的真正理解少得可怜。

在 6σ 中，以顾客为关注的焦点是最重要的事情。举例来说，对 6σ 业绩的测量首先从顾客开始，通过对 SIPOC（供方、输入、过程、输出、顾客）模型分析，来确定 6σ 对象。6σ 管理方法的改进程度是由其对顾客满意度和价值的影响来定义的。因此，6σ 改进和设计是以对顾客满意所产生的影响来确定的，6σ 管理比其他管理方法更能真正地关注顾客。

2. 以数据和事实驱动管理

6σ 把"以数据和事实为管理依据"的概念提升到一个新的、更有力的水平。虽然许多公司在改进安全信息系统、安全知识管理等方面投入了很多注意力，但很多经营决策仍然是以主观观念和假设为基础的。6σ 原理则从分辨什么指标是测量业绩的关键开始，然后收集数据并分析关键变量。这时问题能够更有效地被发现、分析和解决永久地解决。

说得更实际一些，6σ 帮助管理者回答两个重要问题，来支持以数据为基础的决策和解决方案：①真正需要什么安全数据/信息？②如何利用这些安全数据/信息以使安全最大化？

3. 对过程的关注、管理、提高

在 6σ 中，无论把重点放在安全设施、设备和服务的设计、安全的测量、效率和顾客满意度的提升上或是业务经营上，6σ 都把过程视为成功的关键载体。6σ 活动最显著的突破之一是使领导们和管理者（特别是服务部门和服务行业中的）确信过程是构建向顾客传递价值的途径。

4. 主动管理

主动即意味着在事件发生之前采取行动，而不是事后做出反应。在 6σ 管理中，主动性的管理意味着对那些常常被忽略的安全活动养成习惯，制订目标并经

常进行评审，设定清楚的优先级，重视问题的预防而非事后补救，询问做事的理由而不是因为惯例就盲目遵循。真正做到主动性管理是创造性和有效变革的起点。6σ将综合利用工具和方法，以动态的、积极的、预防性的管理风格取代被动的管理习惯。

5. 无边界的合作

"无边界"是 GE 公司的前任 CEO 杰克·韦尔奇经营成功的秘诀之一。在推行 6σ 之前，GE 公司的总裁们一直致力于打破障碍，但是效果都没有让杰克·韦尔奇满意。6σ 的推行，加强了自上而下、自下而上和跨部门的团队工作，改进公司内部的协作以及与供方和顾客的合作。

6. 对完美的渴望，对失败的容忍

怎样能在力求完美的同时还能够容忍失败？从本质上讲，这两方面是互补的。虽然每个以 6σ 为目标的公司都必须力求使结果趋于完美，但同时也应该能够接受并管理偶然的挫折。这些理论和实践使全面质量管理一直追求的零缺陷和最佳效益目标得以实现。

6σ 安全管理是一个渐进的过程，它从一个远景开始，接近完美的本质安全和服务以及极高的顾客满意目标。这给传统的全面安全管理注入新的动力，也使依靠安全取得效益成为现实。

（四）6σ 的安全管理方法实施步骤

6σ 的安全实质是"零缺点计划"理论和实践，即在安全生产上要求"零事故"。为了达到 6σ，首先要制定标准，在安全管理中随时跟踪考核操作与标准的偏差，不断改进，最终达到 6σ。现已形成一套使每个环节不断改进的、简单的流程模式定义、测量、分析、改进、控制。

1. 定义（D）

定义即陈述问题。需要黑带大师以市场为导向，以企业现有资源为依据，利用顾客反馈的数据及从与机器直接打交道的员工处获得的信息做出相应的曲线，进行数据比较，从而确定改进目标，如零事故目标等。

2. 测量（M）

测量的目的是识别并记录那些对需求关键的过程业绩及对安全（即输出变量）有影响的过程参数，量化客户需求，对从顾客中获取的数据进行分类、归组，以便分析时用。了解现有的安全水平，确认需求，用户对改进后的预期安全进行评估，此阶段是数据的收集阶段。一旦决定该测量是什么，其组成人员就必须制订相应的"数据收集计划"，并计算和量化实际业务中的各种事件。通过过程流程图、因果图、散布网、排列图等方法来整理数据。

具体地说，测量阶段关注的是 $y = f(x)$ 中的 x 因子，这个阶段有两个主要

目的：一是收集数据，确认问题和机会并进行量化；二是梳理数据，为查找原因提供线索。计算一个企业的 σ 水平（指企业产品品质或管理合格率的程度），可以用百万次机会中的缺陷数（DPMO）来表示，就是取样中所存在的缺陷总数除以单元总数乘以缺陷机会数再乘以一百万次，也就是在生产过程中每一百万个可能造成缺陷的机会里实际发生的缺陷数。

3. 分析（A）

分析即对数据分析，找出问题的关键因素。在此阶段中，团队成员要分析过去和当前的安全数据并明确应该取得的安全目标，通过分析回答测量阶段的问题，确定关键问题的置信区间，进行方差分析，及通过假设检验的方法来获取其需求价值。还可以通过头脑风暴法、直方图、排列图等方法对所采集的数据进行分析，找到准确的因果关系。在此阶段，必须准确分析数据，建立输入与输出数据的数学模型，并追踪和核查解决方案的有效性。

4. 改进（I）

改进是基于分析之上的，针对关键因素确立最佳改进方案。在此阶段，可通过功能展开，策划试验设计，进行正交试验等来对关键问题进行调整、改善，此阶段需注意，应从小问题入手，找关键问题，并逐一解决。所有这些工作都要建立在安全绩效的数学模型基础上，以确定输入的操作范围及设定过程参数，并对输入的改进进行优化。

5. 控制（C）

控制主要对关键因素进行长期控制并采取措施以维持改进结果。定期监测可能影响数据的变量和因素、制订计划时所未曾预料的事情。在此阶段，要应用适当的安全原则和技术方法，关注改进对象数据，对关键变量进行控制，制订过程控制计划，修订标准操作程序和作业指导书，建立测量体系，监控安全工作流程，并制定一些对突发事件的应对措施。

二、5S 安全管理法

一个良好的工作现场、操作现场有利于企业吸引人才、创建企业文化、降低损失和提高工作效率，同时可以大幅度提高全体人员的素质和敬业爱岗精神。5S 安全管理法作为一种科学的管理思想、管理方式，目前在发达国家应用广泛，被认为是一种最基本、最有效的现场管理方法，5S 安全管理法是企业提高生产效率、降低成本，树立竞争优势的关键，也是防止事故的基础。

（一）概述

1. 5S 管理方法的产生和发展

5S 管理方法起源于日本，是整理（SEIRI）、整顿（SFITON）、清扫（SEI-SO）、清洁（SEIKETSU）、素养（SHITSUKE）五个项目的整合，因日语的拼音均以"S"开头，简称 5S 管理方法。5S 管理方法是指对生产现场的各种要素进行合理配置和优化组合的动态过程，即令所使用的人、财、物等资源处于良好的、平衡的状态。

1919 年，日本 5S 的宣传口号为"安全始于整理，终于整理整顿"。当时只推行了整理、整顿，其目的仅为了确保作业空间的安全。后因生产和品质控制的需要才逐步提出了 5S，也就有了清扫、清洁、素养，进一步拓展了其应用空间及适用范围。

日本企业将 5S 管理作为管理工作的基础，推行各种品质管理手法，使其产品品质得以迅速提升。到了 1986 年，日本企业关于 5S 著作逐渐问世，这对整个现场管理模式起到了冲击作用，并由此掀起了 5S 管理方法热潮。同时，在日本丰田公司的倡导推行下，5S 管理方法对于塑造企业的形象、降低成本、准时交货、安全生产、高度的标准化、创造令人心旷神怡的工作场所、现场改善等方面发挥了巨大作用，逐渐被各国的管理界所认可。随着世界经济的发展，管理方法已经成为企业管理的一股新潮流。近年来，人们对这一管理方法的认识不断深入，有人又添加了"安全、坚持"等两项内容，分别称为 6S 和 7S 运动。

5S 运动在我国也甚为流行。5S 的精神在我国很早就有体现，从古人对修身养性的教诲中便能看出，如"千里之行始于足下"，"一屋不扫何以扫天下"，"勿以善小而不为，勿以恶小而为之"，"愚公移山，镇而不舍"等。5S 运动就是对这些思想的继承和演绎，使其理论化、系统化，并用于企业经营活动、进而上升为企业的管理理念。因此，5S 管理法在我国的应用将会有光明的前景。

2. S 的内涵

（1）整理（SEIRI）　整理是彻底把需要与不需要的人、事、物分开，再将不需要的人、事、物加以处理，这是改善生产现场的第一步。整理的关键是对"留之无用，弃之可惜"的观念予以突破，必须摒弃"好不容易才做出来的"、"丢了好浪费"、"可能以后还有机会用到"等传统观念。整理的要点如下：①对每件物品都要经过这样的思考，"看看是必要的吗?"、"非这样放置不可吗?"②如果是必需品，也要适量，将必需品的数量要降低到最低程度；③如果是在哪儿都可有可无的物品，不管是谁买的，有多昂贵，都应坚决处理掉；④如果是非必需品，即在这个地方不需要的东西，但在别的地方或许有用，并不是"完全无用"，应寻找它合适的位置；⑤要区分对待马上要用的、暂时不用的、长期不用的；⑥当场地不够时，不要先考虑增加场所，要先整理现有的场地。

整理的目的是：改善和增加作业面积；现场无杂物，行道通畅，提高工作效率；保障安全，提高质量；消除管理上的混放、混料等差错事故；有利于减少库存，节约资金；改变作风，提高工作情绪。

（2）整顿（SEITON）　整顿是把需要的人、事、物加以定重和定位，对生产现场需要留下的物品进行科学合理地布置和摆放，以便最快速取得所要之物，在最简洁有效的规章、制度、流程下完成事务。简言之，就是人和物放置方法的标准化。

整顿是研究提高效率方面的科学，它研究怎样才可以立即取得物品，以及如何能立即放回原位。整顿可以将寻找的时间减少，使异常（如丢失、损坏）马上被发现，能让其他人员明白要求和做法，即其他人员也能迅速找到物品并能将其放回原处，使其标准化。

整顿的目的：工作场所一目了然；整齐的工作环境；减少找寻物品的时间；消除过多的积压物品；有利于提高工作效率，提高产品质量，保障生产安全。

（3）清扫（SEISO）　清扫是将工作场所、环境、仪器设备、材料、工具等上的灰尘、污垢、碎屑、泥砂等脏东西清扫、擦拭干净，创造一个一尘不染的环境。

清扫过程是根据整理、整顿的结果，将不需要的部分清除掉，或者标示出来放在仓库之中。清扫活动的关键是按照企业的具体情况确定清扫对象、清扫人员、清扫方法、准备清扫器具、实施清扫的步骤，做到自己使用的物品（如设备、工具等）要自己清扫，而不要依赖他人，不增加专门的清扫工，而且设备的清扫要着眼于设备的维护保养上。

清扫的目的是改善环境质量，消除脏污，保持职场内干净、明亮；稳定品质；排除异常情况的发生，减少工业伤害。

（4）清洁（SEIKETSU）　清洁是在整理、整顿、清扫之后，认真维护、保持环境的最佳状态，即形成制度和习惯。清洁是对前三项活动的坚持和深入，以消除事故根源、创造一个良好的工作环境为目的，使员工能愉快工作，有利于企业提高生产效率，改善管理的绩效。

清洁活动实施时，需要秉持三个观念：①只有在清洁的工作场所才能生产出高效率、高品质的产品；②清洁是一种用心的行动；③清洁是一种随时随地的工作。清洁活动的要点则是：①坚持"3不要"的原则——"不要放置不用的东西，不要弄乱，不要弄脏"；②不仅物品需要清洁，现场工人同样需要清洁，工人不仅要做到形体上的清洁，而且要做到精神上的清洁。

在产品的生产过程中，永远会伴随着无用物品的产生，这就需要不断加以区分，随时将其清除，这就是清洁的目的。

（5）素养（SHITSUKE）　素养就是培养全体员工良好的工作习惯、组织纪律和敬业精神，提高人员的素质，营造团队精神。这是5S管理活动的核心，也是各项活动顺利开展、持续进行的关键。在开展5S活动中，要贯彻自我管理的原则，具体应做到：①学习、理解并努力遵守规章制度，使它成为每个人应具备的一种修养；②领导者的热情帮助与被领导者的努力自律相结合；③有较高的合作奉献精神和职业道德；④互相信任、管理公开化、透明化；⑤勇于自我检讨反省，为他人着想，为他人服务。

5S 的具体含义如表 2-1 所示。

表 2-1　5S 的具体含义

中文	日文	英文	典型例子
整理	SEIRI	Organization	倒掉垃圾，将长期不用的物品放入仓库
整顿	SEITON	Neatness	30 秒内就可以找到要使用的物品
清扫	SEISO	Cleaning	谁使用谁负责清洁（管理）
清洁	SEIKETSU	Standardization	管理的公开化、透明化
素养	SHITSUKE	Disciplineandtraining	严守标准、团队精神

3. 5S 之间的关系

5S 中的五个部分不是孤立的，它们是一个相互联系的有机整体。整理整顿清扫，是进行到日常到活动的具体内容；清洁则是指对整理、整顿、清扫工作的规范化和制度化管理，以便使其持续开展；素养是要求员工建立自律精神，养成自觉进行到活动的良好习惯。

（二）5S 的效用

成功的管理模式必须要得到全体员工的充分理解，并亲自参与进去，使之成为该系统中的一员，管理模式才能有效。5S 管理法简单明了，每一位员工都能理解，为安全、效率、品质以及减少故障提出了简单可行的解决方法。5S 的效用也可归纳为另外的 5 个 S，即 Sales、Saving、Safety、Standardization、Satisfaction。

1. 5S 是最佳推销员（Sales）

5S 的管理法可以提高企业的管理水平，是一种基础的管理方法，是企业其他管理方法运用和实现的根本。它使企业具有干净、整洁的环境，这样一方面使顾客对企业更有信心，乐于下订单，而且能不断提高企业的知名度和口碑，扩大了企业的声誉和产品的销路；另一方面，一个良好的工作现场、操作现场有利于企业吸引人才，使企业具有广阔的发展空间。

2. 5S 是节约家（Saving）

（1）5S 活动大大降低了材料以及工具的浪费，在进行"整理"活动时，要区分需要和不需要的东西，不需要的东西要及时清除掉，而对于需要的东西要保存。同时还必须进行调查，主要调查其使用频率，以此来决定其日常使用量，避免浪费。

（2）5S 节省了工作场所，在区分出不要的东西之后，对其进行清理，这样有更多空间用于存放其他必需的东西。

（3）减少工件的寻找时间和等待时间，降低了成本，提高了工作效率，缩短了加工周期。例如，仓库中存放了很多规格的螺母，混乱放在一起，逐个查找会浪费很多时间。在对其进行"整理"之后，对每个规格的螺母进行分类表示，节省了寻找时间，提高了效率。

3. 5S 对安全有保障（Safety）

（1）在推行 5s 的场所，要宽广明亮、视野开阔，可降低设备的故障发生率，减少意外的发生。

（2）全体员工根据 5S 的要求，自觉遵守作业标准，就不易发生工作伤害。

（3）有些设备和操作本身就带有危险性，这是无法避免的。运用 5S 管理方法，养成良好的习惯，采取必要的防护措施，在容易发生危险的地方设置安全警告牌或提前采取安全措施，可以大大降低事故的发生概率。例如，在生产企业会经常出现高处作业；其危险性不言而喻。按照 5S 管理方法的规范管理，佩戴安全帽，系好安全带，设置安全网，地面再增加人员进行保护，就会最大程度地减少事故的发生。

4. 5S 是标准化的推动者（Standardization）

5S 管理强调作业标准的重要性，规范了现场作业，使员工都正确地按照规定执行任务，养成良好的习惯，促进企业标准化的进程，从而增强了产品品质的稳定性。同时由于在制定标准时，经过了管理者与作业人员的反复思考，结合现场操作中可能存在的问题及如何在操作中加以解决来制定的，这就最大限度地减少了操作过程中问题的发生。

5. 5S 可以形成令人满意的职场（Satisfaction）

（1）"人造环境，环境育人"，员工对明亮、清洁的工作场所动手改善，有成就感，能造就现场全体人员进行改善的气氛，整个企业的环境面貌也随之改善。

（2）清洁的环境可使人工作时的心情愉快，员工有被尊重的感觉，工作更加有精神，效率也会提高，工作质量也会得到提升。

（3）员工的归属感增强，使员工真正积极地完成每一份工作，人与人之间、主管和部属之间均有良好的互动关系，促进工作顺利开展。

（4）通过全员参与 5S 活动，使环境更加整洁有序，使员工素质提高，为塑造企业文化形象奠定了基础。

（三）S 的推行步骤

掌握了 5S 的基础知识，尚不具备推行 5S 活动的能力。因推行步骤、方法不当导致事倍功半，甚至中途夭折的事例并不少见。因此，掌握正确的步骤、方法是非常重要的。5S 活动的推行有如下 10 个步骤。

1. 成立推行组织

开展如下工作：①成立推行委员会及推行办公室；②组织职能确定；③委员的主要工作；④编组及责任区划分。

建议由企业主要领导出任 5S 活动推行委员会主任职务，以视对此活动的支持。具体安排可由副主任负责。

2. 拟定推行方针及目标

方针制订。推动到管理时，制订方针作为导入的指导原则。方针的制订要结合企业具体情况，要有号召力，一旦制订，要就广为宣传。例如，"推行到管理、塑一流形象"；"告别昨日，挑战自我，塑造企业新形象"；"于细微处着手，塑造公司新形象"；"规范现场、现物，提升人的品质"等。

目标制订。先预设期望目标，作为活动努力的方向以及便于活动过程中进行成果检查。例如，"第 4 个月各部门考核 90 分以上"等。

3. 拟订工作计划及实施方法

①拟订日程计划做为推行及控制的依据；②收集资料，借鉴其他企业的做法；③制订活动实施办法；④制订要与不要的物品区分方法；⑤制订到活动评比的方法；⑥制订到活动奖惩办法；⑦其他相关规定（到时间等）。

工作一定要有计划，以便大家对整个过程有一个整体的了解。项目责任人应清楚自己及其他担当者的工作是什么及何时要完成，相互配合，造就一种团队作战精神。

4. 教育

每个部门对全员进行教育，包括：5S 的内容及目的；5S 的实施方法；5S 的评比方法。新进员工的 5S 训练。教育非常重要，让员工了解活动能给工作及自身带来好处，从而主动地去做。这与强迫员工去做的效果是完全不同的。教育形式要多样化，讲课、放录像、观摩其他厂案例等。

5. 活动前的宣传造势

活动要全员重视并参与才能取得良好的效果。①最高主管发表宣言（展会、内部报刊等）；②海报、内部报刊宣传；③宣传栏。

6. 实施

①前期作业准备，包括方法说明、道具准备等；②工厂"洗澡"运动（全员彻底大扫除）；③建立地面划线及物品标识标准；④定点摄影；⑤做成"到日常确认表"，并将其实施等。

7. 查核

查核包括：①现场查核；②到问题点质疑、解答；③举办各种活动及比赛（如征文活动等）。

8. 评比及奖惩

依照到活动竞赛办法进行评比，公布成绩，实施奖惩。

9. 检讨与修正

各责任部门依据缺点项目进行改善，不断提高。适当地导入一些实用的方法，使到活动推行得更加顺利、有成效。

10. 纳入定期管理活动中

①标准化、制度化的完善；②实施各种的强化月活动。

需要强调的一点是，企业因其背景、架构、企业文化、人员素质的不同，推行时可能会有各种不同的问题出现，推行办公室要根据实施过程中所遇到的具体问题，采取可行的对策，才能取得满意的效果。

（四）5S 的管理注意事项

5S 管理的成功应用将给企业的各方面绩效带来显著改善，包括塑造企业的形象、降低成本、准时交货、安全生产、高度标准化、以及创造令人心旷神怡的工作场所等方面。一些企业在实施 5S 管理法时，常会出现"虎头蛇尾"甚至"不了了之"的情况，最终以失败告终。因此，在实施到管理法的过程中，要对到管理有全面的认识，其中要注意如下几个方面。

（1）5S 管理活动是一种品性提高、道德提升的"人性教育"运动，其最终目的在于修身，在于提高员工素质。5S 管理强调细节，并不代表它是小事。摒弃"5S 管理是大扫除"的观念，从树立形象的高度宣传和推动 5S 管理比较有效，把 5S 管理提升到企业形象的高度有利于全员彻底地展开活动，也更有利于检验效果。

（2）大家都是工作现场的管理者，每个人都要和自己头脑中的习惯思维做斗争。现场的好坏是自己工作的一部分，并且要做到相互提醒、相互配合、相互促进。尽快完成变被动为主动、从"要我做"向"我要做"的转变。

（3）5S 管理源于素养，始自内心而形之于表，由外在表现至塑造内心。5S 管理贵在坚持，一时做好不难，长期做好不容易。而长期坚持依靠的是全体员工素养的提高，5S 活动需要不断地创新和强化。

（4）要充分调动员工的积极性，做到全员参与。5S 管理是一种管理活动，需要各个环节相互配合，缺一不可。因此，必须全员发动，才能使活动得到推行，进而不断改善，真正提高企业各项工作的管理水平。

（5）推行 5S 管理不能急于求成，要循序渐进，必续建立正确的、可达到的目标。目标的设定要结合本企业的 5S 管理基础，切合实际遵从循序渐进、定期、定量的原则，逐步提高和完善。

（五）案例

5S 管理法作为一个先进的安全管理方法，经过国内外一些著名企业十几年的应用，已经得到广泛认可。双阳煤矿于 2003 年初开始推行 5S 管理。经过一年多时间，产生了较好的效果，无论生活环境、井上井下生产环境，与以往相比，都发生了较大的变化。双阳煤矿的 5S 管理推进工作，主要按三个阶段规划，分步实施推进。

（1）全员宣传发动阶段。首先，领导重视与否是关键。双阳煤矿成立了 5S 管理推进委员会，下设 5S 管理推进室，由矿副总工程师兼任推进室主任，对全矿的总体推进工作进行了策划和部署，使员工体会到了矿领导对推行 5S 管理的决心和重视程度。

其次，明确分工、落实责任。向全矿管理人员召开推进实施 5S 管理的动员大会，矿长讲解 5S 管理的作用和目的以及 5S 管理给企业带来的经济效益和社会效益。成立 5S 管理推动委员会，各基层单位建立相应的 5S 管理推进组，明确了分工，落实了责任。

第三，宣传造势、全员发动。充分利用有线电视、广播、宣传简报等宣传工具广泛宣传 5S 管理的基本知识，辅以板报、墙报、班前会、观看 5S 管理讲座音像片等形式，形成员工与家属达成共识的良好氛围，初步建立了 5S 管理的运行机制和体系。

（2）岗位标准规范的制定和运行阶段。根据 5S 管理的特点，双阳煤矿结合自身的优势，并与质量标准化结合起来，采取以点带面、循序渐进的推进方式。

首先，建立试点，树典型。确立了具有典型性、推进效果比较直观的 9 条线、22 个基层试点单位作为推进切入点，运用"目视看板管理方法"，井上井下制作了各种美观、实用的标识、牌板，不但美化了工作和生活环境，还有效保证了员工的安全工作，集中体现出"以人为本"的管理理念。通过试点单位 3 个月的推进工作，取得了阶段性的胜利。其次，制订标准化机制。随着试点单位取得的阶段性成果，在全矿各基层单位普遍推进实施。

（3）持续推进和创新发展阶段。首先，开展活动争先进，制订一系列的激励机制，推进 5S 管理的进一步完善。其次，推广经验带全面。第三，强化训练提素养。细化员工 5S 管理行为和现场的实际应用，使员工养成良好的习惯，实现由静态达标向动态达标的平稳过渡。

综上所述，双阳煤矿的 5S 管理推进工作，员工由最初的怀疑，被动接受，到主动认可配合，素质在潜移默化的工作中得到了较大提高，充分说明 5S 管理非常适合煤矿企业的安全管理。

（六）5S 管理的延伸和升华

5S 管理在推行和实际运用中得到了进一步的延伸和升华。

（1）个人素质的提升。5S 活动的最终目的是个人的素质的提升，同时，这也是企业加固根基、永续经营的根本。随着社会的进步和发展，作为企业领导者应考虑如何培养年轻员工，如何形成良好的管理氛围以及行为模式；作为年轻员工也应从我做起，点点滴滴养成良好的行为习惯。

（2）5S 管理是一种思维方式。一般谈到 5S，多指工作现场方面，但 5S 管理也是一种思维方式，可以拓展到多个方面。例如，在沟通的时候，可以从 5S 管理的角度来训练员工的语言沟通能力，语言简洁，把要谈的重点内容按层次先后来谈，便于他人理解。

三、安全标杆管理

我国有句古训，"以铜为鉴，可以正衣冠；以史为鉴，可以知兴替；以人为鉴，可以明得失"。在管理企业的过程中，只有明得失、找差距，才能进步。这就说明了比较参照的作用。在现代企业管理中，这种思想体现于西方管理学界三大管理方法之一的标杆管理。

标杆管理的实质是模仿创新，是一个有目的、有目标的学习过程。企业要生存，要获得竞争能力，就要全面实施标杆管理。随着我国社会主义市场经济体制的不断发展和完善，标杆管理必将成为企业管理活动的日常工作。在安全领域内，以安全为主要目标的标杆管理就是安全标杆管理。

（一）概述

1. 标杆管理的产生与发展

标杆管理是 20 世纪 70 年代末由施乐公司首创的，随后，美国生产力与质量中心将其系统化和规范化。1976 年以后，一直保持着世界复印机市场实际垄断地位的施乐遇到了来自国内外，特别是日本竞争者的全方位挑战。施乐公司最先发起向日本企业学习的活动，开展了广泛、深入的标杆管理。通过全方位的集中分析、比较，施乐弄清了这些公司的运作方式，找出了与佳能等主要竞争对手的差距，全面调整了经营战略、战术，改进了业务流程，很快收到了成效，把失去的市场份额重新夺了回来。成功之后，施乐公司开始大范围地推广标杆管理，并选择 14 个经营同类产品的公司逐一考查，找出了问题的症结并采取措施。

但是对于分销、行政、服务部门，很难直接模仿产品管理分析的做法，于是这些非生产部门开始在公司内部开展标杆管理活动。例如，公司在不同地区的分销中心和后勤部门就地区间生产率、生产存货管理、仓储管理进行比较。而后推广到公司外部，包括对于同行竞争者的管理和跨行业的非竞争对手的管理。

随后，摩托罗拉、IBM、杜邦、通用等公司纷纷仿效，实施标杆管理，在全球范围内寻找业内经营实践最好的公司进行标杆比较和超越，成功地获取了竞争优势。因此，西方企业开始把标杆管理作为获得竞争优势的重要工具，通过标杆管理来优化企业实践，提高企业经营管理水平和市场竞争力。

由于标杆管理的广泛适用性，人们不断地开发新的应用领域。例如，安全领域。安全是与人的生命直接相关的，是继人温饱需要之后的第二需要。因比，认识并在企业广泛开展安全标杆管理对企业的持续发展具有重要的意义。

2. 标杆管理的定义和内涵

标杆管理的英文是 Benchmarking，它的名同形式 Benchmark 的意思是水准、基准。作为一种新的管理技术，汉语有许多不同的翻译，诸如"标杆制度"、"竞争基准"、"标杆瞄准"、"定点超越"等。这里认同翻译为"标杆管理"，它是一项通过衡量比较来提升企业竞争地位的过程。

"标杆"最早是指工匠或测量员在测量时作为参考的标记，Frederick Taylor 在他的科学管理实践中采用了这个词，其含义是衡量一项工作的效率标准，后来这个词渐渐衍生为基准或参考点。标杆管理方法产生于企业的管理实践，目前对于标杆管理还没有统一的定义。下面是一些权威学者和机构对标杆管理的诠释。

施乐公司的罗伯特·开普是标杆管理的先驱和最著名的倡导者，他将标杆管理定义为"一个将产品、服务和实践与最强大的竞争对手或是行业领导者相比较的持续流程"。

坎普（1989 年）提出"标杆管理是组织寻求导致卓越绩效的行业最佳实践的过程"。这个定义涵盖如此广泛以至包括所有不同水平和类型的标杆管理活动，应用于跨国度、跨行业的产品、服务以及相关生产过程的可能领域。该定义简单易于理解，可运用于任何层次以获取卓越绩效。此定义被国际标杆管理中心采用。

美国生产力与质量中心（AmericanProductivityandQualityCenter，APQC）对标杆管理给出了如下定义：标杆管理是一项系统的、持续性的评估过程，通过持续不断地将组织流程与全球行业领导者相比较以获得协助改善营运绩效的信息。该定义得到了 100 余家大型公司的认可。

Vaziri（1992 年）对标杆管理给了如下的定义：标杆管理是将公司关于关键顾客要求与行业最优（直接竞争者）或一流实践（被确认在某一特定功能领域有卓越绩效的公司）持续比较的过程以决定需要改善的项目。该定义强调标杆管理与内部顾客和外部顾客的满意相关。

综合以上各个定义的精髓，标杆管理是企业将自己的产品、服务、生产流程、管理模式等同行业内或行业外的优秀企业做比较，借鉴、学习他人的先进经验，改善自身的不足，从而提高竞争力，追赶或超越标杆企业的一种良性循环的管理方法。

标杆管理的内涵可归纳为四个要点：①对比；②分析和改进；③提高效率；④成为最好的。标杆管理是一种模仿，但不是一般意义上的模仿，它是一种创造性的模仿。它以他人的成功经验或实践为基础，通过定点超越获得最有价值的观念，并将其付诸于自己企业的实践。它是一种"站在别人的肩上再向上走一步"

的创造性活动。

标杆管理本质上是一种面向实践、面向过程的，以方法为主的管理方式。它的基本思想是系统优化、不断完善和持续改进。标杆管理可以突破企业的职能分工界线和企业性质与行业局限。它重视实际经验，强调具体的环节、界面和流程。同时，标杆管理也是一种直接的、中断式的、渐进的管理方法，其思想是企业的业务、流程、环节都可以解剖、分解和细化。企业可以根据需要，或者寻找整体最佳实践，或者发掘优秀"片断"进行标杆比较，或者先学习"片断"再学习"整体"，或者先从"整体"把握方向，再从"片断"具体分步实施。通过标杆管理，企业能够明确产品、服务或流程方面的最高标准，然后作必要的改进以达到这些标准。

（二）标杆管理的类型与作用

1. 标杆管理的类型

标杆管理的应用范围极其广泛，从原则上讲，凡是带有竞争性的活动都可以应用标杆管理方法，而且新的管理方法仍然被不断创造出来。根据标杆管理应用的层次和范围，可以将其分为以下四类。

（1）内部标杆管理（Internal Benchmarking） 内部标杆管理是以企业内部操作为基准的标杆管理，是最简单且易操作的标杆管理方式之一。辨识内部绩效标杆的标准，即确立内部标杆管理的主要目标，可以做到企业内信息共享。辨识企业内部最佳职能或流程及其实践，然后推广到组织的其他部门，是企业提高绩效最便捷的方法之一。但是单独执行内部标杆管理的企业往往持有内向视野，容易产生封闭思想。因此，在实践中，内部标杆管理应该与外部标杆管理结合起来共同使用。

（2）竞争标杆管理（Competitive Benchmarking） 竞争标杆管理是以直接竞争对手为基准的标杆管理。它的目标是与有相同市场的企业在产品、服务和工作流程等方面的绩效与实践进行比较，直接面对竞争者。这类标杆管理的实施比较困难，原因在于除了公共领域的信息容易接近外，其他关于竞争企业的信息不易获得。

（3）职能标杆管理（Functional Benchmarking） 职能标杆管理是以行业领先者或某些企业的优秀职能作为基准进行的标杆管理。这类标杆管理的合作者常常能相互分享一些技术和市场信息，标杆的基准是外部企业（非竞争者）及其职能或业务实践。由于没有直接的竞争者，所以合作者往往比较愿意提供和分享技术与市场资讯。不足之处是费用高，有时难以安排。

（4）流程标杆管理（Process Benchmarking） 流程标杆管理是以最佳工作流程为基准进行的标杆管理，其对象是类似的工作流程，而不是某项业务与操作职能或实践活动。这类标杆管理可以在不同类型的组织中进行。虽然这类标杆管理被认为有效，但进行有一定的难度。它一般要求企业对整个工作流程和操作有详细的了解。

2. 标杆管理的作用

标杆管理为企业提供了一种可行、可信的奋斗目标以及追求不断改进的思路，企业可以通过实施标杆管理不断发现自身同目标企业的差距，寻找缩小差距的工具和手段。标杆管理的重要特征是它具有合理性和可操作性。首先，它会让企业形成一种持续学习的文化，让企业认识到"赶"、"学"、"超"的重要性。企业的运作业绩永远是动态变化的，只有持续追求最好＇才能获得持续的竞争力，才能始终立于不败之地。其次，标杆管理为企业提供了优秀的管理方法和管理工具。

国外企业特别是众多的全球知名企业，如 IBM、摩托罗拉、杜邦等，已将标杆管理这一管理工具充分运用，认为标杆管理是一种形成创造性压力的最佳途径，也是真正创新的先决条件。标杆管理的作用及影响具体表现在以下几个方面。

（1）标杆管理是企业绩效评估的工具。标杆管理是一种辨识世界上最好的企业实践并进行学习的过程。通过辨识最佳绩效及其实践途径，企业可以明确自身所处的地位、管理运作以及需要改进的地方，从而制订适合的、有效的发展战略。标杆管理通过设定可达到的目标来改进和提高企业的经营绩效。目标有明确含义，有达到的途径，使企业坚信绩效可以提高到最佳。研究表明，标杆管理可以帮助企业节省 30%～40% 的开支，为企业建立一种动态测量各部门投入和产出现状及目标的方法，达到持续改进薄弱环节的目的。

（2）标杆管理是企业增长潜力的工具。企业通过标杆管理能克服不足，增进学习，使企业成为学习型团队树立基准，经过一段时间的运作，任何企业都有可能将注意力集中于寻求增长的内在潜力，形成固定的企业文化。通过对各类标杆企业的比较，不断追踪把握外部环境的发展变化，从而能更好地满足最终用户的需要。

（3）标杆管理是衡量企业工作好坏的工具。标杆管理已经在世界范围内展开且变化迅速，不同企业的标杆管理者已经或正在结为一体，形成知识网络，相互体验标杆管理的方法以及成功与失败的经验教训。标杆管理通过对企业产品、服务及工作流程的系统而严格检验，达到工作的高度满意，进而产生巨大成就感。企业要想知道其他企业为什么或者是怎么样做得比自己好，就必然要遵循标杆管理的概念和方法。

（三）标杆管理的应用

标杆管理的具体实施内容要区别行业、企业的差异，因为不同行业、企业有不同的衡量标准。企业要根据自身所处行业的发展前景，结合企业发展战略，考虑成本、时间和收益，来确定企业标杆管理的计划，一定要注重实施的可操作性。但标杆管理的基本思路大致一样，企业应用标杆管理方法的过程大致可分为四个阶段，即规划阶段、数据收集及分析阶段、实践阶段、提升阶段。

1. 规划阶段

规划阶段的工作包括成立标杆管理小组，确定标杆管理的内容，选择标杆管理的"基准"企业，建立企业竞争力评价指标体系，并收集相关的情报信息。

（1）标杆管理的内容　　标杆管理的内容是指企业需要改善或希望改善的方面，标杆管理的内容有产品标杆管理、过程标杆管理、管理标杆管理和战略标杆管理四种。标杆管理是一个将自身情况和本组织内部比较的最佳部门，竞争对手或者行业内外的最佳组织进行比较，并向它们学习，吸收它们的成功经验和做法的过程。因此，标杆管理的前提是了解企业自身的情况，确定需要改进、能够改进的产品、流程、管理或者战略。一般来说，要选择那些对利益至关重要的环节进行标杆管理。不同企业由于其性质不同，因此赢利的关键环节也有所不同，如影响制造类企业的首要环节是产品质量，而影响服务类企业的首要环节则是客户满意度等。因此，一个组织需要根据自己的实际情况选择标杆管理的内容。

（2）选择标杆管理的"基准"目标　　企业确定了标杆管理的内容后就要选择标杆管理的"基准"企业标杆管理的"基准"目标。标杆管理的"杆"，是企业想要模仿和超越的对象，它可以是本企业内部的最佳组织，也可以是竞争对手或者行业内外的最佳组织。产品标杆管理中，"基准"目标多为竞争对手，在某些情况下，为本行业的领袖企业，过程、管理、战略标杆管理的"基准"目标可以是竞争对手，也可以是企业及行业内外部的企业。

（3）建立企业竞争力评价指标体系　　企业竞争力评价指标体系是标杆管理之"标"，是竞争产品（服务）和企业竞争力量比较的基础。在确定指标体系内容时，应在力求反映影响企业及产品（服务）竞争力要素全貌的基础上突出重点，尽量精减，以减少工作量和复杂程度，但选择保留的指标至少应涵盖该产品（服务）的所有关键成功因素。例如，我国某家电企业在进行标杆管理的过程中，确定数字高清晰度电视为竞争产品，建立了一个包含 10 个大类指标，68 项子指标的企业竞争力评价指标体系。

2. 数据收集及分析阶段

在完成规划阶段的工作后，企业的标杆管理工作就进入了数据收集及分析阶段。通过这个阶段的工作，寻找企业标杆管理项目"基准"目标之间的差距．提出企业标杆管理所要达到的目标以及未来工作的标准。本阶段的具体工作包括收集数据，数据处理及情报分析。

（1）收集数据　　在完成规划阶段指标体系内容后，需要开展调研，以收集支持指标体系内容的数据。收集数据是标杆管理的重要环节，是进行情报分析的重要基础。收集数据之前，必须明确几个问题。首先，必须确定收集哪方面的信息以及所需信息的具体程度，从而在众多的数据中识别有用信息。其次，必须确定信息源，这样才能快速、有效地收集到所需数据。通常信息来源至少有一个渠道，企业内部信息、公开披露的信息和企业外部非公开信息。再次，还要根据具体情况确定收集数据的途径。收集数据一般可通过实地调查，文献资料检索、网络检索等途径进行。数据收集之后，应该以合理的格式和易于处理的方式进行保存。

（2）数据处理 收集完数据后，需要进行数据处理。数据处理的具体工作包括对所收集数据的鉴别、分类、整理、计算、排序等，还包括利用收集到的数据对各项指标的计分工作。在整体计分的情况下，需要按照调查表中的计分原则，将数据转化成无权重状态下相应的分值。由于各指标对产品竞争力影响程度不同，所以还需要对各大类指标和各项子指标加权重，以准确评判各指标分值对竞争力的影响。数据处理是情报分析的前期工作。

（3）情报分析 情报分析是标杆管理的关键环节，只有通过对收集到的信息和情报进行全面深入地分析，才能真正认识"基准"目标的运作为什么比本企业更好，好到何种程度，现在或预期以后采用何种最优实践，企业应如何学习或创新才能达到或超过"基准"目标的水平。情报分析的工作包括利用数据处理的结果确定标杆管理项目与"基准"目标绩效的差距，找出产生差距的原因以及"基准"目标取得最佳绩效的关键成功因素，识别本企业的优势及劣势，从而达到标杆管理预期的目标。情报分析的方法有比较分析、SWOT分析和关键成功因素分析等。

3. 实践阶段

标杆管理实践阶段包括制订计划、实施计划和监控及调整计划。

（1）制订计划 在标杆管理小组应根据本企业现阶段的具体情况，包括企业文化因素、资金因素、技术因素、人员因素等，结合情报分析的结果，形成可操作的计划方案，有针对性地确定行动。计划内容应包括标杆管理所要达到的发展目标、具体的改进对策、详细的工作计划和具体的措施、计划实施的重点和难点，可能出现的困难和偏差，计划实施的检查和考核标准等。

（2）实施计划和监控及调整计划。计划制订后，就是对计划的实施。标杆管理项目的进行需要企业领导和员工的积极参与和配合。因此，标杆管理小组应利用各种途径，将情报分析的结果、拟订的方案、所要达到的目标前景告知企业内的各个管理层及有关员工，争取到他们的理解和支持，使其在计划实施过程中保持目标一致、行动一致。

在实施标杆管理计划的过程中，需要不停地对这种实施进行监控和评价。监控是为了保证实施按计划进行，并随时按照环境的变化，对计划进行必要的调整。而评价则是为了评价标杆管理实施的效果。如果无法取得满意的效果，就需要返回以上环节进行检查，找到原因并重新进行新的标杆管理项目。

4. 提升阶段

企业通过实施某一标杆管理项目在一定时期及范围内提高了竞争力，取得了竞争优势，并不意味着企业标杆管理工作的彻底结束。一方面，企业应及时总结经验、吸取教训；另一方面，企业针对环境的新变化或新的管理需求，持续进行标杆管理活动，确保对"最佳实践"的跟踪。此时，标杆管理工作就进入了提升阶段，这一阶段的工作通常包括总结经验和再标杆两项。这一阶段的工作有利于企业保持持续的竞争优势，施乐公司的例子就是一个典型的例子。施乐公司在对日本企业进行了标杆管理后，并没有停止不前，而是开始了对其他竞争对手、一流企业的标杆管理，并受益匪浅。

（四）标杆管理实施中应该注意的问题

（1）提高标杆对象选择范围的广泛性。标杆的选择应站在全行业、甚至更广阔的全球视野上，打破传统的只能分工界限和企业性质与行业局限，重视实际经验，强调具体的环节、界面和流程，可以寻找整体最佳实践，也可以发掘优秀"片断"进行标杆比较。

例如，美孚石油公司在选择标杆对象时，首先通过调查分析，确定了三种顾客需求，简称为"速度"、"微笑"和"安抚"。接着选择了 Penske 公司、丽嘉-卡尔顿酒店、"家庭仓库"公司这三个企业性质截然不同的公司。Penske 公司为印地 500 大赛提供加油服务，以速度见长；丽嘉-卡尔顿酒店号称全美最温馨的酒店，每位员工都将招牌般的微笑带入工作；全美公认的回头客大王"家庭仓库"公司，它一贯奉行支持一线员工，强调对直接与客户打交道的员工的培训。美孚石油公司在此次标杆管理活动中，整体绩效有了长足的提升。

（2）注重数据的收集。标杆管理是一种面向实践、面向过程以方法为主的管理方式。数据只是实践结果的反应，因此对于企业及标杆对象的实践、流程的分析应放在重要的位置。

（3）树立瓶颈思想。企业的运作水平虽然与多种因素相关，但其中必有几个因素是影响企业整体水平的关键因素，只有找到这些关键因素并将它提高，才能提高整体水平。这类似于约束理论中的瓶颈考虑。任何企业要想有效地发展，在现有资源环境条件限制下，必须找出关键因素，将有限的资源用于消除薄弱环节才能有效地提高自己的经营水平。

（4）要将标杆管理同市场分析结合起来使用。随着产品寿命周期的缩短，标杆管理的一些缺陷就暴露出来，其中最大的缺陷是缺乏市场预测能力。为了解决这一问题，企业必须将标杆管理方法同市场分析方法结合起来，从而达到不断地满足顾客需求的目的。

（5）意识和观念的提升。首先，要有系统优化和持之以恒的思想。标杆管理的成功很大程度上取决于持续改进的企业文化和追求"比最优者更好"的价值观，而安于现状、小富即安的价值观念恰恰是中国企业，特别是中小民营企业现有公司文化中存在的最大问题。此外，企业需要在不同的发展阶段、发展水平下，选择最适合的标杆。标杆目标的实现很少能一步到位，而是一个多次反复的循环过程。其次，要培养学习创新的精神。标杆管理的本质是学习和创新，各个企业只有不断结合本企业的实际情况，在分析优秀企业或优秀片断的同时适时调整策略，进行永续标杆的循环，走一条不断发展、持续提升绩效的路。因此必须树立两大观念：重在潜学，贵在渐变。

（五）安全标杆管理案例

安全标杆管理即以事故预防、确保生产生活安全为目标的标杆管理。安全标杆管理遵循标杆管理的原理，是该管理方法在安全领域中的应用。在工业生产中，可以某行业整体安全效益最佳的企业为标杆，也可以同类竞争对手中安全目标实现较好的作为标杆进行比较。

许多国内集团公司、企业选择行业内国际先进企业，有些则选择国内业内安全绩效最好的分公司甚至部门等作为安全标杆，在各自的范围内开展以持续保证安全、改善环境等为目标的标杆学习、评比活动。以安全绩效好的部门带动和提高整体事故预防、安全健康的水平；下面是一些安全管理"标杆企业"。

（1）有着202年历史的杜邦公司一直保持着骄人的安全记录。超过60%的工厂实现了"0"伤害率，杜邦每年因此而减少了数百万美元支出。成绩的背后是杜邦200多年来形成的安全文化、理念和管理体系。杜邦要求每一位员工都要严守十大安全信念：一切事故都可以防治；管理层要抓安全工作，同时对安全负有责任；所有危害因素都可以控制；安全工作是雇佣的一个条件；所有员工都必须经过安全培训；管理层"必须"进行安全检查；所有不良因素都必须马上纠正；工作之外的安全也很重要；良好的安全创造良好的业务；员工是安全工作的关键。

（2）中国电网公司2006年度发布的12个标杆单位，年年实现三个百日安全无事故记录，未发生农村用电管理员死亡和重伤事故，未发生主要设备严重损坏事故，未发生五类电气误操作事故，未发生重大交通事故，未发生重大火灾事故，未发生农村触电死亡事故。

（3）南方航空集团出台了一部安全"法典"——安全审计手册。它用"以过程为导向"的先进模式取代了过去以"结果为导向"的安全检查模式，体现"安全第一、预防为主、综合治理"的指导思想，在国内同行中率先应用IOSA安全标杆。

（4）宝钢引入实施标杆管理作为技术创新管理工具，选定了包括安全指标在内的 164 项生产经营指标作为标杆定位的具体内容，选择了 45 家世界先进钢铁企业作为标杆企业。

确定了实施标杆管理之后，宝钢在企业内广泛宣传将世界最先进钢铁企业作为标杆的意义，统一思想。紧接着，从技术创新专利、技术创新研发基地建设、未来科技前沿性战略发展研究项目、装备技术、信息技术建设等方面实施了多层次的标杆管理，从各个领域确立了具体先进的榜样，解剖其各个指标，不断向其学习。宝钢发现并解决了企业自身的问题，取得了非常好的管理成效。

将安全绩效较好的企业、部门等作为安全标杆，企业可以通过对安全标杆的学习、模仿，从安全组织管理、安全设施改进、科学制订安全管理制度、优化员工不安全行为、提升安全文化等方面着手，不断创新，持续改进，结合本企业自身的情况进行事故预防与控制、提高其职业安全健康水平。

第十节　安全生产检查

一、安全生产检查的意义

安全生产检查是指安全生产监督管理部门、企业主管部门或企业自身对企业贯彻国家安全生产法规的情况、安全生产状况、劳动条件、事故隐患等所进行的检查，具体是指对生产过程及安全管理中影响安全的各种因素进行实地观察、测试、分析、研究，以及早发现潜变、异常、危险和可能发生的事故，制订消除或控制的预防措施，并对整改效果给予定性或定量评价，不断提高保障安全生产水平的管理过程。安全生产检查简而言之，是对影响安全生产因素的认识、分析、评价和控制。它与安全教育一样是行之有效的管理方法，是安全生产工作的一项基本制度。

通过安全检查，可以了解企业的安全状况，获取安全信息，发现不安全因素，及时采取措施落实整改，消除事故隐患。通过安全检查，还可以起到宣传、落实党的安全生产方针、政策和国家安全生产法律法规、标准，提高企业领导和职工安全意识的作用；同时，通过安全检查，还可以查清安全生产现状，总结经验教训，确立今后工作重点和方向，推动安全工作，促进安全生产。

(1) 安全生产检查是国家法律法规规定的职责。根据《安全生产法》的规定，无论是人民政府、监管部门，还是企业，都应开展安全生产检查，如《安全生产法》第四十三条规定等。因此，从法律的角度看，安全生产检查是国家法律法规规定的职责，不光是企业有经常开展检查的职责，各级人民政府、监管部门也同样负有检查的职责。同时安全检查还是作为安全生产监管部门或行业主管部门依法行政的一项重要监管手段。

(2) 安全生产检查是落实科学发展观，构建和谐社会的必要手段安全生产事关人民群众的生命健康和根本利益，事关改革发展稳定的大局。随着社会经济的发展，目前企业生产经营规模日趋扩大，生产设备和工艺也更为复杂，而且随着多种经营体制的迅速发展，一些个私企业蓬勃兴起，大量事故隐患随之涌现，给安全工作带来了前所未有的挑战，如一些企业安全生产基础薄弱，保障体系和机制不健全，责任不落实，投入不足，大量中小企业处于原始积累时期，设备、设施不符合安全条件；"二合一"现象屡禁不止；企业主安全意识认识不到位，从业人员总体素质低下，缺乏安全生产意识，大量外来务工人员没有接受必要的安全培训教育等问题，严重威胁安全生产，甚至职工生命安全都得不到保证，严重影响改革进程和社会稳定。要发现上述问题，改变事故多发的局面，就必须依靠安全检查这一有效手段，通过对生产经营单位的安全生产情况进行监督检查，指导督促企业建立、健全安全生产制度，落实各项防范措施，从而保证国家的安全生产方针、政策得到落实，确保企业安全稳定发展，社会和谐安定。

（3）安全生产检查是做好安全生产工作的有效措施。全国安全生产形势依然十分严峻，重特大事故仍时有发生。事故与经济发展显得非常不协调，事故隐患仍大量存在，这些隐患随时都可能引发事故的发生。为此，必须经常开展安全生产检查活动，对生产过程中安全状况的各种变化和可能引起事故的各种隐患，及时采取整改措施，最大可能减少或避免事故的发生。作为安全管理人员，尤其基层安全管理人员必须深入现场实际，对生产经营单位开展细致认真的安全检查，查处各类事故隐患。

从安全生产方针"安全第一，预防为主，综合治理"来看，安全检查是落实安全第一必不可少的手段之一。根据事故致因理论，人的不安全行为，物的不安全状态，是造成事故的基本因素。为了消除这些因素，排除隐患，就要设法及时发现它，进而采取消除的措施。所以第一步就是开展安全检查，通过安全检查来发现问题，督促企业进行整改，从而减少和预防事故的发生。

正是因为安全检查是我们安全生产管理中一个必不可少的手段，安全检查必须做到制度化、经常化、规范化，要从各方面来规范安全检查的行为，从而确保安全检查能真正取得实效。

二、安全生产检查的基本形式

安全生产检查的分类多种多样，检查方法同样也较多，目前常用且有效的安全生产检查形式有：深入现场实地观察，召开汇报会、座谈会、调查会以及个别访问，查阅有关文件和资料等。

1. 安全检查的分类

安全检查的种类划分有很多不同标准，目前常用的主要有以下几种。

（1）按检查实施主体不同划分

① 政府、监管部门的安全生产检查：指由上级有关部门，如各级人民政府、

安全生产监管部门或企业主管部门（行业）组织的各种安全生产大检查、行业检查、专项检查等。

安全生产大检查通常是集中在一定时期内有目的、有组织地进行，一般规模较大，范围较广，检查时间较长，揭露问题深，判断较准确，有利于促使企业重视安全，并能解决一些安全生产中的"老大难"问题。

② 企业为主体的自我安全检查，指由企业自行组织对企业自身安全生产情况进行的各种安全检查。

企业自我安全检查通常采取经常性检查与定期检查、专业检查与群众检查相结合的安全检查制度。经常性检查是指安全技术人员和车间、班组干部、职工开展安全生产日查、周查和月查。定期检查是指企业定期（如每季度，半年或一年）组织较为全面的安全检查，如全厂安全生产大检查、季节性安全检查等专业检查是指企业针对某一专业或设备开展的安全检查，如防火、防爆、防尘、防毒、电气安全等检查。群众性安全检查指发动职工群众普遍进行的安全检查。此外，还有根据季节性特点所进行的季节性检查和维护职工安全保障权益的职工代表安全检查等。

（2）按检查的时间、目的、要求不同划分

① 经常性检查　也称之为日常检查，是指各级领导、各级安全管理人员和操作工人，在各自业务范围内经常深入现场开展的安全检查。它是为保证安全而进行的最基本、最重要的安全管理手段。这种检查可以随时随地发现不安全问题，及时进行整改；还可以反映出企业生产过程中安全状况的真实水平；而且具有检查面宽、安全信息反馈多且快等优点，是各级安全管理人员广为使用的一种检查方法。经常性检查包括以下几种形式。

•开机检查　企业在装置开工前、停工后、检修中、新装置竣工及试运转时，进行安全检查。

•巡逻检查　主要指安全专业人员和管理人员对生产现场进行的巡视监督检查。

•岗位检查　操作人员对操作岗位的作业环境、施工和生产条件、机器设备、安全防护设施及措施等进行检查确认。

•相互检查　这种检查是通过作业人员的相互检查、相互监督，对人的不安全行为、个人防护用品的配戴等进行检查。

•重点检查　企业安全部门组织有关人员对企业内部的重点岗位，关键设备设施等开展的检查（包括日检，周检、月检等）。

② 定期检查　是指企业主管部门或企业自行组织的，按规定的周期进行的安全检查。这种检查可以增强各级领导的安全意识，提高广大职工对安全生产的认识，交流安全管理的经验，推动企业的安全工作，促进安全生产。定期检查主要包括以下几种的检查形式。

• 季节性检查　指结合春、夏、秋、冬四个季节的特点开展的安全检查，如春季防火大检查；雨季"八防"（防触电、防中暑、防工伤事故、防淹溺、防洪汛、防倒塌、防车祸、防中毒）检查；冬季"六防"（防冻、防火灾、防爆炸、防中毒、防触电、防机械伤害）检查等。

• 节日前检查　指在节假日前以保卫、安全、消防为主题进行的联合检查，重点对仓库、人员密集场所、交通运输车辆、烟花爆竹等进行检查，如在春节前、"五一"节前、国庆节前、元旦前及其他节日前开展的安全检查。

（3）专项检查　是针对某一领域或行业的特点，组织有关专业技术人员和管理人员，有计划有重点应对该领域或行业范围的设备、操作、管理进行检查。通过专项检查，可以了解某项专业方面设备的可靠性，安全装置的有效性，设备、设施的维护、保养状况以及专业管理、岗位人员的责任等情况，也可以了解该专业的规章制度的执行情况等。专项检查一般是对容易发生重大伤亡事故的设备、场所进行专题检查，如对锅炉、压力容器、电气设备、机械设备、危险物品、防护器具、消防设施、运输车辆、防尘防毒、液化气系统、井下的空气质量、"三合一"及人员密集场所等进行专业检查。也可根据国际、国内同行业发生的重特大事故，为吸取教训，防范同类事故重复发生，而及时组织有针对性的安全专项检查。

（4）群众性安全检查　指发动职工群众普遍进行安全检查，并结合检查对职工进行安全意识、安全知识、安全技术教育，例如职工对本岗位危险因素的认识与控制危险因素的方法的检查，这种检查可采取个人检查，个人和个人之间、班组与班组之间相互检查等综合进行。另外劳动者对自己经常接触和使用的机械设备、电气设备、工（夹）具、原材料、化学用品、安全装置、个人防护用品等，应随时进行检查。一旦发现隐患就要及时排除。对自己生产劳动中的行为，也要随时检查，检查自己是否按标准作业，是否遵守安全技术操作规程，是否违反劳动纪律等。同时，还要测查自己每一时期的生物节律变化情况，协调家庭或周围环境影响引起的情绪变化以及其他方面的思想波动。总之，通过各种办法采取有效措施来提高自我防范能力，以消除人的不安全行为和物的不安全状态。

安全检查的形式是多种多样的，我们在实际安全检查中，应根据工作需要和安全形势选择进行，可采用日常、定期、专业、不定期等多种检查相结合的方式，灵活运用。

2. 安全检查的方法

组织一次有效的安全检查，在确定采用安全检查种类后，还应确定适当的检查方法和手段，目前我们经常采用的安全检查的方法有：

（1）安全会议检查法　指通过召开安全工作会议，由被检查单位汇报安全生产工作，检查人员通过听取汇报、询问对话交流，从而了解被检查单位安全生产工作情况。这种检查法其优点是节约时间，提高工作效率，便于领导对安全生产工作的整体把握。但也有明显的缺点，由于检查完全依赖于被检查单位的汇报，往往不能完全反映检查单位的真实情况。同时由于没有深入实际现场，较难掌握现场第一手资料，不能发现一些深层次的隐患。

(2) 常规检查法　它是一种定性检查方法，也是一种最常见的检查方法。通常是安全管理人员作为检查工作的主体，通过感观或辅助一定的简单工具，对安全生产管理、作业人员的行为、作业场所的环境条件、生产设备设施等进行的定性检查。这种检查方法往往采用看、听、问、闻、试的方式来获取所需的信息。

① 看　观察，查阅文件、档案、记录等文本材料；到现场察看作业环境、生产条件、设备设施的状况是否符合安全要求，有无安全防护装置等。

② 听　听被检查单位的介绍，从管理人员和作业人员的言谈中，获取信息，了解该单位安全管理水平、职工安全意识和安全知识的掌握情况等，同时也可听生产现场的设备运转声音，从中发现是否异常。

③ 问　一般"听"和"问"是结合在一起的，这是检查中信息交流使用频率最高的方式，对很多需要检查但受客观条件限制无法获取的信息，通过向受检者询问，了解有关情况。

④ 闻　用鼻子闻。在现场检查时，有时检查人员要靠鼻子闻，当发现有异味时，就要追查异味的根源，如有无危化品，有毒有害作业环境是否符合国家标准等。

⑤ 试　用手去测试。一些设备设施的安全附件、安全装置是否灵敏可靠，如起重机械的限位开关、压力容器的安全阀等，有时检查人员可以通过试验来检查。

常规检查法其优点是方便、简单，受约束的条件少，不用过多的准备工作，随时都可以开展检查，它常常应用在日常检查和突击性检查。其缺点是对检查人员的个人素质要求较高，检查的效果完全依赖于安全检查人员的个人经验、责任心、安全知识掌握程度和业务能力，而且还由于这种检查随意性较大，检查往往容易造成有遗漏的地方，故不全面、不系统。

(3) 采用安全检查表（SCL）法　安全检查表是安全检查中最有效的工具。采用安全检查表法是为使检查工作更加规范，将个人行为对检查结果的影响减少到最少而采取的一种检查手段。它通过事先把系统加以剖析，列出各层次的不安全因素，确定检查项目，编制成表，根据检查表项目依次进行检查。一般检查表都确定了检查的项目、具体要求（即应该如何）和检查要点等，检查者只要根据检查表上的项目，对照现场实际是否达到了项目规定的要求（即实际如何?），而做出记录（即"是、否"），简单起见，常用"✓"或"×"来表示，然后对"否"的项目进行整改。

（4）仪器检查法　指检查人员利用各种仪器来检测机器，获取设备内部的缺陷及作业环境条件的真实信息或定量数据，发现隐患。如用探伤仪、瓦检仪、气体检测仪、声级计等仪器进行定量测定。这种检查方法是一种定量检查，当对作业环境、设备内部和一些采用其他检查方法无法进行检查时，只能用仪器检查法，它是一种必不可少的一种检查方法。当然针对不同的检查对象，使用的仪器和手段也不同。

（5）自查与互查　自查即是下级相对于上级自行开展的安全检查，一般自查的检查面广，普及性好，能起到增强职工安全生产自觉性；而互查是指同一行业的企业之间或企业内班组、个人相互之间开展的安全检查，这种检查方法可以起到互相学习、互相促进的作用。因此，要提倡职工个人在自检的基础上开展互查。自查是互查的基础，但没有互查，自查也无法广泛深入。安全检查中要强调互查互学，互相评比。这既有利于进一步提高领导和工人对安全生产的思想认识，又可以更多更清楚地发现和解决那些不安全的问题，可以说自查与互查是其他安全检查法的有效补充。

在实际检查工作中，上述检查方法并不都是单独使用的，而经常是交叉运用。如国家安全生产监督管理总局在开展安全生产督查时督查程序中就规定，首先要与被督查单位沟通，然后召开会议听取其安全生产工作汇报，再进行现场检查，最后仍召开会议，反馈检查的结果。无论采取哪种形式，检查者一定要以高度负责的态度，深入现场，认真细致地进行全面检查，才能达到良好的检查效果。

三、安全生产检查的内容及要求

安全生产检查的内容涉及方方面面，从人员思想意识到动作行为，从厂房场地到设备设施，从机构设置到制度管理，都在它的范围之内，其实质上就是安全管理的全部内容。

1. 安全检查的内容概述

一般来说，安全检查的内容常从"五查"着手，所谓"五查"，即"查领导、查思想、查管理、查制度、查隐患"。

（1）查领导　检查单位领导对安全生产是否有正确认识，是否把安全工作摆在重要议事日程，有否落实安全生产职责，具体工作是否按照"五同时"的要求开展。

（2）查思想　查职工是否牢固树立"安全第一、预防为主、综合治理"的安全意识，当生产、效益和安全发生矛盾时，是否把安全放在第一位。

（3）查制度　查各项安全规章制度和操作规程是否健全，内容是否正确、完善、科学合理。

（4）查管理　查各生产经营单位安全责任人是否亲自抓好安全生产工作的安

排和落实，安全管理机构、人员是否到位，各项制度是否严格执行，安全投入是否能满足安全生产的需要，有无违章作业和违章指挥现象等。

（5）查隐患　在生产现场查人的不安全行为、物的不安全状态和环境的不安全因素，尤其是强检的设备设施和护品是否达到国家标准等。

上述五个方面的检查是对安全检查内容的总体要求，其中查领导是关键，只有在领导的重视前提下，其他工作才能得以顺利开展，实践也证明：只要各级领导重视安全，安全生产就会取得较好的效果。

在实际检查中，为使检查更具有操作性，检查的内容往往并不按这五个方面进行划分，而是将其内容融入在其他各类安全检查内容中。一般把安全检查的内容分为安全基础管理与现场安全管理两部分。

2. 安全基础管理方面的检查内容

安全基础工作的内容主要是对企业执行有关安全生产法律，法规和上级有关安全生产规定等"软件系统"方面的情况，包括各种安全生产知识和措施的执行情况；安全规章制度（责任制、安全培训、操作规程）；各类资质证书、特种设备及特种作业操作证的情况；安全管理机构、人员；安全管理经费；事故"四不放过"的执行情况；安全设施"三同时"的执行情况等。具体包括以下内容。

（1）安全机构建设情况

① 查机构，是否设立专职安全管理机构、部门，分级是否合理，安全机构是否岗位明确、工作协调；是否定期召开安全会议；是否坚持"安全第一、预防为主"的思想，认真贯彻执行国家《安全生产法》等安全生产法律、法规和上级的指示、规定，大力推行安全生产目标责任制的情况。

② 查专业技术安全人员配备情况。是否按《安全生产法》和相关法律法规的要求，按企业在册职工人数配备安全人员，三级单位设有安全组或专职安全员、四级单位设有专（兼）职安全员，关键装置、要害部位配有专职安全工程师。

③ 查安全网络，是否建立、健全三级安全网络，即厂部、车间、班组设专、兼职安全管理人员。

（2）安全生产管理制度完善及执行情况

① 安全生产责任制执行情况。各级领导、各个部门、各岗位的安全生产责任制是否健全，各级领导、各个部门能否认真履行安全生产责任制，并制订安全生产责任追究制度。

② 安全规章制度是否完善，并能够不断改进。包括制订安全生产管理、考核、奖惩等规定的情况；制订现场施工作业、危险源管理等安全规章制度的情况，安全制度在执行中能否得到不断细化、持续改进和及时完善等。

③ 是否制订岗位安全操作规程并定期进行修订完善，岗位操作人员认真执

行安全操作规程的情况。

④ 危险作业审批程序是否完善，包括能否根据企业的生产实际，确定本企业危险作业相关文件与记录，是否建立动火作业、临时用电、大型吊装、高处作业、有限空间等特殊作业的审批程序规定和管理台账。

（3）安全培训、教育情况

① 职工安全教育培训制度落实情况。是否建立了职工安全教育培训制度，职工按规定参加了相应级别的培训，安全教育培训工作做到有计划、有落实、有考核、有档案。

② 种作业人员持证上岗情况。是否做到了特种作业人员持证率达100％，特种作业人员复审率达100％，并制订了相应的培训计划和考核制度。

③ 生产经营单位主要负责人、安全管理人员安全培训情况。生产经营单位的主要负责人、安全管理人员是否具备相应安全知识，并取得相应资格证书。

④ 消防知识培训与演练情况。有无消防知识的培训制度、培训计划、培训记录，以及消防演练计划、演练记录。

⑤ 基层班组的安全活动情况。

（4）安全检查情况

① 是否按安全检查制度开展日常、定期安全检查，查台账。

② 隐患整改是否按"三定"（即定人员、定措施、定期限）原则得到落实，查整改记录。

（5）劳动防护用品发放、使用情况

① 是否根据规范要求配备岗位劳动防护用品，并有劳防用品的发放制度及记录，劳动防护用品质量是否符合安全要求。

② 现场作业人员劳防用品的管理与使用是否规范，操作人员能否熟练使用。

（6）建设项目安全"三同时"管理情况

① 建设项目是否进行了安全预评价，在建设项目的可行性报告和设计报告中，是否有劳动安全卫生专篇，是否对设计方案中的安全专篇进行了审查。

② 投产前是否进行了安全验收，有明确的验收标准及验收档案，不符合项的记录、整改情况。

③ 投产后是否有安全专项评价的管理规定、安全现状评价的管理办法以及安全评价报告中措施的落实情况。

（7）特种设备管理情况

① 特种设备是否按有关规定办理了使用登记手续，特种设备的维修改造是否按程序进行申报。

② 特种设备是否建立了完善的技术档案、台账、登记表，并有完整的操作规程、安全管理制度、维修保养制度。

③ 特种设备设施是否有年度检验计划和安排，特种设备定期检验率能否达

到 100％，存在问题隐患能否按规定整改，有无检验报告的存档制度或记录。

（8）危险源监控管理情况

① 是否建立了危险源管理制度、应急预案，危险源档案是否齐全。

② 有无危险源的检查制度，对可能发生的事故进行了预先分析。

（9）安全投入情况

① 是否按照国家规定和上级要求，保证了足额的安全投入（包括安全技术措施经费、隐患整改资金、劳动防护用品费用等）。

② 是否做到了安全设施齐全，劳动保护设施、防护用品满足要求，尘毒作业场所防护措施达到了国家标准。

③ 是否依法参加工伤保险。

（10）隐患识别和治理情况

① 有无隐患识别机制，有无开展隐患识别机制的活动记录，是否做到了对有关隐患有分析报告，并建立了隐患台账。

② 隐患整改落实情况。能否做到：明确责任人员、岗位，有隐患整改措施，重大隐患的整改实施有计划、有控制、有记录，重大隐患整改计划资金到位并限期整改。

（11）应急预案及演练情况

① 应急预案制订情况。包括能否根据实际生产情况制订应急预案，并有不断改进与完善应急预案的制度，有应急预案的管理档案，有保障应急预案实施的程序。

② 应急预案演练情况。包括有无应急预案演练计划，并按应急预案定期演练，有演练记录、演练报告、演练效果分析。

③ 能否根据演练情况和生产情况的变化，不断改进应急预案。

（12）事故管理情况

① 事故上报情况。包括各类事故按规定、按时进行上报，对事故进行统计、对比、分析，并提出相应对策的情况。

② 事故调查情况。企业负责调查的事故能否按事故调查"四不放过"的原则（即事故原因不清不放过，防范措施未采取不放过，职工群众没有受到教育不放过，事故责任者没有处理不放过）进行，事故调查是否及时，能否做到造成事故的原因清楚，责任划分明确，事故性质认定准确，信息资料翔实、充分、完整，事故调查报告符合规范。

③ 事故处理的落实情况，是否每起事故的防范措施均已落实，责任人是否都进行了处理。

（13）职工健康档案情况　是否建立有毒有害作业人员的健康档案，并定期体检，无职业病发生。

（14）消防管理情况

① 现有厂房是否经过消防验收，有无全厂消防设施的布置图。

② 是否建立消防日常台账，定期开展检查。

③ 定期开展消防培训、消防演练等。

（15）相关方管理情况

① 相关方有无具备相应的资质证书。

② 有无签订安全协议，明确各自的安全职责。

③ 对相关方进入作业场所有无进行安全教育、施工前有无技术交底。

④ 是否对相关方开展安全检查。

（16）有无安全生产考核、奖惩记录情况。

3. 现场安全管理方面的检查内容

现场安全管理检查内容应突出作业环境、人机安全状况、安全操作及遵章守纪等，主要查现场管理、查安全防护措施、查特种设备及危险源的管理、查"三合一"现象、查危险化学品的管理、查"三违"（即违章指挥、违章操作、违反劳动纪律）等。同时，在检查现场安全管理时，其实也是查证基础安全管理是否已在生产现场实际得到落实。

查现场隐患因涉及很多技术专业，每个行业、每个企业的情况和设备都不尽相同，需要很强的专业技术，故具体专业内容在此就不一一列举，检查人员可针对被检查单位的具体情况，收集相应的技术规范来开展检查，本书讲的现场安全管理检查内容主要是针对企业通用部分，具体包括以下内容。

（1）检查作业场所建筑物是否安全，防火、防爆、防雷击措施是否具备，安全通道是否通畅。

（2）各种机械设备的排列和防护装置、保险装置、信号装置是否齐全、有效，符合国家及行业标准。

（3）电气设备设施及线路是否规范，符合国家及行业标准。

（4）各种安全防护设施（如爬梯、走台、栏杆等）是否到位，防护设施的工艺设计是否符合安全生产要求。

（5）现场是否存在危险化学品（易燃易爆、剧毒品等），化学用品的使用管理是否规范。

（6）危险性较大设备（国家规定强制性检查的设备、特种设备等）是否全部经过检测、检验，不存在非法安装、非法使用情况。

（7）是否存在消防"三合一"现象，消防设施、器材是否完好。

（8）作业环境是否有检测报告，照明、粉尘、噪声、振动、辐射、高温低温、有毒物浓度等是否符合国家规范。

（9）作业场所相应的安全标志设置是否完备。

（10）各种计量表是否完好无缺、指示准确。

（11）是否存在违章作业等"三违"现象。

（12）劳动防护用品使用情况，操作人员对个体防护用品能否正确穿戴，熟练使用。

（13）生产现场管理情况

① 地面是否清洁，有无油污、积水、杂物，有无死角，地面是否平整，无障碍物和绊脚物，坑、壕、池设置盖板或护栏。

② 现场物品是否摆放整齐，产品、物料符合定置定位要求，通道畅通。

③ 生产现场有无"跑、冒、滴、漏"现象，设备是否有带病运转、超负荷现象。

④ 有无设备设施的维护、保养、检查、检测记录。

⑤ 生产关键装置、要害部位的施工现场和危险作业环节的安全管理是否完善。

（14）危险源及重大危险源监控及防范措施是否落实。在现场检查时，一般情况下，安全检查的时间和过程都比较短，如果泛泛而查，势必走马观花，以至漏检和误检，其收效不会明显，势必造成事倍功半的效果。因此，安全检查应当点面结合，突出重点，特别是作为基层乡镇、街道安全管理人员因一般不具备专业知识，在具体检查时，一方面要重点突出检查基础安全管理的内容，把握以综合检查为主、专业检查为辅，以查安全管理为主、查设备设施为辅，以查典型企业为主、查一般企业为辅，以达到加强管理为主、提出具体隐患为辅的目的。另一方面，在现场检查要突出检查预防容易发生重特大事故的设备或场所。

一般容易发生重特大事故的设备或场所有：易造成重大损失的易燃易爆危险物品、剧毒品；锅炉、压力容器、起重设备、运输设备、冶炼设备、电气设备、冲压机械；高处作业、有限空间作业、"三合一"和人员密集场所、其他易发生工伤、火灾、爆炸等事故的设备、工种、场所及其作业；造成职业中毒或职业病的尘毒点及其作业。

目前，国家对易发生事故的设备、器材实行强制检验、检测，对检查中涉及此类设备或器材的检查时，应着重检查该设备或器材是否已经过具有检验资格的机构检验合格，并在有效检验周期内使用。

对非矿山企业，国家有关规定要求强制性检查的项目有：锅炉、压力容器、压力管道、高压医用氧舱、起重机、电梯、自动扶梯、施工升降机、简易升降机、防爆电器、企业内机动车辆、客运索道、游艺机及游乐设施、冲压设备等；作业场所的粉尘、噪声、振动、辐射、高温低温、有毒物质的浓度等。

对矿山企业要求强制性检查的项目有：矿井风量、风质、风速及井下温度、湿度、噪声；瓦斯、粉尘；矿山放射性物质及其他有毒有害物质；露天矿山边坡；尾矿坝；提升、运输、装载、通风、排水、瓦斯抽放、压缩空气和起重设备；各种防爆电器、电气安全保护装置；矿灯、钢丝绳等；瓦斯、粉尘及其他有毒有害物质检测仪器、仪表；自救器；救护设备。

特种劳动防护用品强制性检查的有：安全帽；防尘口罩或面罩；防护服、防护鞋；防噪声耳塞、耳罩等。

第十一节　安全生产台账

企业的安全管理台账是企业安全管理活动的真实记载，承担着总结安全生产经验、吸取安全生产教训、传递安全生产信息、优化安全管理工作等诸多功能，也是企业安全生产管理规范化、标准化、程序化、系列化的集中体现，它能反映出一个企业的安全管理水平、安全工作素质和安全生产技能。

建立安全台账的目的是为了便于积累资料，综合分析，找出安全生产的规律，进而采取恰当的防范措施。安全台账建设应做到"整齐全面、分类归档、查找方便、真实可靠"。

1. 建立安全生产台账的作用

① 在台账资料的记录、整理和积累过程中起到自我督促、强化安全生产管理的作用。

② 是企业规范管理上档次，提高企业管理水平的需要。

③ 对单位和安全管理人员起到了自我保护的作用。

2. 安全生产台账分类

安全生产台账的分类是按照安全台账所应具备的内容而定，由于不同的行业和不同的企业，其安全要求的侧重点有所不同，所以台账建设的侧重点也有所差异。因此，推出一套适合一般生产经营单位统一的标准台账，是解决企业台账建设重点不突出、内容不全面、格式不正确、表格设计不合理等问题的最佳途径。

一般将安全台账分为12类。为了便于整理和实际操作，根据企业安全管理实际和安全活动开展情况，又将其归为两大类，综合台账及细分台账，共分为四册：综合台账，安全会议台账，安全检查台账，安全培训台账。综合台账基本上涵盖了企业安全管理活动的所有信息内容。

台账具体分为以下十二类。

① 机构网络台账　各乡镇、街道和各有关部门要把辖区、系统安全生产机构网络分布情况、人员任命情况以及管理人员基本情况汇编成册。

② 文件台账　包括上级政府与有关部门安全生产有关文件、本级政府或本部门下发的安全生产有关文件，所属单位有关安全生产报送文件等。

③ 安全生产责任书台账　包括与上级政府、有关部门以及下属企事业单位签订的安全生产责任书。

④ 会议记录（纪要）台账　包括年度召开的各类安全生产会议记录以及形成的会议纪要。

⑤ 安全生产检查台账　包括每年组织开展的安全生产大检查或专项检查的记录、整改要求、复查结果等。

⑥ 重大事故隐患整改台账　包括被列入上级政府与有关部门、本级政府与有关部门、村居委会与有关部门重大事故隐患的单位（部位）及其隐患情况、整改情况、验收情况。

⑦ 安全生产规章制度台账　内容包括安全生产责任制度、会议制度、教育培训制度、应急救援制度等。

⑧ 事故管理台账　事故报告、统计、分析、调查处理、结案情况等。

⑨ 宣传教育台账　包括安全生产宣传教育活动的计划、活动情况、人员培训情况、总结表彰情况等。

⑩ 重大危险源台账　包括辖区、系统重大危险源分布情况、危险程度评估情况、临近措施及落实情况等。

⑪ 总结汇报材料台账　包括领导讲话、汇报材料、总结材料等。

⑫ 安全生产奖惩台账　包括安全生产先进奖励情况、单位处罚和人员处理情况等。

3. 安全生产台账编制要求

为了便于安全管理部门的定期检查与考核，安全台账要求填写规范、字迹清晰、保存完好。特别要求填写安全活动名称、内容、时间、地点、参加人员、主持人、处理结果等内容时，要具体详细，尤其对安全生产文件的传达、学习和贯彻情况以及安全检查处理内容要认真详细填写。

4. 安全生产台账内容

① 企业的安全生产管理机构。

② 企业专（兼）职安全生产管理人员和从上到下的管理网络及具体人员。

③ 年度与上下级签订的安全生产责任书。

④ 企业的各项规章制度和各生产设备、生产工序的安全操作规程。

⑤ 安全生产会议记录。

⑥ 日常安全生产检查记录（包括上级部门单位检查）。

⑦ 企业各类事故应急救援预案和演练记录、照片资料等。

⑧ 特种设备有关技术资料、检验资料、使用许可证书、证件和特种设备作业人员上岗证等。

⑨ 有关安全生产收、发文件、报告件、函件等。

⑩ 其他需要保存整理归档的资料。

第三章

安 全 评 价

第一节 安全评价的分类

安全评价是指运用定量或定性的方法，对建设项目生产经营单位存在的职业危险因素和有害因素进行识别、分析和评估。安全评价包括安全预评价、安全验收评价、安全现状综合评价和专项安全评价。

1. 安全预评价

安全预评价是根据建设项目可行性研究报告的内容、分析和预测该建设项目存在的危险、有害因素的种类和程度，提出合理可行的安全技术设计和安全管理的建议。

安全预评价实际上就是在项目建设前应用安全评价的原理和方法对系统（工程、项目）的危险性、危害性进行预测性评价。安全预评价内容主要包括危险、有害因素识别，危险度评价和安全对策措施及建议。它是以拟建建设项目作为研究对象，根据建设项目可行性研究报告提供的生产工艺过程、使用和产出的物质、主要设备和操作条件等，研究系统固有的危险及有害因素，应用系统安全工程的方法，对系统的危险性和危害性进行定性、定量分析，确定系统的危险、有害因素及其危险、危害程度；针对主要危险、有害因素及其可能产生的危险、危害后果提出消除、预防和降低的对策措施；评价采取措施后的系统是否能满足规定的安全要求，从而得出建设项目应如何设计、管理才能达到安全指标要求的结论。

2. 安全验收评价

安全验收评价是建设项目竣工、试生产运行正常后，通过对建设项目的设施、设备、装置实际运行状况的检测、考察，查找该建设项目投产后可能存在的危险、有害因素，提出合理可行的安全技术调整方案和安全管理对策。

安全验收评价是运用系统安全工程原理和方法，建设项目在正式投产前进行的一种检查性安全评价。它通过对系统存在的危险和有害因素进行定性和定量的检查，判断系统安全上的符合性和配套安全设施的有效性，从而做出评价结论并提出补救或补偿措施，以促进项目实现系统安全。

安全验收评价是为安全验收进行的技术准备，最终形成的安全验收评价报告将作为建设单位向政府安全生产监督管理机构申请建设项目安全验收审批的依据。另外，通过安全验收还可检查生产经营单位的安全生产保障，确认《安全生产法》的落实。

3. 安全现状综合评价

安全现状综合评价是针对某一个生产经营单位总体或局部的生产经营活动安全现状进行的全面评价。

这种对在用生产装置、设备、设施、贮存、运输及安全管理状况进行的全面综合安全评价，是根据政府有关法规或是根据生产经营单位职业安全、健康、环境保护的管理要求进行的，主要内容包括：全面收集评价所需的信息资料，采用适合的安全评价方法进行危险识别，给出量化的安全状态参数值；对于可能造成重大后果的事故隐患，采用相应的数学模型，进行事故模拟，预测极端情况下的影响范围，分析事故的最大损失以及发生事故的概率；对发现的隐患，根据量化的安全状态参数值、整改的优先度进行排序；提出整改措施与建议。

评价形成的现状综合评价报告的内容应纳入生产经营单位事故隐患整改和安全管理计划，并按计划加以实施和检查。

4. 专项安全评价

专项安全评价是针对某一项活动或场所，以及一个特定的行业、产品、生产方式、生产工艺或生产装置等存在的危险、有害因素进行的专项安全评价。

专项安全评价是针对某一项活动或场所，如一个特定的行业、产品、生产方式、生产工艺或生产装置等，存在的危险、有害因素进行的安全评价，目的是查找其存在的危险、有害因素，确定其程度，提出合理可行的安全对策措施及建议。

如果生产经营单位是生产或储存、销售剧毒化学品的企业，评价所形成的专项安全评价报告则是上级主管部门批准其获得或保持生产经营营业执照所要求的文件之一。

第二节　安全评价的程序

安全评价程序主要包括：准备阶段，危险、有害因素辨识与分析，定性定量评价，提出安全对策措施，形成安全评价结论及建议，编制安全评价报告。

1. 准备阶段

明确被评价对象和范围，收集国内外相关法律法规、技术标准及工程、系统的技术资料。

2. 危险、有害因素辨识与分析

根据被评价的工程、系统的情况，辨识和分析危险、有害因素，确定危险、有害因素存在的部位、存在的方式、事故发生的途径及其变化的规律。

3. 定性、定量评价

在危险、有害因素辨识和分析的基础上，划分评价单元，选择合理的评价方法，对工程、系统发生事故的可能性和严重性程度进行定性、定量评价。

4. 安全对策措施

根据定性、定量评价结果，提出消除或减弱危险、有害因素的技术和管理措施及建议。

5. 安全评价结论及建议

简要列出主要危险、有害因素的评价结果，指出工程、系统应重点防范的重大危险因素，明确生产经营者应重视的重要安全措施。

6. 安全评价报告的编制

依据安全评价的结果编制相应的安全评价报告。

第三节　危险、有害因素辨识和评价单元的划分

危险因素是指对人造成伤亡或对物造成突发性损害的因素。有害因素是指能影响人的身体健康，导致疾病，或对物造成慢性损害的因素。通常情况下，二者并不加以区分而统称为危险、有害因素。

一、危险、有害因素的分类

危险、有害因素分类的方法多种多样，安全评价中常用"按导致事故的直接原因"和"参照事故类别"的方法进行分类。

（一）按导致事故的直接原因进行分类

根据《生产过程危险和有害因素分类与代码》（GB/T 13861—2009）的规定，将生产过程中的危险、有害因素分为4大类。

1. 人的因素

（1）心理、生理性危险和有害因素

① 负荷超限　体力负荷超限、听力负荷超限、视力负荷超限、其他负荷超限。

② 健康状况异常

③ 从事禁忌作业

④ 心理异常　情绪异常、冒险心理、过度紧张、其他心理异常

⑤ 辨识功能缺陷　感知延迟、辨识错误、其他辨识功能缺陷

⑥ 其他心理、生理性危险和有害因素

（2）行为性危险和有害因素　指挥错误、指挥失误、违章指挥、其他指挥错误、操作错误、误操作、违章作业、其他操作错误、监护失误、其他行为性危险和有害因素

2. 物的因素

（1）物理性危险和有害因素

① 设备、设施、工具、附件缺陷　强度不够，刚度不够，稳定性差，密封不良，应力集中，外形缺陷，外露运动件，操纵器缺陷，制动器缺陷，控制器缺陷，其他设备、设施、工具、附件缺陷。

② 防护缺陷　无防护，防护装置，设施缺陷，防护不当，支撑不当，防护距离不够，其他防护缺陷。

③ 电伤害　带电部位裸露、漏电、雷电、静电、电火花、其他电伤害。

④ 噪声　机械性噪声、电磁性噪声、流体动力性噪声、其他噪声。

⑤ 振动危害　机械性振动、电磁性振动、流体动力性振动、其他振动危害。

⑥ 电磁辐射　电离辐射、非电离辐射。

⑦ 运动物伤害　抛射物，飞溅物，坠落物，反弹物，土，岩滑动，料堆（垛）滑动，气流卷动，冲击地压，其他运动物伤害。

⑧ 明火　高温物质、高温气体、高温液体、高温固体、其他高温物质。

⑨ 低温物质　低温气体、低温液体、低温固体、其他低温物质。

⑩ 信号缺陷　无信号设施、信号选用不当、信号位置不当、信号不清、信号显示不准、其他信号缺陷。

⑪ 标志缺陷　无标志、标志不清晰、标志不规范、标志选用不当、标志位置缺陷、其他标志缺陷。

⑫ 有害光照

⑬ 其他物理性危险和有害因素

（2）化学性危险和有害因素　爆炸品、压缩气体和液化气体、易燃液体、易燃固体、自燃物品和遇湿易燃物品、氧化剂和有机过氧化物、有毒品、腐蚀品、粉尘与气溶胶等其他化学性危险和有害因素。

（3）生物性危险和有害因素　致病微生物、细菌、病毒、真菌、其他致病微生物、传染病媒介物、致害动物、致害植物、其他生物性危险和有害因素。

3. 环境因素

(1) 室内作业场所环境不良　室内地面滑，室内作业场所狭窄，室内作业场所杂乱，室内地面不平，室内梯架缺陷，地面、墙和天花板上的开口缺陷，有害物质的内部通道和地面区域，房屋基础下沉，室内安全通道缺陷，房屋安全出口缺陷，采光照明不良，作业场所空气不良，室内温度、湿度、气压不适，室内给、排水不良，室内涌水，室内物料贮存方法不安全，其他室内作业场所环境不良。

(2) 室外作业场地环境不良　恶劣气候与环境，作业场地和交通设施湿滑，作业场地狭窄，作业场地杂乱，作业场地不平，航道狭窄，有暗礁或险滩，脚手架、阶梯和活动梯架缺陷，地面开口缺陷，有有害物的交通和作业场地，建筑物和其他结构缺陷，门和围栏缺陷，作业场地基础下沉，作业场地安全通道缺陷，作业场地安全出口缺陷，作业场地光照不良，作业场地空气不良，作业场地温度、湿度、气压不适，作业场地涌水、植物伤害。

(3) 其他作业场地环境不良　地下（含水下）作业环境不良，隧道/矿井顶面缺陷，隧道/矿井正面或侧壁缺陷，隧道/矿井地面缺陷，地下作业面有害气体超限，地下作业面通风不良，水下作业供氧不当，支护结构缺陷，非正常地下火，非正常地下水，其他地下作业环境不良，其他作业环境不良，强迫体位，综合性作业环境不良，其他作业环境不良。

4. 管理因素

职业安全卫生组织机构不健全、职业安全卫生责任制未落实、职业安全卫生管理规章制度不完善、建设项目"三同时"制度未落实、操作规程不规范、事故应急预案及响应缺陷、培训制度不完善、其他职业安全卫生管理规章制度不健全、职业安全卫生投入不足、职业健康管理不完善、其他管理因素缺陷。

（二）参照事故类别进行分类

参照《企业职工伤亡事故分类》（GB 6441）综合考虑起因物、引起事故的诱导性原因、致害物、伤害方式等，将危险因素分为 20 类。

(1) 物体打击　指物体在重力或其他外力的作用下产生运动，打击人体造成人身伤亡事故，不包括因机械设备、车辆、起重机械、明塌等引发的物体打击。

(2) 车辆伤害　指本企业机动车辆引起的机械伤害事故。适用于机动车辆在行驶中的挤、压、撞车或倾覆等事故；以及在行驶中上下车，搭乘矿车或放飞车，车辆运输挂钩事故，跑车事故。

机动车辆是指：汽车（如载重汽车、倾卸汽车、大客车、小汽车、客货两用汽车、内燃叉车等）；电瓶车（如平板电瓶车、电瓶叉车等）；拖拉机（如方向盘式拖拉机、手扶式拖拉机、操纵杆式拖拉机等）；有轨车类（如有轨电动车、电瓶机车；挖掘机、推土机、电铲等）。

（3）机械伤害　指机械设备运动（静止）部件、工具、加工件直接与人体接触引起的夹击、碰撞、剪切、卷人、绞、碾、割、刺等伤害，不包括车辆、起重机械引起的机械伤害。

（4）起重伤害　指各种起重作业（包括起重机安装、检修、试验）中发生的挤压、坠落、（吊具、吊重）物体打击和触电。

（5）触电　包括雷击伤亡事故。

（6）淹溺　包括高处坠落淹溺，不包括矿山、井下透水淹溺。

（7）灼烫　指火焰烧伤、高温物体烫伤、化学灼伤（酸、碱、盐、有机物引起的体内外灼伤）、物理灼伤（光、放射性物质引起的体内外灼伤），不包括电灼伤和火灾引起的烧伤。

（8）火灾。

（9）高处坠落　指在高处作业中发生坠落造成的伤亡事故，不包括触电坠落事故。

（10）坍塌　指物体在外力或重力作用下，超过自身的强度极限或因结构稳定性破坏而造成的事故，如挖沟时的土石塌方、脚手架明塌、堆置物倒塌等，不适用于矿山冒顶片帮和车辆、起重机械、爆破引起的坍塌。

（11）冒顶片帮。

（12）透水。

（13）爆破　指爆破作业中发生的伤亡事故。

（14）火药爆炸　指火药、炸药及其制品在生产、加工、运输、贮存中发生的爆炸事故。

（15）瓦斯爆炸。

（16）锅炉爆炸。

（17）容器爆炸。

（18）其他爆炸。

（19）中毒和窒息。

（20）其他伤害。

此种分类方法所列的危险、有害因素与企业职工伤亡事故处理（调查、分析、统计）和职工安全教育的口径基本一致，为安全生产监督管理部门、行业主管部门职业安全卫生管理人员和企业广大职工、安全管理人员所熟悉，易于接受和理解，便于实际应用。

二、危险、有害因素辨识方法

方法是辨识危险、有害因素的工具，选用哪种方法要根据分析对象的性质、特点、使用的不同阶段和分析人员的知识、经验和习惯来定。常用的危险、有害因素分析方法大致可分为直观经验分析方法和系统安全分析方法两大类。

1. 直观经验分析方法

直观经验分析方法适用于有可供参考先例、有以往经验可以借鉴的建设，不能应用在没有可供参考先例的新开发系统。

（1）对照、经验法　对照有关标准、法规、检查表或依靠分析人员的观察分析能力，借助于经验和判断能力直观对评价对象的危险、有害因素进行分析的方法。

（2）类比方法　利用相同或相似工程系统或作业条件的经验和劳动安全卫生的统计资料来类推、分析评价对象的危险、有害因素。

2. 系统安全分析方法

系统安全分析方法是应用系统安全工程评价方法的部分方法进行危险、有害因素辨识。系统安全分析方法常用于复杂、没有事故经验的新开发系统。常用的系统安全分析方法有事件树、事故树等。

三、危险、有害因素的识别

尽管现代企业千差万别，但如果能够通过事先对危险、有害因素的识别，找出可能存在的危险、危害，就能够对所存在的危险、危害采取相应的措施（如修改设计，增加安全设施等），从而可以大大提高系统的安全性。

在进行危险、有害因素的识别时，要全面、有序地进行识别，防止出现漏项，宜按厂址、总平面布置、道路及运输、建构筑物、工艺过程、生产设备装置、作业环境、安全管理措施等方面进行。识别的过程实际上就是系统安全分析的过程。

1. 厂址

从厂址的工程地质、地形地貌、水文、气象条件、周围环境、交通运输条件、自然灾害、消防支持等当面分析、识别。

2. 总平面布置

从功能分区、防火间距和安全间距、风向、建筑物朝向、危险有害物质设施、动力设施（氧气站、乙炔站、压缩空气站、锅炉房、液化石油气站等）、道路、贮运设施等方面进行分析、识别。

3. 道路及运输

从运输、装卸、消防、疏散、人流、物流、平面交叉运输和竖向交叉运输等方面进行分析、识别。

4. 建构筑物

从厂房的生产火灾危险性分类、耐火等级、结构、层数、占地面积、防火间距、安全疏散等方面进行分析识别。

从库房储存物品的火灾危险性分类、耐火等级、结构、层数、占地面积、安全疏散、防火间距等方面进行分析识别。

5. 工艺过程

（1）对新建、改建、扩建项目设计阶段危险、有害因素的识别应从以下 6 个方面进行分析识别。

① 对设计阶段是否通过合理的设计，尽可能从根本上消除危险、有害因素的发生进行考查。

② 当消除危险、有害因素有困难时，对是否采取了预防性技术措施来预防或消除危险、危害的发生进行考查。

③ 当无法消除危险或危险难以预防的情况下，对是否采取了减少危险、危害的措施进行考查。

④ 当在无法消除、预防、减弱的情况下，对是否将人员与危险、有害因素隔离等进行考查。

⑤ 当操作者失误或设备运行一旦达到危险状态，对是否能通过联锁装置来终止危险、危害的发生进行考查。

⑥ 在易发生故障和危险性较大的地方，对是否设置了醒目的安全色、安全标志和声、光警示装置等进行考查。

（2）对现有企业的危险、有害因素的识别，可参照安全现状综合评价依据进行，结合行业和专业的特点、行业和专业定制的安全标准、规程进行分析、识别。例如原劳动部曾会同有关部委制订了冶金、电子、化学、机械、石油化工、塑料、纺织、建筑、水泥、纸浆造纸、平板玻璃、电力、石棉、核电站等一系列安全规程、规定，评价人员应根据这些规程、规定要求对被评价对象可能存在的危险有害因素进行分析和识别。

（3）根据典型的单元过程（单元操作）进行危险有害因素的识别。典型的单元过程是各行业中具有典型特点的基本过程或基本单元。这些单元过程的危险、有害因素已经归纳总结在许多手册、规范、规程和规定中，通过查阅均能得到。这类方法可以使危险、有害因素的识别比较系统，避免遗漏。

6. 生产设备、装置

对于工艺设备高温、低温、高压、腐蚀、振动、关键部位的备用设备、控制、操作、检修和故障、失误时的紧急异常情况等方面进行识别。

对机械设备可从运动零部件和工件、操作条件、检修作业、误运转和误操作等方面进行识别。

对电气设备可从触电、断电、火灾、爆炸、误运转和误操作、静电、雷电等方面进行识别。

还应注意识别高处作业设备、特殊单体设备（如锅炉房、乙炔站、氧气站）等的危险、有害因素。

7. 作业环境

注意识别存在毒物、噪声、振动、高温、低温、辐射、粉尘及其他有害因素的作业部位。

8. 安全管理措施

可以从安全生产管理组织机构、安全生产管理制度、事故应急救援预案、特种作业人员培训、日常安全管理等方面进行识别。

四、重大危险源的识别

重大危险源是指长期地或临时地生产、加工、搬运、使用或贮存危险物质，且危险物质的数量等于或超过临界量的单元。

目前，国际上是根据危险、有害物质的种类及其限量来确定重大危险源。例如，欧共体的塞维索法令中列出了一些危险、有害物质的名称及限量。

在我国，重大危险源识别应参照《危险化学品重大危险源辨识》（GB 18218）。

五、评价单元划分

1. 评价单元定义

评价单元就是在危险、有害因素分析的基础上，根据评价目标和评价方法的需要，将系统分成有限的、可确定范围的，能进行评价的单元。

2. 评价单元划分的原则和方法

划分评价单元是为评价目标和评价方法服务的，要便于评价工作的进行，有利于提高评价工作的准确性；评价单元一般以生产工艺，工艺装置，物料的特征与危险、有害因素的类别，分布有机结合进行划分，还可以根据评价的需要将一个评价单元再划分为若干子评价单元或更细致的单元。由于至今尚无一个明确通用的"规则"来规范单元的划分方法，因此会出现不同的评价人员对同一个评价对象划分出不同评价单元的现象。由于评价目标不同、各评价方法均有自身特点，只要达到评价的目的，评价单元划分并不要求绝对一致。

常用的评价单元划分原则和方法。

（1）以危险、有害因素的类别为主划分评价单元

① 对工艺方案、总体布置及自然条件、社会环境对系统影响等综合方面危险、有害因素的分析和评价，宜将整个系统作为一个评价单元。

② 将具有共性危险因素、有害因素的场所和装置划为一个单元：按危险因素类别各划归一个单元，再按工艺、物料、作业特点（即其潜在危险因素不同）划分成子单元分别评价；进行安全评价时，宜按有害因素（有害作业）的类别划分评价单元。

（2）以装置和物质特征划分评价单元：

①按装置工艺功能划分；②按布置的相对独立性划分；③按工艺条件划分评价单元；④按贮存、处理危险物质的潜在化学能、毒性和危险物质的数量划分评价单元。

上述评价单元划分原则并不是孤立的，是有内在联系的，划分评价单元时应综合考虑各方面因素进行划分。

应用火灾爆炸指数法、单元危险性快速排序法等评价方法进行火灾爆炸危险性评价时，除按以上原则划分单元，还应依据评价方法的有关具体规定划分评价单元。

第四节　安全评价方法

一、安全评价方法分类

安全评价方法的分类方法很多，常用的有按评价结果的量化程度分类法、按评价的推理过程分类法、按针对的系统性质分类法、按安全评价要达到的目的分类法等。

（一）按评价结果的量化程度分类法

按照安全评价结果的量化程度，安全评价方法可分为定性安全评价法和定量安全评价法。

1. 定性安全评价方法

定性安全评价方法主要是根据经验和直观判断能力对生产系统的工艺、设备、设施、环境、人员和管理等方面的状况进行定性的分析，安全评价的结果是一些定性的指标，如是否达到了某项安全指标、事故类别和导致事故发生的因素等。属于定性安全评价方法的有安全检查表、专家现场询问观察法、因素图分析法、事故引发和发展分析、作业条件危险性评价法、故障类型和影响分析、危险可操作性研究等。

2. 定量安全评价方法

定量安全评价方法是运用基于大量的实验结果和广泛的事故资料统计分析获得的指标或规律（数学模型），对生产系统的工艺、设备、设施、环境、人员和管理等方面的状况进行定量的计算，安全评价的结果是一些定量的指标，如事故发生的概率、事故的伤害（或破坏）范围、定量的危险性、事故致因因素的事故关联度或重要度等。

按照安全评价给出的定量结果的类别不同，定量安全评价方法还可以分为概率风险评价法、伤害（或破坏）范围评价法和危险指数评价法。

（1）概率风险评价法　根据事故的基本致因因素的事故发生概率，应用数理统计中的概率分析方法，求取事故基本致因因素的关联度（或重要度）或整个评价系统的事故发生概率的安全评价方法。故障类型及影响分析、事故树分析、逻辑树分析、概率理论分析、马尔科夫模型分析、模糊矩阵法、统计图表分析法等都可以由基本致因因素的事故发生概率计算整个评价系统的事故发生概率。

（2）伤害（或破坏）范围评价法　根据事故的数学模型，应用计算数学方法，求取事故对人员的伤害范围或对物体的破坏范围的安全评价方法。液体泄漏模型、气体泄漏模型、气体绝热扩散模型、池火火焰与辐射强度评价模型、火球爆炸伤害模型、爆炸冲击波超压伤害模型、蒸气云爆炸超压破坏模型、毒物泄漏扩散模型和锅炉爆炸伤害 TNT 当量法都属于伤害（或破坏）范围评价法。

（3）危险指数评价法　危险指数评价法是采用系统的事故危险指数模型来评价。根据系统及其物质、设备（设施）和工艺的基本性质和状态，采用推算的方法，逐步给出事故的可能损失、引起事故发生或使事故扩大的设备、事故的危险性以及采取安全措施的有效性的安全评价方法、常用的危险指数评价法有：道化学公司火灾爆炸危险指数评价法，蒙德火灾爆炸毒性指数评价法，易燃、易爆、有毒重大危险源评价法。

（二）其他安全评价分类法

按照安全评价的逻辑推理过程，安全评价方法可分为归纳推理评价法和演绎推理评价法。归纳推理评价法是从事故原因推论结果的评价方法，即从最基本危险、有害因素开始，逐渐分析导致事故发生的直接因素，最终分析到可能的事故。演绎推理评价法是从结果推论原因的评价方法，即从事故开始，推论导致事故发生的直接因素，再分析与直接因素相关的因素，最终分析和查找出致使事故发生的最基本危险、有害因素。

按照安全评价要达到的目的，安全评价方法可分为事故致因因素安全评价方法、危险性分级安全评价方法和事故后果安全评价方法。事故致因因素安全评价方法是采用逻辑推理的方法，由事故推论最基本危险、有害因素或由最基本危险、有害因素推论事故的评价法。该类方法适用于识别系统的危险、有害因素和分析事故，这类方法一般属于定性安全评价法。危险性分级安全评价方法是通过定性或定量分析给出系统危险性的安全评价法，该类方法适应于系统的危险性分级，该类方法可以是定性安全评价法，也可以是定量安全评价法。事故后果安全评价方法可以直接给出定量的事故后果，给出的事故后果可以是系统事故发生的概率、事故的伤害（或破坏）范围、事故的损失或定量的系统危险性等。

此外，按照评价对象的不同，安全评价方法可分为设备（设施或工艺）故障率评价法、人员失误率评价法、物质系数评价法、系统危险性评价法等。

二、常用的安全评价方法

在此列出了一些最常用的典型的评价方法，在安全评价中，这些方法使用最为广泛。

1. 安全检查表方法（Safey Checklis Analysis，SCA）

为了查找工程、系统中各种设备设施、物料、工件、操作、管理和组织措施中的危险、有害因素，事先把检查对象加以分解，将大系统分割成若干小的子系统，以提问或打分的形式，将检查项目列表逐项检查，避免遗漏，这种表称为安全检查表。

2. 危险指数方法（Risk Rank，RR）

危险指数方法是一类分析方法。通过评价人员对几种工艺现状及运行的固有属性（是以作业现场危险度、事故概率和事故严重度为基础，对不同作业现场的危险性进行鉴别）进行比较计算，确定工艺危险特性重要性大小及是否需要进一步研究。

危险指数评价可以运用在工程项目的各个阶段（可行性研究、设计、运行等），或在详细的设计方案完成之前，或在现有装置危险分析计划制订之前。当然它也可用于在役装置，作为确定工艺操作危险性的依据。目前已有数种危险指数方法得到广泛的应用，如危险度评价法，道化学公司的火灾、爆炸危险指数法，帝国化学工业公司（ICI）公司的蒙德法，化工厂危险等级指数法等。

3. 预先危险分析方法（Preliminary Hazard Analysis，PHA）

预先危险分析方法是一种起源于美国用标准安全计划要求方法。它是在一项实现系统安全危害分析的初步或初始的工作，包括设计、施工和生产前，对系统中存在的危险性类别，出现条件、导致事故的后果进行分析，其目的是识别系统中的潜在危险，确定其危险等级，防止危险发展成事故。

预先危险分析方法的步骤如下。

① 通过经验判断、技术诊断或其他方法调查确定危险源，对所需分析系统的生产目的、物料、装置及设备、工艺过程、操作条件及周围环境等，进行充分详细的了解。

② 根据过去的经验教训及同类行业生产中发生的事故情况，对系统的影响、损害程度，类比判断所要分析的系统中可能出现的情况，查找可能造成系统故障、物质损失和人员伤害的危险性，分析事故的可能类型。

③ 对确定的危险源分类，制成预先危险性分析表。

④ 转化条件。即研究危险因素转变为危险状态的触发条件和危险状态转变为事故的必要条件，并进一步寻求对策措施，检验对策措施的有效性。

⑤ 进行危险性分级，排列出重点和轻、重、缓、急次序，以便处理。

⑥ 制订事故的预防性对策措施。

4. 故障假设分析方法（What……If）

故障假设分析方法是一种对系统工艺过程或操作的创造性分析方法。它一般要求评价人员用"What……If"作为开头对有关问题进行考虑，任何与工艺安全有关的问题，即使它与之不太相关也可提出加以讨论。通常，将所有的问题都记录下来，然后将问题分门别类，例如按照电气安全、消防、人员安全等问题分类，分头进行讨论。所提出的问题要考虑到任何与装置有关的不正常的生产条件，而不仅仅是设备故障或工艺参数变化。

故障假设分析方法比较简单，评价结果一般以表格形式显示，主要内容有：提出的问题，回答可能的后果、降低或消除危险的安全措施。其目的是识别危险性、危险发生或可能产生的意想不到的结果的事故事件。

5. 危险和可操作性研究（Hazard and Opera bility Analysis，HAZOP）

危险和可操作性研究是一种定性的安全评价方法。它的基本过程是以关键词为引导，找出过程中工艺状态的变化（即偏差），然后分析找出偏差的原因、后果及可采取的对策。其侧重点是工艺部分或操作步骤各种具体值。

危险和可操作性研究方法所基于的原理是，背景各异的专家们如若在一起工作，就能够在创造性、系统性和风格上互相影响和启发，能够发现和鉴别更多的问题，与他们独立工作并分别提供结果相比更为有效。

危险和可操作性研究方法可按分析的准备、完成分析和编制分析结果报告三个步骤来完成。其本质，就是通过系列会议对工艺流程图和操作规程进行分析，由各种专业人员按照规定的方法对偏离设计的工艺条件进行过程危险和可操作性研究，是帝国化学工业公司（ICI，英国）最早确定要由一个多方面人员组成的小组执行危险和可操作性研究工作的。鉴于此，虽然某一个人也可能单独使用危险与可操作性研究方法，但这绝不能称为危险和可操作性研究。所以，危险和可操作性研究方法与其他安全评价方法的明显不同之处是，其他方法可由某人单独使用，而危险和可操作性分析则必须由一个多方面的、专业的、熟练的人员组成的小组来完成。

6. 故障类型和影响分析（Failure Mode and Effects Analysis，FMEA）

故障类型和影响分析是系统安全工程的一种方法，根据系统可以划分为子系统、设备和原件的特点，按实际需要，将系统进行分割，然后分析各自可能发生的故障类型及其产生的影响，以便采取相应的对策，提高系统的安全可靠性。

故障类型和影响分析的目的是辨识单一设备和系统的故障模式及每种故障模式对系统或装置造成的影响。故障类型和影响分析的步骤为明确系统本身的情况，确定分析程度和水平，绘制系统图和可靠性框图，列出所有的故障类型并选出对系统有影响的故障类型，梳理出造成故障的原因。在故障类型和影响分析中不直接确定人的影响因素，但像人失误、误操作等影响通常作为一个设备故障模式表示出来。

FMEA 的分析步骤如下：

① 确定分析对象系统。根据分析详细程度的需要，查明组成系统的元素

（子系统或单元）及其功能。

② 分析元素故障类型和产生原因。由熟悉情况、有丰富经验的人员依据经验和有关的故障资料分析、讨论可能产生的故障类型和原因。

③ 研究故障类型的影响。研究、分析元素故障对相邻元素、邻近系统和整个系统的影响。

④ 填写故障类型和影响分析表格。将分析的结果填入预先准备好的表格，可以简捷明了地显示全部分析内容。

7. 故障树分析 （Fault Tree Analysis，FTA）

故障树（Fault Tree）又称为事故树，是一种描述事故因果关系的有方向的"树"，是安全系统工程中的重要分析方法之一。它能对各种系统的危险性进行识别评价，既适用于定性分析，又能进行定量分析，具有简明、形象化的特点，体现了以系统工程方法研究安全问题的系统性、准确性和预测性。

故障树分析的基本程序如下。

① 熟悉系统。要详细了解系统状态及各种参数，绘出工艺流程图或布置图。

② 调查事故。收集事故案例，进行事故统计，设想给定系统可能要发生的事故。

③ 确定顶上事件。要分析的对象事件即为顶上事件。对所调查的事故进行全面分析，从中找出后果严重且较易发生的事故作为顶上事件。

④ 确定目标值。根据经验教训和事故案例，经统计分析后，求解事故发生的概率（频率），作为要控制的事故目标值。

⑤ 调查原因事件。调查与事故有关的所有原因事件和各种因素。

⑥ 画出事故树。从顶上事件起，一级一级找出直接原因事件，到所要分析的深度，按其逻辑关系，画出事故树。

⑦ 定性分析。按事故树结构进行简化，确定各基本事件的结构重要度。

⑧ 事故发生概率。确定所有事件发生概率，标写在故障树上，并进而求出顶上事件的发生概率。

⑨ 比较。比较分可维修系统和不可维修系统进行讨论，前者要进行对比，后者求出顶上事件发生概率即可。

⑩ 分析。故障树分析不仅能分析出事故的直接原因，而且能深入提示事故的潜在原因，因此在工程或设备的设计阶段、在事故查询或编制新的操作方法时，都可以使用故障树分析对它们的安全性作出评价。

8. 事件树分析 （Event Tree Analysis，ETA）

事件树分析是用来分析普通设备故障或过程波动（称为初始事件）导致事故发生的可能性。

在事件树分析中，事故是典型设备故障或工艺异常（称为初始事件）引发的结果。与故障树分析不同，事件树分析是使用归纳法（而不是演绎法），事件树可提供记录事故后果的系统性的方法，并能确定导致事件后果事件与初始事件的关系。

事件树分析步骤如下。

① 确定初始事件。初始事件可以是系统或设备的故障、人员的失误或工艺参数偏移等可能导致事故发生的事件。确定初始事件一般依靠分析人员的经验和有关运行、故障、事故统计资料来确定。

② 判定安全功能。系统中包含许多能消除、预防、减弱初始事件影响的安全功能（安全装置、操作人员的操作等）。常见的安全功能有自动控制装置、报警系统、安全装置、屏蔽装置和操作人员采取措施等。

③ 发展事件树和简化事件树。从初始事件开始，自左至右发展事件树。首先把事件发生时起作用的安全功能状态画在上面的分支，不能发挥安全功能的状态画在下面的分支。然后依次考虑每种安全功能分支的两种状态，层层分解直至系统发生事故或故障为止。

简化事件树是在发展事件树的过程中，将与初始事件、事故无关的安全功能和安全功能不协调、矛盾的情况省略、删除，达到简化分析的目的。

④ 分析事件树。事件树各分支代表初始事件发生后其可能的发展途径，其中导致系统事故的途径即为事故连锁。

事件树分析适合被用来分析哪些产生不同后果的初始事件。它强调的是事故可能发生的初始原因以及初始事件对事件后果的影响，事件树的每一个分支都表示一各独立的事故序列，对一个初始事件而言，每一独立事故序列都清楚地界定了安全功能之间的功能关系。

9. 作业条件危险性评价法（Job Risk Analysis，LEC）

美国的 K. J 格雷厄姆（Keneth J. Graham）和 G. F. 金尼（Gilbert F. Kinney）研究了人们在具有潜在危险环境中作业的危险性，提出了以所评价的环境与某些作为参考环境的对比为基础，将作业条件的危险性作为因变量（D），事故或危险事件发生的可能性（L）、暴露于危险环境的频率（E）及危险严重程度（C）作为自变量，确定了它们之间的函数式。根据实际经验他们给出了3个自变量的各种不同情况的分数值，采取根据情况对所评价的对象进行"打分"的办法。然后根据公式计算出其危险性分数值，再在按经验将危险性分数值划分的危险程度等级表或图上，查出其危险程度的一种评价方法。这是一种简单易行的评价作业条件危险性的方法。

10. 定量风险评价方法（Quantitative Risk Analysis，QRA）

在识别危险分析方面，定性和半定量的评估是非常有价值的，但是这些方法仅是定性，不能提供足够的定量化，特别是不能对复杂的并存在危险的工业流程等提供决策的依据和足够的信息，在这种情况下，必须能够提供完全的定量的计算和评价。风险可以表征为事故发生的频率和事故后果的乘积，定量风险评价对这两方面均进行评价，可以将风险的大小完全量化，并提供足够的信息，为业主、投资者、政府管理者提供定量化的决策依据。

对于事故后果模拟分析，国内外有很多研究成果。如美国、英国、德国等发达国家，早在 20 世纪 80 年代初便完成了以 Coyote，ThorneyIsland 为代表的一系列大规模现场泄漏扩散实验。在 90 年代，又针对毒性物质的泄漏扩散进行了现场实验研究。迄今为止，已经形成了数以百计的事故后果模型。如著名的 DE-GADIS、ALOHA、SLAB、TRACE、ARCHIE 等。基于事故模型的实际应用也取得了发展，如 DNV 公司的 SAFETY II 软件是一种多功能的定量风险分析和危险评价软件包，包含多种事故模型，可用于工厂的选址、区域和土地使用决策、运输方案选择、优化设计、提供可接受的安全标准。Shell Global Solution 公司提供的 Shell FRED、Shell SCOPE 和 Shell Shepherd 三个系列模拟软件涉及泄漏、火灾、爆炸和扩散等方面的风险评价。这些软件都是建立在大量实验的基础上得出的数学模型，有着很强的可信度。评价的结果用数字或图形的方式显示事故影响区域，以及个人和社会承担的风险。可根据风险的严重程度对可能发生的事故进行分级，有助于制定降低风险的措施。

第五节　安全评价报告

安全评价报告是安全评价工作过程形成的成果，安全评价报告的载体一般采用文本形式，为适应信息处理、交流和资料存档的需要，报告可采用多媒体电子载体。电子版本中能容纳大量评价现场的照片、录音、录像及文件扫描，可增强安全验收评价工作的可追溯性。

目前国内将安全评价根据工程、系统生命周期和评价的目的分为安全预评价、安全验收评价、安全现状评价和专项安全评价 4 类。但实际上可看成 3 类，即安全预评价、安全验收评价和安全现状评价，专项安全评价可看成安全现状评价的一种，属于政府在特定的时期内进行专项整治时开展的评价。在本节中简单介绍一下安全预评价、安全验收评价和安全现状评价报告的要求、内容及格式。

一、安全预评价报告

（一）安全预评价报告要求

安全预评价报告的内容应能反映安全预评价的任务：建设项目的主要危险、有害因素评价；建设项目应重点防范的重大危险、有害因素；应重视的重要安全对策措施；建设项目从安全生产角度是否符合国家有关法律、法规、技术标准。

（二）安全预评价报告内容

安全预评价报告应当包括如下重点内容。

预评价报告的主要内容应包括：概述，生产工艺简介和主要危险、有害因素分析，评价方法的选择和简介，定性、定量安全评价，安全对策措施，评价结论和建议。

（1）概述安全预评价依据。包括有关安全预评价的法律、法规及技术标准，建设项目可行性研究报告等建设项目相关文件，其他参考资料。建设单位简介。建设项目概况。包括建设项目选址、总图及平面布置、生产规模、工艺流程、主要设备、主要原材料、中间体、产品、经济技术指标、公用工程及辅助设施等。

（2）生产工艺简介和主要危险、有害因素分析。在分析建设项目资料和对同类生产厂家初步调研的基础上，对建设项目建成投产后生产过程中所用原、辅材料，中间产品的数量、危险性、有害性及其贮运，以及生产工艺、设备，公用工程，辅助工程，地理环境条件等方面危险、有害因素进行分析，确定主要危险、有害因素的种类、产生原因、存在部位及其可能产生的后果，以便确定评价对象和选用评价方法。

（3）安全预评价方法和评价单元。根据建设项目主要危险、有害因素的种类和特征，选用评价方法。不同的危险、有害因素，选用不同的方法；对重要的危险、有害因素，必要时可选用两种（或多种）评价方法进行评价，相互补充、验证，以提高评价结果的可靠性。

在选用评价方法的同时，应明确所要评价的对象和进行评价的单元。

（4）定性、定量安全评价。定性、定量安全评价是预评价报告书的核心章节，应分别运用所选取的评价方法，对相应的危险、有害因素进行定性、定量的评价计算和论述。根据建设项目的具体情况，对主要危险、有害因素应分别采用相应评价方法进行评价，对危险性大且容易造成群死群伤事故的危险因素，也可选用两种或几种评价方法进行评价，以相互验证和补充。

（5）安全对策措施。由于安全方面的对策措施对建设项目的设计、施工和今后的安全生产及管理具有指导作用，因此备受建设、设计单位的重视，这也是预评价报告书中的一个重要章节。

（三）安全预评价报告书格式

（1）封面

（2）安全预评价资质证书影印件

（3）著录项

（4）目录

（5）编制说明

（6）前言

（7）正文

（8）附件

（9）附录

二、安全验收评价报告

（一）安全验收评价报告的要求

《安全验收评价报告》是安全验收评价工作过程形成的结果。《安全验收评价报告》应能反映安全验收评价两方面的内容：一方面为企业服务，帮助企业查出事故隐患，落实整改措施以达到安全要求；另一方面为政府安全生产监督管理机构服务，提供建设项目安全验收的依据。

（二）安全验收评价报告主要内容

1. 概述

①安全验收评价依据；②建设单位简介；③建设项目概况；④生产工艺；⑤主要安全卫生设施和技术措施；⑥建设单位安全生产管理机构及管理制度。

2. 主要危险、有害因素识别

①主要危险、有害因素及相关作业场所分析；②列出建设项目所涉及的危险、有害因素并指出存在的部位。

3. 总体布局及常规防护设施措施评价

①总平面布局；②厂区道路安全；③常规防护设施和措施；④评价结果。

4. 易燃易爆场所评价

①爆炸危险区域划分符合性检查；②可燃气体泄漏检测报警仪的布防安装检查；③防爆电气设备安装认可；④消防检查（主要检查是否取得消防安全认可）；⑤评价结果。

5. 有害因素安全控制措施评价

①防急性中毒、窒息措施；②防止粉尘爆炸措施；③高、低温作业安全防护措施；④其他有害因素控制安全措施；⑤评价结果。

6. 特种设备监督检验记录评价

①压力容器与锅炉（包括压力管道）；②起重机械与电梯；③厂内机动车辆；④其他危险性较大设备；⑤评价结果

7. 强制检查设备设施情况检查

①安全阀；②压力表；③可燃、有毒气体泄漏检查报警仪及变送器；④其他

强制检测设备设施情况；⑤检查结果。

8. 电气安全评价

①变电所；②配电室；③防雷、防静电系统；④其他电气安全检查；⑤评价结果。

9. 机械伤害防护设施评价

①夹击伤害；②碰撞伤害；③剪切伤害；④卷入与绞碾伤害；⑤割刺伤害；⑥其他机械伤害；⑦评价结果。

10. 工艺设施安全联锁有效性评价

①工艺设施安全联锁设计；②工艺设施安全联锁相关硬件设施；③开车前工艺设施安全联锁有效性验证记录；④评价结果。

11. 安全生产管理评价

①安全生产管理组织机构；②安全生产管理制度；③事故应急救援预案；④特种作业人员培训；⑤日常安全管理；⑥评价结果。

12. 安全验收评价结论

在对现场评价结果分析归纳和整合基础上，作出安全验收评价结论。①建设项目安全状况综合评述；②归纳、整合各部分评价结果提出的问题及改进建议；③建设项目安全验收总体评价结论。

13. 安全验收评价报告附件

①数据表格平面图、流程图、控制图等安全评价过程中制作的图表文件；②建设项目存在问题与改进建议汇总表及反馈结果；③评价过程中专家意见及建设单位证明材料。

14. 安全验收评价报告附录

①与建设项目有关的批复文件（影印件）；②建设单位提供的原始资料目录；③与建设项目相关数据资料目录。

（三）安全验收评价报告的格式

（1）封面

（2）评价机构安全验收评价资格证书影印件

（3）著录项目录

（4）编制说明

（5）前言

（6）正文

（7）附件

（8）附录

三、安全现状评价报告

（一）安全现状评价报告要求

安全现状评价报告的内容要求比安全预评价报告要更详尽、更具体，特别是对危险分析要求较高，因此整个评价报告的编制，要由掌握工艺和操作知识的专家参与完成。

（二）安全现状评价报告内容

安全现状评价报告一般具有如下内容。

1. 前言

包括项目单位简介、评价项目的委托方及评价要求和评价目的。

2. 评价项目概况

应包括评价项目概况、地理位置及自然条件、工艺过程、生产运行现状、项目委托约定的评价范围、评价依据（包括法规、标准、规范及项目的有关文件）。

3. 评价程序和评价方法

说明针对主要危险、有害因素和生产特点选用的评价程序和评价方法。

4. 危险性预先分析

应包括工艺流程、工艺参数、控制方式、操作条件、物料种类与理化特性、工艺布置、总图位置、公用工程的内容，运用选定的分析方法对生产中存在的危险、有害因素逐一分析。

5. 危险度与危险指数分析

根据危险、有害因素分析的结果和确定的评价单元、评价要素，参照有关资料和数据用选定的评价方法进行定量分析。

6. 事故分析与重大事故模拟

结合现场调查结果以及同行或同类生产的事故案例分析、统计其发生的原因和概率，运用相应的数学模型进行重大事故模拟。

7. 对策措施与建议

综合评价结果，提出相应的对策措施与建议，并按照风险程度的高低进行解决方案的排序。

8. 评价结论

明确指出项目安全状态水平，并简要说明。

（三）安全现状评价报告格式

（1）前言

（2）目录

（3）第一章评价项目概述

　　　　第一节评价项目概况

　　　　第二节评价范围

　　　　第三节评价依据

（4）第二章评价程序和评价方法

　　　　第一节评价程序

　　　　第二节评价方法

（5）第三章危险性预先分析

（6）第四章危险度与危险指数分析

（7）第五章事故分析与重大事故的模拟

　　　　第一节重大事故原因分析

　　　　第二节重大事故概率分析

　　　　第三节重大事故预测、模拟

（8）第六章职业卫生现状评价

（9）第七章对策措施与建议

（10）第八章评价结论

第四章

重大危除源辨识与监控

第一节　重大危险源的基础知识及辨识标准

一、重大危险源的基础知识

现代科学技术和工业生产的迅猛发展一方面丰富了人类的物质生活，另一方面现代化大生产隐藏着众多的潜在危险。

2015 年 8 月 12 日天津滨海新区天津港瑞海公司危险品仓库特别重大火灾爆炸事故，造成 165 人遇难，8 人失踪。2015 年 8 月 5 日江苏常州位于常州滨江化工园区的常州新东化工发展有限公司车间两个甲苯类储罐爆燃，新东化工是以氯碱和聚氯乙烯产品为主的综合性化工企业。2015 年 7 月 16 日山东日照石大科技石化有限公司 1000m³ 液态烃球罐起火。2015 年 4 月 6 日左右福建古雷 PX 化工厂发生大爆炸，这是建厂以来第二次爆炸，油罐烧了一天一夜后，对周边大气环境，特别是下风向将产生比较明显的影响。2014 年 3 月 1 日位于山西省晋城市泽州县的晋济高速公路山西晋城段岩后隧道内，一辆山西铰接列车追尾一辆河南铰接列车，造成前车装载的甲醇泄漏，后车发生电气短路，引燃周围可燃物，进而引燃泄漏的甲醇，并导致其他车辆被引燃引爆，大火烧 73 小时，共造成 40 人死亡、12 人受伤和 42 辆车烧毁，直接经济损失 8197 万元。这些涉及危险品的事故，尽管其起因和影响不尽相同，但它们都有一些共同特征：都是失控的偶然事件，造成工厂内外人员伤亡、大量的财产损失和环境损害；发生事故的根源是设施或系统中储存或使用易燃、易爆或有毒物质。事实表明，造成重大工业事故的可能性和严重程度既与危险品的固有性质有关，又与设施中实际存在的危险品数量有关。

20 世纪 70 年代以来，预防重大工业事故已成为各国社会、经济和技术发展的重点研究对象之一，引起国际社会的广泛重视。随之产生了"重大危害（majorhazards）"、"重大危害设施（国内通常称为重大危险源）"等概念。1993 年 6 月第 80 届国际劳工大会通过的《预防重大工业事故公约》将"重大事故"定义为：在重大危害设施内的一项活动过程中出现意外的，突发性的事故，如严重泄漏，火灾或爆炸，其中涉及一种或多种危险物质，并导致对工人、公众或环境造成即刻的或延期的严重危险。对重大危害设施定义为：不论长期或临时地加工、生产、处理、搬运、使用或储存数量超过临界量的一种或多种危险物质，或多类危险物质的设施（不包括核设施，军事设施以及设施现场之外的非管道的运输）。为了预防重大工业事故的发生，降低事故造成的损失，必须建立有效的重大危险源控制系统。

《危险化学品重大危险源辨识》（GB 18218）中将重大危险源定义为：长期地或临时地生产、加工、使用或贮存危险化学品，且危险化学品的数量等于或超过临界量的单元（单元指一个（套）生产装置、设施或场所，或同属一个工厂的且边缘距离小于500m的几个（套）生产装置、设施或场所）。

《安全生产法》第一百一十二条对重大危险源定义，是指长期地或者临时地生产、搬运、使用或者储存危险物品，且危险物品的数量等于或者超过临界量的单元（包括场所和设施）。

（一）国内外重大危险源控制技术研究与发展概况

英国是最早系统地研究重大危险源控制技术的国家。1974年6月弗利克斯巴勒（Flixborrugh）爆炸事故发生后，英国卫生与安全委员会设立了重大危险咨询委员会（Advisory Committeeon Major Hazarcs，ACMH），负责研究重大危险源的辨识、评价技术和控制措施。随后，英国卫生与安全监察局（HSE）专门设立了重大危险管理处。ACMH分别于1976年、1979年和1984年向英国卫生与安全监察局提交了三份重大危险源控制技术研究报告。由于ACMH极富成效的开创性工作，英国政府于1982年颁布了《关于报告处理危害物质设施的报告规程》，1984年颁布了《重大工业事故控制规程》。也是由于ACMH和其他机构的工作，促使欧共体在1982年6月颁布了《工业活动中重大事故危险法令》（ECCDir．ctive82/501，简称《塞韦索法令》）。为实施《塞韦索法令》，英国、荷兰、德国、法国、意大利、比利时等欧共体成员国都颁布了有关重大危险源控制规程，要求对工厂内的重人危害设施进行辨识、评价，提出相应的事故预防和应急预案措施，并向主管当局提交详细描述重大危险源状况的安全报告。《塞韦索法令》对法令适用范围、重大危险源相关的用地规划等方面进行了修订。

1985年6月国际劳工大会通过了关于危险物质应用和工业过程中事故预防措施的决定。1992年国际劳工大会第79届会议对预防重大工业灾害的问题进行了讨论。1993年通过了《预防重大工业事故》公约（第174号公约）和建议书，该公约和建议书为建立国家重大危险源控制系统奠定了基础。

1996年澳大利亚国家职业安全卫生委员会（NOHSC）颁布了重大危险源控制国家标准和实施控制规定，重大危险源是NOHSC建议国家强制控制的七个需优先考虑的类别之一。

20 世纪 80 年代初，我国开始重视对重大危险源的评价和控制，"重大危险源评价和宏观控制技术研究"列入国家"八五"科技攻关项目，该课题提出了重大危险源的控制思想和评价方法，为我国开展重大危险源的普查、评价、分级监控和管理提供了良好的技术依托。为将科研成果应用于生产实际，提高我国重大工业事故的预防和控制技术水平，1997 年原劳动部选择北京、上海、天津、青岛、深圳和成都六城市开展了重大危险源普查试点工作，取得了良好的成效。继上述 6 城市实施重大危险源普查之后，重庆市、泰安市以及南京化学工业集团公司等地方政府和企业也已开展重大危险源普查和监控管理工作。

在上述工作的基础上，我国在 2000 年发布了国家标准《重大危险源辨识》（GB 18218），并于 2009 年和 2014 年进行修订。随后《安全生产法》《危险化学品安全管理条例》等法律、法规都对重大危险源的安全管理与监控提出了明确要求。

在重大危险源控制领域，我国虽然取得了一些进展，发展了一些实用新技术，对促进企业安全管理、减少和防止伤亡事故起到了良好作用，为重大工业事故的预防和控制奠定了一定的基础。但由于我国工业基础薄弱，生产设备老化日益严重，超期服役、超负载运行的设备大量存在，形成了我国工业生产中众多的事故隐患，而我国重大危险源控制的有关研究和应用起步较晚，尚未形成完整的系统，同欧洲以及美国等工业发达国家的差距较大。

（二）重大危险源控制系统的组成

重大危险源控制的目的，不仅是预防重大事故发生，而且要做到一旦发生事故，能将事故危害限制到最低程度。一般来说，重大危险源总是涉及易燃、易爆或有毒性的危险物质，并且在一定范围内使用、生产、加工或贮存超过了临界量的这些物质。由于工业活动的复杂性，有效地控制重大危险源需要采用系统工程的思想和方法。

重大危险源控制系统主要由以下几个部分组成。

1. 重大危险源的辨识

防止重大工业事故发生的第一步，是辨识或确认高危险性的工业设施（危险源）。由政府主管部门和权威机构在物质的毒性、燃烧、爆炸特性、腐蚀性、放射性基础上，制订出危险物质及其临界量标准。通过危险物质及其临界量标准，可以确定哪些是潜在危险源。

2. 重大危险源的评价

根据危险物质及其临界量标准进行重大危险源辨识和确认后，就应对其进行风险分析评价。

一般来说，重大危险源的风险评价包括下述几个方面。

（1）辨识各类危险因素及其原因与机制。

（2）依次评价已辨识的危险事件发生的概率。

（3）评价危险事件的后果。

（4）进行风险评价，即评价危险事件发生概率和发生后果的联合作用。

（5）风险控制，将上述评价结果与安全目标值进行比较，检查风险值是否达到可接受水平，否则需进一步采取措施，降低危险水平。

3. 重大危险源的管理

企业法人应对工厂的安全生产负主要责任。在对重大危险源进行辨识和评价后，应对每一个重大危险源制订出一套严格的安全管理制度，通过技术措施（包括化学品的选择，设施的设计、建造、运转、维修以及有计划的检查）和组织措施（包括对人员的培训与指导、提供保证其安全的设备，工作人员水平、工作时间、职责的确定，以及对外部合同工和现场临时工的管理），对重大危险源进行严格控制和管理。

4. 重大危险源的安全报告

要求企业应在规定的期限内，对已辨识和评价的重大危险源向政府主管部门提交安全报告。如属新建的有重大危害性的设施，则应在其投入运转之前提交安全报告。安全报告应详细说明重大危险源的情况，可能引发事故的危险因素以及前提条件，安全操作和预防失误的控制措施，可能发生的事故类型，事故发生的可能性及后果，限制事故后果的措施，现场事故应急救援预案等。安全报告应根据重大危险源的变化以及新知识和技术进展的情况进行修改和增补，并由政府主管部门经常进行检查和评审。

5. 事故应急救援预案

事故应急救援预案是重大危险源控制系统的重要组成部分。企业应负责制订现场事故应急救援预案，并且定期检验和评估现场事故应急救援预案和程序的有效程度，以及在必要时进行修订。场外事故应急救援预案由政府主管部门根据企业提供的安全报告和有关资料制订。事故应急救援预案的目的是抑制突发事件，减少事故对工人、居民和环境的危害。因此，事故应急救援预案应提出详尽、实用、明确和有效的技术与组织措施。政府主管部门应保证将发生事故时要采取的安全措施和正确做法的有关资料散发给可能受事故影响的公众，并保证公众充分了解发生重大事故时的安全措施，一旦发生重大事故，应尽快报警。应定期修订和重新散发事故应急救援预案宣传材料。

6. 工厂选址和土地使用规划

政府有关部门应制订综合性的土地使用政策，确保重大危险源与居民区和其他工作场所、机场、水库、其他危险源和公共设施安全隔离。

7. 重大危险源的监察

政府主管部门必须派出经过培训的、合格的技术人员定期对重大危险源进行监察、调查、评估和咨询。

（三）我国关于重大危险源管理的法律法规要求

《危险化学品重大危险源监督管理暂行规定》（2011 年 8 月 5 日国家安全监管总局令第 40 号）第三十条要求：县级以上地方各级人民政府安全生产监督管理部门应当加强对存在重大危险源的危险化学品单位的监督检查，督促危险化学品单位做好重大危险源的辨识、安全评估及分级、登记建档、备案、监测监控、事故应急预案编制、核销和安全管理工作。安全生产监督管理部门在监督检查中发现重大危险源存在事故隐患的，应当责令立即排除；重大事故隐患排除前或者排除过程中无法保证安全的，应当责令从危险区域内撤出作业人员，责令暂时停产停业或者停止使用；重大事故隐患排除后，经安全生产监督管理部门审查同意，方可恢复生产经营和使用。

《危险化学品重大危险源监督管理暂行规定》第三十一条要求：县级以上地方各级人民政府安全生产监督管理部门应当会同本级人民政府有关部门，加强对工业（化工）园区等重大危险源集中区域的监督检查，确保重大危险源与周边单位、居民区、人员密集场所等重要目标和敏感场所之间保持适当的安全距离。

《安全生产法》第三十七条：生产经营单位对重大危险源应当登记建档，进行定期检测、评估、监控，并制定应急预案，告知从业人员和相关人员在紧急情况下应当采取的应急措施。生产经营单位应当按照国家有关规定将本单位重大危险源及有关安全措施、应急措施报有关地方人民政府安全生产监督管理部门和有关部门备案。

二、重大危险源的辨识标准及方法

防止重大工业事故发生的第一步是辨识或确认高危险性的工业设施（危险源）。一般由政府主管部门或权威机构在物质毒性、燃烧、爆炸特性基础上，确定危险物质及其临界量标准（即重大危险源辨识标准）。通过危险物质及其临界量标准，就可以确定哪些是可能发生重大事故的潜在危险源。

关于重大危险源的辨识标准及方法，参考国外同类标准，结合我国工业生产的特点和火灾、爆炸、毒物泄漏重大事故的发生规律，2000 年国家发布并于2001 年实施了《重大危险源辨识》（GB 18218—2000），该标准已修订。

第二节　重大危险源的评价与监控

一、重大危险源的评价

风险评价是重大危险源控制的重要内容。目前，可应用的风险评价方法有数十种，如事故树分析、危险指数法等。

本节主要介绍易燃、易爆、有毒重大危险源评价方法。它在大量重大火灾、爆炸、毒物泄漏中毒事故资料的统计分析基础上，从物质危险性、工艺危险性入手，分析重大事故发生的可能性大小以及事故的影响范围、伤亡人数、经济损失，综合评价重大危险源的危险性，提出应采取的预防、控制措施。

1. 评价单元的划分

重大危险源评价以危险单元作为评价对象。一般把装置的一个独立部分称为单元，并以此来划分单元。每个单元都有一定的功能特点，例如原料供应区、反应区、产品蒸馏区、吸收或洗涤区、成品或半成品贮存区、运输装卸区、催化剂处理区、副产品处理区、废液处理区等。在一个共同厂房内的装置可以划分为一个单元，在一个共同堤坝内的全部贮罐也可划分为一个单元。散设地上的管道不作为独立的单元处理，但配管桥区例外。

2. 评价模型的层次结构

根据安全工程学的一般原理，危险性定义为事故频率和事故后果严重程度的乘积，即危险性评价一方面取决于事故的易发性，另一方面取决于事故一旦发生后后果的严重性。现实的危险性不仅取决于由物质的特定危险性和生产工艺的特定危险性，而且还同各种人为管理因素及防灾措施的综合效果有密切关系。

3. 危险物质事故易发性的评价

具有燃烧爆炸性质的危险物质可分为七大类：①爆炸性物质；②气体燃烧性物质；③液体燃烧性物质；④固体燃烧性物质；⑤自燃物质；⑥遇水易燃物质；⑦氧化性物质。每类物质根据其总体危险感度给出权重分；每种物质根据其与反应感度有关的理化参数值给出状态分；每一大类物质下面分若干小类，共计 19 个子类。对每一大类或子类，分别给出状态分的评价标准。权重分与状态分的乘积即为该类物质危险感度的评价值，亦即危险物质事故易发性的评分值。

为了考虑毒物扩散危险性，危险物质分类中定义毒性物质为第八种危险物质。一种危险位置可以同时属于易燃易爆七大类中的一类，又属于第八类。对于毒性物质，其危险物质事故易发性主要取决于下列 4 个参数：①毒性等级；②物质的状态；③气味；④重度。毒性大小，不仅影响事故后果，而且影响事故易发性；毒性大的物质，即使微量扩散也能酿成事故，而毒性小的物质不具有这种特点。毒性对事故严重度的影响在毒物伤害模型中予以考虑。对不同的物质状态，毒物泄漏和扩散的难易程度有很大不同，显然气相毒物比液相毒物更容易酿成事故；重度大的毒物泄漏后不易向上扩散，因而容易造成中毒事故。物质危险性的最大分值定为 100 分。

4. 工艺过程事故易发性的评价及工艺

物质危险性相关系数的确定"工艺过程事故易发性"的影响因素确定为 21

项，分别是：放热反应；吸热反应；物料处理；物料贮存；操作方式；粉尘生成；低温条件；高温条件；高压条件；特殊的操作条件；腐蚀；泄漏；设备因素；密闭单元；工艺布置；明火；摩擦与冲击；高温体；电气火花；静电；毒物出料及输送。最后一种工艺因素仅与含毒性物质有相关关系。

同一种工艺条件对于不同类别的危险物质所体现的危险程度是各不相同的，因此必须确定相关系数。

危险程度可以分为 5 级（见表 4-1）

表 4-1　危险程度分级

级别	关系程度	分值
A 级	关系密切	0.9
B 级	关系大	0.7
C 级	关系一般	0.5
D 级	关系小	0.2
E 级	没有关系	0

5. 事故严重度评价

事故严重度用事故后果的经济损失（万元）表示。事故后果系指事故中人员伤亡以及房屋、设备、物资等的财产损失，不考虑停工损失。人员伤亡区分人员死亡数、重伤数、轻伤数。财产损失严格讲应分若干个破坏等级，在不同等级破坏区破坏程度是不相同的，总损失为全部破坏区损失的总和。在危险性评估中为了简化方法，用一个统一的财产损失区来描述，假定财产损失区内财产全部破坏，在损失区外全不受损，即认为财产损失区内未受损失部分的财产同损失区外受损失的财产相互抵消。死亡、重伤、轻伤、财产损失各自都用一当量圆半径描述。对于单纯毒物泄漏事故仅考虑人员伤亡，暂不考虑动植物死亡和生态破坏所受到的损失。

建立了 6 种伤害模型，它们分别是：凝聚相含能材料爆炸；蒸汽云爆炸；沸腾液体扩展为蒸气云爆炸；池火灾；固体和粉尘火灾；室内火灾。不同类别物质往往具有不同的事故形态，但即使是同一类物质，甚至同一种物质，在不同的环境条件下也可能表现出不同的事故形态。

为了对各种不同类别的危险物质可能出现的事故严重度进行评价，根据下面两个原则建立物质子类别同事故形态之间的对应关系，每种事故形态用一种伤害模型来描述。这两个原则如下。

（1）最大危险原则　如果一种危险物具有多种事故形态，且它们的事故后果相差悬殊，则按后果最严重的事故形态考虑。

（2）概率求和原则　如果一种危险物具有多种事故形态，且它们的事故后果相差不悬殊，则按统计平均原理估计事故后果。

根据泄漏物状态（液化气、液化液、冷冻液化气、冷冻液化液、液体）和贮罐压力、泄漏的方式（爆炸型的瞬时泄漏或持续 10min 以上的连续泄漏）建立了 10 种毒物扩散伤害模型，这 10 种模型分别是：源抬升模型，气体泄放速度模型，液体泄放速度模型，高斯烟羽模型，烟团模型，烟团积分模型，闪蒸模型，绝热扩散模型和重气扩散模型。毒物泄漏伤害严重程度与毒物泄漏量以及环境大气参数（温度、湿度、风向、风力、大气稳定度等）都有密切关系。若在测算中遇到事先评价所无法定量预见的条件时，则按较严重的条件进行评估。当一种物质既具有燃爆特性，又具有毒性时，则人员伤亡按两者中较重的情况进行测算，财产损失按燃烧燃爆伤害模型进行测算。毒物泄漏伤害区也分死亡区、重伤区、轻伤区，轻度中毒而无需住院治疗即可在短时间内康复的一般吸入反应不算轻伤。各种等级的毒物泄漏伤害区呈纺锤形，为了测算方便，同样将它们简化成等面积的当量圆，但当量圆的圆心不在单元中心处，而在各伤害区的面心上。

6. 危险性抵消因子

尽管单元的固有危险性是由物质的危险性和工艺的危险性所决定的，但是工艺、设备、容器，建筑结构上的各种用于防范和减轻事故后果的各种设施，危险岗位操作人员的良好的素质，严格的安全管理制度能够大大抵消单元内的现实危险性。

在本评价方法中，工艺、设备、容器和建筑结构抵消因子由 23 个指标组成评价指标集；安全管理状况由 11 类 72 个指标组成评价指标集；危险岗位操作人员素质由 4 项指标组成评价指标集。

大量事故统计表明，工艺设备故障、人的误操作和生产安全管理上的缺陷是引发事故发生的三大原因，因而对工艺设备危险进行有效监控，提高操作人员基本素质和提高安全管理的有效性，能大大抑制事故的发生。但是大量的事故统计事实同样表明，上述三种因素在许多情况下并不相互独立，而是混合在一起发生作用的。如果只控制其中一种或两种是不可能完全杜绝事故发生的，甚至当上述三种因素都得到充分控制以后，只要有固有危险性存在，现实危险性不可能抵消至零。这是因为还有很少一部分事故是由上述三种原因以外的原因（例如自然灾害或其他单元事故牵连）引发的。因此一种因素在控制事故发生中的作用是同另外两种因素的受控程度密切相关的。每种因素都是在其他两种因素控制得越好时，发挥出来的控制效率越大。

7. 危险性分级与危险控制程度分级

各级重大危险源应达到的受控标准是：

一级危险源在 A 级以上；

二级危险源在 B 级以上；

三级和四级危险源在 C 级以上。

二、重大危险源的监控措施

安全监督管理部门应建立重大危险源分级监督管理体系，建立重大危险源宏观监控信息网络，实施重大危险源的宏观监控与管理，最终建立和健全重大危险源的管理制度和监控手段。

生产经营单位应对重大危险源建立实时的监控预警系统。应用系统论、控制论、信息论的原理和方法，密切结合自动检测与传感器技术、计算机仿真、计算机通信等现代高新技术，对危险源对象的安全状况进行实时监控，严密监视那些可能使危险源对象的安全状态向事故临界状态转化的各种参数的变化趋势，及时给出预警信息（或应急控制指令），把事故消灭在萌芽状态。

重大危险源对象大多数时间运行在安全状况下。监控预警系统的目的主要是监视其正常情况下危险源对象的运行情况及状态，并对其实时和历史趋势做一个整体评判，对系统的下一时刻做出一种超前（或提前）的预警行为。因而在正常工况下和非正常工况下应该有对危险源对象及参数的记录显示、报表等功能。

（1）正常运行阶段。正常工况下危险源运行模拟流程和进行主要参数（温度、压力、浓度、油/水界面、泄漏检测传感器输出等）的数据显示、报表、超限报警，并根据临界状态判据自动判断是否转入应急控制程序。

（2）事故临界状态。被实时监测的危险源对象的各种参数超出正常值的界限，向事故生成方向转化，如不采取应急控制措施就会引发火灾、爆炸及重大毒物泄漏事故。

在这种状态下，监控系统一方面给出声、光或语言报警信息，由应急决策显示排除故障系统的操作步骤，指导操作人员正确、迅速恢复正常工况，同时发出应急控制指令（例如，条件具备时可自动开启喷淋装置使危险源对象降温，自动开启泄放阀降压，关闭进料阀制止液位上升等）；或者当可燃气体传感器检测到危险源对象周围空气中的可燃气体浓度达到阈值时，监控预警系统将及时报警，同时还能根据检测的可燃气体的浓度及气象参数（风速、风向、气温、气压、湿度等）传感器的输出信息，快速绘制出混合气云团在电子地图上的覆盖区域、浓度预测值，以便采取相应的措施，防止火灾、毒物的进一步扩大。

（3）事故初始阶段。如果上述预防措施全部失效，或因其他原因致使危险源及周边空间已经发生事故，为及时控制事故需及时采取各种措施，可从两个方面采取补救措施：① 应用"早期事故智能探测与空间定位系统"及时报告事故发生的准确位置，以便迅速采取措施；② 自动启动应急控制系统，将事故抑制在萌芽状态。

三、以电镀行业为例分析事故类型及预防措施

1. 中毒

（1）电镀液配制、储运及电镀生产检修过程导致中毒的因素。电镀生产中经

常需要使用氰化物,作业人员在配制含氰镀液、向镀槽中添加氰化物等作业过程中以及在剧毒氰化物的储存及搬运过程中,均存在作业人员接触剧毒品,导致人员中毒事故的危险。电镀车间在电镀生产中需使用酸类物质,氰化物和酸互为禁忌物,氰化物和酸反应会产生剧毒的氰化氢气体。如作业人员在配制镀液时使用禁忌物,或者电镀过程中镀件酸洗后,在水洗不彻底的情况下进行含氰电镀作业等,将导致作业场所产生剧毒的氰化氢气体,造成作业人员中毒事故。

(2)镀件喷漆、烘干作业可能导致中毒的因素。电镀作业常需要对镀件进行喷漆,镀件喷漆、烘干作业过程中使用的油漆、稀释剂等均含有大量的溶剂二甲苯等有害有机溶剂,二甲苯等有机溶剂具有毒害性,在喷漆、烘干作业过程中,如果作业场所通风不良,人员作业时未配备必要的防护用品或未正确使用防护用品等,也可能导致中毒事故。

(3)电镀废水、废气、废渣可能导致中毒的因素。对于采用含氰化电镀工艺的企业,电镀过程产生的三废具有较大毒性,人员接触可导致急性中毒事故。有限空间作业污水池处置污泥过程中人员中毒事故时有发生。未经有效处理的废水、废渣、废气泄漏到环境中还会导致污染事故。

电镀行业中毒、窒息危险有害因素分析、危险有害因素辨识防范控制措施、应用规范性文件见表 4-2。

表 4-2　电镀行业、窒息危险有害因素分析表

危险有害因素(种类)	危险有害因素辨识(事故原因)	防范控制措施	应用规范性文件
中毒、窒息	剧毒化学品、有毒物质泄漏、挥发出有毒气体被人员接触、误食、吸入等	在工作现场应设置强制通风装置,并定时抽风换气,空气中有害物质的限值应符合 GBZ2.1、GBZ2.2 的要求	《电镀生产安全操作规程》(AQ5202—2008)4.12
		电镀生产场所应配备应急喷淋装置,以便操作人员被溅到槽液时及时冲洗;在有剧毒品使用的场所,应配备消毒设施和消毒溶液	《电镀生产安全操作规程》(AQ5202—2008)4.13
		所有氰化槽应尽量远离酸槽,镀前侵蚀工序后,工件尤其是形状复杂的工件应清洗干净,防止将酸带入槽内形成剧毒氰化氢气体;氰化镀后的清洗槽应为专用槽	《电镀生产安全操作规程》(AQ5202—2008)6.5.3
		所有称量、运输氰化物的应为专用器具,并应在明显处标注剧毒标记,称量应在通风良好的条件下进行	《电镀生产安全操作规程》(AQ5202—2008)6.5.7
		存放氰化物或含氰液的场地,应通风良好,氰化物或含氰液不应与酸摆放在一起	《电镀生产安全操作规程》(AQ5202—2008)6.5.8
		所有已使用过的工具及仪器,用后宜用 5% 绿矾($FeSO_4 \cdot 7H_2O$)的溶液进行消毒	《电镀生产安全操作规程》(AQ5202—2008)6.5.9

危险有害因素（种类）	危险有害因素辨识（事故原因）	防范控制措施	应用规范性文件
中毒、窒息	剧毒化学品、有毒物质泄漏、挥发出有毒气体被人员接触、误食、吸入等	氰化物和其他剧毒品的保管领取、称量和配置都应采用双人制度，凭审批手续按量领取。电镀车间所领用的氰化物宜全部加入溶液中，不应在操作现场存放	《电镀生产安全操作规程》（AQ5202—2008）6.5.10
		存放剧毒品、有毒品、腐蚀试剂的包装袋、玻璃器皿等用完料后，应专人妥善保管、集中销毁	《电镀生产安全操作规程》（AQ5202—2008）6.5.11
		操作人员下班后应用1%绿矾溶液洗手，应用20%的次氯酸钠或5%绿矾（$FeSO_4 \cdot 7H_2O$）溶液清洗地面	《电镀生产安全操作规程》（AQ5202—2008）6.5.12
		配置溶液时，应在通风条件良好的地方进行	《电镀生产安全操作规程》（AQ5202—2008）7.3
	作业人员未按要求穿戴防护用品造成中毒	操作人员应穿戴好防护用品再进入电镀操作岗位。在有毒气体可能逸出的场所，所有电镀操作人员应穿戴防护工作服、胶靴、手套；溶液配置或调整、运输和使用酸碱溶液等场所，操作人员应戴长胶裙、护目镜和乳胶手套；在设备维护时，清洗阳极板时应戴耐酸耐碱手套，并防止极板的金属毛刺和碎片刺伤皮肤。所穿戴的防护用品不应穿离工作场所	《电镀生产安全操作规程》（AQ5202—2008）8.5
	操作人员未按规范操作	操作人员暂时离开电镀生产岗位时，应充分洗涤手部、面部、漱口、更衣；特别是接触氰化等剧毒品的。应进行消毒处理；每班生产结束之后，应沐浴更衣	《电镀生产安全操作规程》（AQ5202—2008）8.6
		操作人员有外伤时，伤口应包扎后才能进行工作。伤口未愈合的人员，不应进行接触氰化物、铬酸等剧毒品的操作	《电镀生产安全操作规程》（AQ5202—2008）8.7
	作业现场无必要的安全警示	电镀生产作业场所应设置警示标记，严禁在操作现场饮食和吸烟。对存在严重职业危害的作业岗位，应按照GB21581要求设置警示标识和警示说明。警示说明应载明职业危害的种类、后果、预防和应急救治措施	《电镀生产安全操作规程》（AQ5202—2008）4.16；《冶金等工贸企业安全生产标准化基本规范评分细则》
	电镀废液污泥未按要求处置	电镀生产线所有废液应进行处理，在符合GB8978的要求后才能排放；污水处理产生的各类污泥都由有资质的专业机构回收或处理。所有排放的废气应符合GB16297的要求	《电镀生产安全操作规程》（AQ5202—2008）4.10
	有限空间作业未经有毒、有害、易燃物体检测、分析，作业条件不符合要求，导致中毒、窒息	有限空间的作业场所空气中的含氧量应为19.5%～23%，若空气中含氧量低于19.5%，应有报警信号。有毒物质浓度应符合GBZ2.1和GBZ2.2规定	《有限空间作业安全技术规程》（DB33/707—2013）5.1.1

续表

危险有害 因素（种类）	危险有害 因素辨识 （事故原因）	防范控制措施	应用规范性文件
中毒、 窒息	有限空间作业未经有毒、有害、易燃物体检测、分析，作业条件不符合要求，导致中毒、窒息	有限空间空气中可燃气体浓度应低于可燃烧极限或爆炸极限下限的10％。对油轮船舶的拆修，以及油罐、管道的检修，空气中可燃气体浓度应低于可燃烧极限下限或爆炸极限下限的1％	《有限空间作业安全技术规程》（DB33/707—2013）5.1.2
		当必须进入缺氧的有限空间作业时，应符合GB8958规定。凡进行作业时，均应采取机械通风	《有限空间作业安全技术规程》（DB33/707—2013）5.1.3
		作业时，操作人员所需的适宜新风量应为30～50m³/h。进入自然通风换气效果不良的有限空间，应采用机械通风，通风换气次数不能少于3～5次/h。通风换气应满足稀释有毒有害物质的需要。 应尽量利用所有人孔、手孔、料孔、风门、烟门进行自然通风为主，必要时应采取机械强制通风	《有限空间作业安全技术规程》（DB33/707—2013）5.2.1、5.2.2
		机械通风可设置岗位局部排风，辅以全面排风。当操作岗位不固定时，则可采用移动式局部排风或全面排风	《有限空间作业安全技术规程》（DB33/707—2013）5.2.3
		有限空间的吸风口应设置在下部。当存在与空气密度相同或小于空气密度的污染物时，还应在顶部增设吸风口	《有限空间作业安全技术规程》（DB33/707—2013）5.2.4
		工贸企业实施有限空间作业前，应当对作业环境进行评估，分析存在的危险有害因素，提出消除、控制危害的措施，制定有限空间作业方案，并经本企业负责人批准	《工贸企业有限空间作业安全管理与监督暂行规定》（国家安全生产监督管理总局令第59号）第八条
		工贸企业实施有限空间作业前，应当将有限空间作业方案和作业现场可能存在的危险有害因素、防控措施告知作业人员。现场负责人应当监督作业人员按照方案进行作业准备。 有限空间作业应当严格遵守"先通风、再检测、后作业"的原则。检测指标包括氧浓度、易燃易爆物质（可燃性气体、爆炸性粉尘）浓度、有毒有害气体浓度。检测应当符合相关国家标准或者行业标准的规定。未经通风和检测合格，任何人员不得进入有限空间作业。检测的时间不得早于作业开始前30分钟	《工贸企业有限空间作业安全管理与监督暂行规定》（国家安全生产监督管理总局令第59号）第十条、第十二条
		检测人员进行检测时，应当记录检测的时间、地点、气体种类、浓度等信息。检测记录经检测人员签字后存档。检测人员应当采取相应的安全防护措施，防止中毒窒息等事故发生	《工贸企业有限空间作业安全管理与监督暂行规定》（国家安全生产监督管理总局令第59号）第十三条

危险有害因素（种类）	危险有害因素辨识（事故原因）	防范控制措施	应用规范性文件
中毒、窒息	有限空间作业未经有毒、有害、易燃物体检测、分析，作业条件不符合要求，导致中毒、窒息	有限空间内盛装或者残留的物料对作业存在危害时，作业人员应当在作业前对物料进行清洗、清空或者置换。经检测，有限空间的危险有害因素符合《工作场所有害因素职业接触限值 第一部分化学有害因素》(GBZ2.1)的要求后，方可进入有限空间作业	《工贸企业有限空间作业业安全管理与监督暂行规定》(国家安全生产监督管理总局令第 59 号)第十四条
		在有限空间作业过程中，工贸企业应当采取通风措施，保持空气流通，禁止采用纯氧通风换气。发现通风设备停止运转、有限空间内氧含量浓度低于或者有毒有害气体浓度高于国家标准或者行业标准规定的限值时，工贸企业必须立即停止有限空间作业，清点作业人员，撤离作业现场	《工贸企业有限空间作业业安全管理与监督暂行规定》(国家安全生产监督管理总局令第 59 号)第十五条
		在有限空间作业过程中，工贸企业应当对作业场所中的危险有害因素进行定时检测或者连续监测。作业中断超过 30 分钟，作业人员再次进入有限空间作业前，应当重新通风、检测合格后方可进入	《工贸企业有限空间作业业安全管理监督暂行规定》(国家安全生产监督管理总局令第 59 号)第十六条
	有限空间作业防护用品、事故应急措施不到位造成中毒、窒息	工贸企业应当根据有限空间存在危险有害因素的种类和危害程度，为作业人员提供符合国家标准或者行业标准规定的劳动防护用品，并教育监督作业人员正确佩戴与使用	《工贸企业有限空间作业业安全管理与监督暂行规定》(国家安全生产监督管理总局令第 59 号)第十八条
		工贸企业有限空间作业还应当符合下列要求： (一)保持有限空间出入口畅通； (二)设置明显的安全警示标志和警示说明； (三)作业前清点作业人员和工器具； (四)作业人员与外部有可靠的通讯联络； (五)监护人员不得离开作业现场，并与作业人员保持联系； (六)存在交叉作业时，采取避免互相伤害的措施	《工贸企业有限空间作业业安全管理与监督暂行规定》(国家安全生产监督管理总局令第 59 号)第十九条
		有限空间作业结束后，作业现场负责人、监护人员应当对作业现场进行清理，撤离作业人员	《工贸企业有限空间作业安全管理与监督暂行规定》(国家安全生产监督管理总局令第 59 号)第二十条

续表

危险有害因素（种类）	危险有害因素辨识（事故原因）	防范控制措施	应用规范性文件
中毒、窒息	有限空间作业防护用品、事故应急措施不到位造成中毒、窒息	工贸企业应当根据本企业有限空间作业的特点，制定应急预案，并配备相关的呼吸器、防毒面罩、通讯设备、安全绳索等应急装备和器材。有限空间作业的现场负责人、监护人员、作业人员和应急救援人员应当掌握相关应急预案内容，定期进行演练，提高应急处置能力	《工贸企业有限空间作业安全管理与监督暂行规定》（国家安全生产监督管理总局令第 59 号）第二十一条
		工贸企业将有限空间作业发包给其他单位实施的，应当发包给具备国家规定资质或者安全生产条件的承包方，并与承包方签订专门的安全生产管理协议或者在承包合同中明确各自的安全生产职责。存在多个承包方时，工贸企业应当对承包方的安全生产工作进行统一协调、管理。工贸企业对其发包的有限空间作业安全承担主体责任。承包方对其承包的有限空间作业安全承担直接责任。有限空间作业中发生事故后，现场有关人员应当立即报警，禁止盲目施救。应急救援人员实施救援时，应当做好自身防护，佩戴必要的呼吸器具、救援器材	《工贸企业有限空间作业安全管理与监督暂行规定》（国家安全生产监督管理总局令）第 59 号第二十二条、第二十三条

2. 灼烫（高温烫伤、化学灼伤）

（1）**高温烫伤** 电镀作业常采用热空气对镀件进行干燥。某些企业涂层烘干室内温度可达 120℃，水烘干室内温度可达 140℃。烘干室采取连续式作业方式，刚出烘干室的五金件表面温度较高，人员接触会导致高温烫伤事故。电加热器的加热部件、蒸汽管道裸露或阀门漏汽触及人体外露的皮肤均可造成人员的高温烫伤。

（2）**化学灼伤** 电镀生产作业过程使用酸性腐蚀品、碱性腐蚀品以及氧化剂，上述化学品均具有一定的腐蚀性。如作业人员在作业过程中不遵守作业规程、野蛮作业、劳保用品穿戴不全，或盛装上述物品的容器、设备质量存在缺陷，密封不严，进而导致腐蚀品或氧化剂泄漏之后直接接触人体，会导致化学灼伤事故的发生。

电镀工艺使用多种酸、碱腐蚀品。电镀生产过程中还会释放酸废气。作业人员如在操作过程中未按照作业规程作业，劳保用品穿不全，或电镀设备、管线以及建构筑物未采取防腐蚀设计，造成作业人员与腐蚀品直接接触，则会发生化学灼伤事故。

电镀行业灼烫（高温烫伤、化学灼伤）危险有害因素分析、危险有害因素辨识、防范控制措施、应用规范性文件具体见表 4-3。

表 4-3　电镀行业灼烫（高温烫伤、化学灼伤）危险有害因素分析表

危险有害因素（种类）	危险有害因素辨识（事故原因）	防范控制措施	应用规范性文件
灼伤	作业现场设备泄漏、操作不规范、人员防护不到位造成腐蚀性液体沾染或飞溅到作业人员身体造成化学灼伤	电镀生产场所应配备应急喷淋装置，以便操作人员被溅到槽液及时冲洗；在有剧毒品使用的场所，应配备消毒设施和消毒溶液	《电镀生产安全操作规程》（AQ5202—2008)4.13
		操作前应检查槽体有无渗漏，是否符合安全要求	《电镀生产安全操作规程》（AQ5202—2008)5.2
		工件挂入碱性槽液时，应使用专用工具，不应用手操作	《电镀生产安全操作规程》（AQ5202—2008)6.2.1
		槽液飞溅到皮肤上，应立即去除衣物，用大量清水冲洗，再用弱酸清洗	《电镀生产安全操作规程》（AQ5202—2008)6.2.2
		酸液飞溅到身上，应立即除去衣物，用大量清水冲洗，再用弱碱冲洗	《电镀生产安全操作规程》（AQ5202—2008)6.3.2
		搬运酸液或碱液前，应检查外包装是否完整	《电镀生产安全操作规程》（AQ5202—2008)6.4.1
		酸液或碱液的运输和使用应采用专用设备	《电镀生产安全操作规程》（AQ5202—2008)6.4.2
		配制或稀释酸液时，应使用冷水，不应用热水	《电镀生产安全操作规程》（AQ5202—2008)6.4.3
		配置稀硫酸溶液时，应在缓慢搅拌状态下，将浓酸缓慢地加入冷水中	《电镀生产安全操作规程》（AQ5202—2008)6.4.4
		配置混酸溶液时，应先加硫酸，冷却后再加盐酸、硝酸	《电镀生产安全操作规程》（AQ5202—2008)6.4.5
		掉入槽内的工件不应用手捞出，而应使用专用工具	《电镀生产安全操作规程》（AQ5202—2008)6.5.6
		操作时应戴耐温防碱手套	《电镀生产安全操作规程》（AQ5202—2008)6.6.1
		碱液槽加碱时，为防止碱液溅出伤人，应先将碱块在槽外破碎后再移至铁丝篮中，悬挂于碱液槽的上部，然后沉入槽内，边缓慢搅拌边加温，使碱块充分溶解	《电镀生产安全操作规程》（AQ5202—2008)6.6.2
		不应将冷水、带冷水的工件迅速放入已加温的槽体内，以防槽液暴溅	《电镀生产安全操作规程》（AQ5202—2008)6.6.3

续表

危险有害因素（种类）	危险有害因素辨识（事故原因）	防范控制措施	应用规范性文件
灼伤	作业现场设备泄漏、操作不规范、人员防护不到位造成腐蚀性液体沾染或飞溅到作业人身体造成化学灼伤	采用人工方法往槽内投放工件，特别是带有深孔的零件时，应使工件有一定倾斜角度，并缓慢进行，以免槽液飞溅	《电镀生产安全操作规程》（AQ5202—2008）6.6.4
		镀液的配置和调整，应严格按照工艺要求操作，由专门操作人员在技术人员指导下进行	《电镀生产安全操作规程》（AQ5202—2008）7.1
		槽液混合作业时，添加槽液应缓慢加入，同时进行充分搅拌	《电镀生产安全操作规程》（AQ5202—2008）7.2
		在进行药品溶解操作时，易产生溶解热的化学药品应在耐热玻璃器皿内溶解	《电镀生产安全操作规程》（AQ5202—2008）7.4
		镀液配置和调整时，一般将固体化学药品在槽外溶解后再慢慢加入槽内，不应将固体化学药品直接投入槽液中	《电镀生产安全操作规程》（AQ5202—2008）7.5
		氢氟酸不应置于玻璃器皿内，以防止玻璃被腐蚀而造成事故	《电镀生产安全操作规程》（AQ5202—2008）7.6
		不应用浓酸、浓碱直接加入槽液调整其pH值	《电镀生产安全操作规程》（AQ5202—2008）7.7
		在化学镀镍操作中，操作者应穿戴耐热耐酸耐碱手套；化学镀镍的废槽液应有集中处理措施	《电镀生产安全操作规程》（AQ5202—2008）8.1
		在化学镀铜操作中，采用银盐活化工艺的，银盐活化液的储存容器不能封闭太严，以防爆炸	《电镀生产安全操作规程》（AQ5202—2008）8.2
		在有使用水合肼的槽液操作中，因其易挥发、有毒，应加强通风，防止槽液接触皮肤	《电镀生产安全操作规程》（AQ5202—2008）8.3
		采用手工操作时，镀件入槽要轻，出槽要慢，要防止槽液飞溅伤人	《电镀生产安全操作规程》（AQ5202—2008）8.4
	人员未要求穿戴防护用品造成伤害蒸汽、烘箱等高温裸露部位烫伤	操作人员应穿戴好防护用品再进入电镀操作岗位。在有毒气体可能逸出的场所，所有电镀操作人员应穿戴防护工作服、胶靴、手套；溶液配置或调整、运输和使用酸碱溶液等场所，操作人员应戴长胶裙、护目镜和乳胶手套；在设备维护时，清洗阳极板时应戴耐酸耐碱手套，并防止极板的金属毛刺和碎片刺伤皮肤。所穿戴的防护用品不应穿离工作场所	《电镀生产安全操作规程》（AQ5202—2008）8.5

危险有害因素(种类)	危险有害因素辨识(事故原因)	防范控制措施	应用规范性文件
灼伤	人员未要求穿戴防护用品造成伤害蒸汽、烘箱等高温裸露部位烫伤	采用蒸汽加热镀液的,操作前应检查蒸汽管道有无渗漏	《电镀生产安全操作规程》(AQ5202—2008)5.5
		若生产设备的灼热或过冷部位可能造成危险,则必须配置防接触屏蔽(保温防护措施)	《生产设备安全卫生设计总则》(GB5083—1999)6.3
		热力管道外层应包裹保温材料,并涂红色标记	《电镀生产装置安全技术条件》(AQ5203—2008)7.13

3. 火灾、爆炸

(1) 易燃易爆物质引发火灾　依据《建筑设计防火规范》 (GB50016—2014),镀件喷漆所采用的油漆、稀释剂等物料的火灾危险性是属于甲类。在喷漆、涂层烘干过程中存在着油漆及有机溶剂蒸气在受限空间形成爆炸性混合气体的危险,爆炸性混合气体遇点火源会发生火灾、爆炸事故。

电镀生产过程中会产生易燃易爆的电镀废气,如氰化氢、氢气等,如果车间和镀槽未配备排气系统或者排气系统不能有效工作,易燃易爆的电镀废气在车间内积聚可形成爆炸性混合气体,遇点火源会发生火灾、爆炸事故。

检修等作业中动火安全防范措施不到位,同样会引发火灾事故,危险化学品贮存不规范,禁忌物品混存,有防爆要求的区域电气防爆不符合要求等都有可能造成火灾事故。

(2) 电气火灾　一般是指由于电气线路、用电设备、器具以及供配电设备出现故障性释放的热能;如高温、电弧、电火花以及非故障性释放的能量;如电热器具的炽热表面,在具备燃烧条件下引燃本体或其他可燃物而造成的火灾,也包括由雷电和静电引起的火灾。电镀企业中镀槽、挂具以及部分清洗剂、油漆是易燃物质、电气设施、电线乱搭乱接安装、管理不规范往往是造成电气火灾的首要原因。

电气火灾主要包括以下五个方面:

① 漏电火灾　所谓漏电,就是线路的某一个地方因为某种原因 (自然原因或人为原因,如风吹雨打、潮湿、高温、碰压、划破、摩擦、腐蚀等)使电线的绝缘或支架材料的绝缘能力下降,导致电线与电线之间 (通过损坏的绝缘、支架等)、导线与大地之间 (电线通过水泥墙壁的钢筋、马口铁皮等)有一部分电流通过,这种现象就是漏电。

当漏电发生时,泄漏的电流在流入大地途中,如遇电阻较大的部位时,会产生局部高温,致使附近的可燃物着火,从而引起火灾.此外,在漏电点产生的漏电火花,同样也会引起火灾。

② 短路火灾　电气线路中的裸导线或绝缘导线的绝缘体破损后,火线与零

线，或火线与地线（包括接地从属于大地）在某一点碰在一起，引起电流突然增大的现象叫短路，俗称碰线、混线或连电。

由于短路时电阻突然减少，电流突然增大，其瞬间的发热量也很大，大大超过了线路正常工作时的发热量，并在短路点易产生强烈的火花和电弧，不仅能使绝缘层迅速燃烧，而且能使金属熔化，引起附近的易燃可燃物燃烧，造成火灾。

③ 过负荷火灾　所谓过负荷是指当导线中通过电流量超过了安全载流量时，导线的温度不断升高，这种现象叫导线过负荷。

当导线过负荷时，加快了导线绝缘层老化变质．当严重过负荷时，导线的温度会不断升高，甚至会引起导线的绝缘发生燃烧，并能引燃导线附近的可燃物，从而造成火灾。

④ 接触电阻过大火灾　凡是导线与导线、导线与开关、熔断器、仪表、电气设备等连接的地方都有接头，在接头的接触面上形成的电阻称为接触电阻。当有电流通过接头时会发热，这是正常现象。如果接头处理良好，接触电阻不大，则接头点的发热就很少，可以保持正常温度。如果接头中有杂质，连接不牢靠或其他原因使接头接触不良，造成接触部位的局部电阻过大，当电流通过接头时，就会在此处产生大量的热，形成高温，这种现象是接触电阻过大。在有较大电流通过的电气线路上，如果在某处出现接触电阻过大这种现象时，就会在接触电阻过大的局部范围内产生极大的热量，使金属变色甚至熔化，引起导线的绝缘层发生燃烧，并引燃烧附近的可燃物或导线上积落的粉尘、纤维等，从而造成火灾。

⑤ 电加热设施缺水高温引燃镀槽　电镀企业使用电加热棒加热镀液，一旦加热棒加热段缺水，加热管燃烧引燃镀槽而引发火灾事故。

电镀行业火灾、爆炸危险有害因素分析、危险有害因素辨识、防范控制措施、应用规范性文件具体见表 4-4。

表 4-4　电镀行业火灾、爆炸危险有害因素分析表

危险有害因素（种类）	危险有害因素辨识（事故原因）	防范控制措施	应用规范性文件
火灾、爆炸	危险化学品储存不规范或储存场所电气设施、物存放不规范等引发火灾	照明设施,不采用碘钨灯,不采用 60W 以上白炽灯。当使用日光灯等低温照明灯具和其他防爆型照明灯具时,应当对镇流器采取散热等防火保护措施	《电镀化学品运输、储存、使用安全规程》（AQ3019—2008)6.1.8
		储存易燃品的库房应有严禁火种的警示牌	《电镀化学品运输、储存、使用安全规程》（AQ3019—2008)6.1.11
		电镀化学品都应存放在仓库内,不得露天存放	《电镀化学品运输、储存、使用安全规程》（AQ3019—2008)6.3.1

危险有害因素(种类)	危险有害因素辨识(事故原因)	防范控制措施	应用规范性文件
火灾、爆炸	危险化学品储存不规范或储存场所电气设施、物存放不规范等引发火灾	电镀化学品按不同类别、性质、危险程度、灭火方法等隔离储存	《电镀化学品运输、储存、使用安全规程》(AQ3019—2008)6.3.2
		禁配货料,应隔开存放	《电镀化学品运输、储存、使用安全规程》(AQ3019—2008)6.3.3
		化学危险品露天堆放,应符合防火、防爆的安全要求,爆炸物品、一级易燃物品、遇湿燃烧物品、剧毒物品不得露天堆放	《常用化学危险品贮存通则》(GB15603—1995)4.3
		贮存化学危险品建筑物不得有地下室或其他地下建筑,其耐火等级、层数、占地面积、安全疏散和防火间距,应符合国家有关规定	《常用化学危险品贮存通则》(GB15603—1995)5.1
		化学危险品贮存区域或建筑物内输配电线路、灯具、火灾事故照明和疏散指示标志,都应符合安全要求	《常用化学危险品贮存通则》(GB15603—1995)5.3.2
		贮存易燃、易爆化学危险品的建筑,必须安装避雷设备	《常用化学危险品贮存通则》(GB15603—1995)5.3.3
		贮存化学危险品的建筑必须安装通风设备,并注意设备的防护措施	《常用化学危险品贮存通则》(GB15603—1995)5.4.1
		贮存化学危险品的建筑通排风系统应设有导除静电的接地装置	《常用化学危险品贮存通则》(GB15603—1995)5.4.2
		遇火、遇热、遇潮能引起燃烧、爆炸或发生化学反应,产生有毒气体的化学危险品不得在露天或在潮湿、积水的建筑物中贮存	《常用化学危险品贮存通则》(GB15603—1995)6.3
		受日光照射能发生化学反应引起燃烧、爆炸、分解、化合或能产生有毒气体的化学危险品应贮存在一级建筑物中。其包装应采取避光措施	《常用化学危险品贮存通则》(GB15603—1995)6.4
		压缩气体和液化气体必须与爆炸物品、氧化剂、易燃物品、自燃物品、腐蚀性物品隔离贮存。易燃气体不得与助燃气体、剧毒气体同贮;氧气不得与油脂混合贮存,盛装液化气体的容器属压力容器的,必须有压力表、安全阀、紧急切断装置,并定期检查,不得超装	《常用化学危险品贮存通则》(GB15603—1995)6.6
		易燃液体、遇湿易燃物品、易燃固体不得与氧化剂混合贮存,具有还原性的氧化剂应单独存放	《常用化学危险品贮存通则》(GB15603—1995)6.7
		有毒物品应贮存在阴凉、通风、干燥的场所,不要露天存放,不要接近酸类物质	《常用化学危险品贮存通则》(GB15603—1995)6.8
		腐蚀性物品,包装必须严密,不允许泄漏,严禁与液体、气体和其他物品共存	《常用化学危险品贮存通则》(GB15603—1995)6.9

续表

危险有害因素（种类）	危险有害因素辨识（事故原因）	防范控制措施	应用规范性文件
火灾、爆炸	有限空间内存在的可燃性气体引发火灾爆炸	存在可燃气体的作业场所,所有的电气设备设施及照明应符合 GB3836.1 中的有关规定。实现整体电气防爆和防静电措施	《有限空间作业安全技术规程》（DB33/707—2013）5.3.1
		存在可燃气体的有限空间场所内不允许使用明火照明和非防爆设备	《有限空间作业安全技术规程》（DB33/707—2013）5.3.2
	喷漆场所不符合防爆要求,静电未能有效导除,日常清理工作不规范等引发火灾事故	喷漆室所在建筑物应按 GBJ140 的规定配置灭火器材	《涂装作业安全规程喷漆室安全技术规定》(GB14444—2006)5.8
		喷漆区的电气接线和设备应符合爆炸危险场所 1 区的规定	《涂装作业安全规程喷漆室安全技术规定》(GB14444—2006)6.2
		喷漆房的墙体、天花板、地坪,喷漆室的室体及与其相连的送风、排风管道应用不燃、难燃材料或组件建造	《涂装作业安全规程喷漆室安全技术规定》(GB14444—2006)7.1.1
		喷漆室内所有金属制件(送排风管道和输送可燃液体的管道),应具有可靠的电气接地	《涂装作业安全规程喷漆室安全技术规定》(GB14444—2006)7.6.3
		喷漆室或喷漆房的所有导电部件、排气管、喷漆设备、被涂涂的工件、供漆容器及输漆管路均应可靠接地,设置专用的静电接地体,其接地阻值应小于100Ω;带电体的带电区对地的总泄漏电阻值应小于 $1 \times 10^6 \Omega$。采用静电喷漆设备的喷漆室地面应铺设导电面层,其电阻值应小于 $1 \times 10^6 \Omega$	《涂装作业安全规程喷漆室安全技术规定》(GB14444—2006)12.1、12.2
		为方便喷漆区的清洁打扫,宜用不燃或难燃覆盖物以及可剥离涂料和膜覆盖。喷漆室、排气管内残留物沉积过度,应停止喷涂作业	《涂装作业安全规程喷漆室安全技术规定》(GB14444—2006)14.1

4. 触电

触电事故是指人体触及带电体引发的电击和电伤,电镀企业操作环境潮湿、腐蚀性大,电气设施容易漏电,触电也是电镀企业的主要事故类型之一。造成触电事故的原因主要是作业人员缺乏电气安全知识,违反操作规程、使用失修有缺陷的电气设备、设备无保护接地（零）、多距离不足、缺乏安全屏护和电气危险警告标志等。触电事故发生原因有：交直流电系统中的接触触电,由于便携式和移动式用电设备广泛使用,加上作业中移动频繁、工作条件差等使得电源电缆的绝缘极易受到破坏,一些临时用电设备接线存在隐患,保护零线不接或接错,以及保护零线断线现象时有发生。

电镀行业触电危险有害因素分析、危险有害因素辨识、防范控制措施、应用规范性文件具体见下表 4-5。

表 4-5　电镀行业触电危险有害因素分析表

危险有害因素（种类）	危险有害因素辨识（事故原因）	防范控制措施	应用规范性文件
触电	镀槽电加热系统腐蚀、绝缘受损、漏电	槽内加热管、槽外换热系统应根据镀槽内盛装的溶液的化学成分、浓度、温度选择合适的材料，保证加热管不被槽液腐蚀	《电镀生产装置安全技术条件》（AQ5203—2008）7.1
		电加热管应安全接地，不允许与金属槽体、工件、极杆和极板接触	《电镀生产装置安全技术条》（AQ5203—2008）7.4
	安全警示缺失	电镀生产装置及其电气系统存在事故风险的地方应有警告性标志。警告性标志应符合 JB6028 的规定	《电镀生产装置安全技术条件》（AQ5203—2008）15.3
	设备绝缘不良操作机构失灵	定期对设备性能及绝缘状况进行检测	《建设工程施工现场供用电安全规范》（GB50194—2014）
	高压开关柜带病运行	定期做预防性试验	
	变压器、发电机等设备接地、接零不良	所有设备的接地应可靠	
	触电危险区域无明显的安全标识	触电危险区域应有明显的安全标识及防护栏	
	安全用具缺乏管理	安全用具定期做耐压试验	《建设工程施工现场供用电安全规范》（GB50194—2014）
	变配电站安全管理制度缺失	应建立、健全变配电站的运行及维护操作等规定	
	临时用电安全管理制度缺失	应建立、健全临时用电安全管理制度	
	安装临时用电线路无审批	架设临时用电线路必须审批，审批表内需要有相关的安全措施要求	
	线路敷设不规范，绝缘不好，有破损，线径与负荷匹配，保护装置缺少	敷设规范，电源线绝缘良好、线径与负荷匹配、安装漏电保护器	《建设工程施工现场供用电安全规范》（GB50194—2014）

续表

危险有害因素（种类）	危险有害因素辨识（事故原因）	防范控制措施	应用规范性文件
触电	临时用电设备无接地或接零保护	临时用电设备金属外壳必须有可靠的接地或接零保护	《建设工程施工现场供用电安全规范》（GB50194—2014）
	违章作业	有资质的电工安装	
	外露部分无防护，安装不规范	箱柜安装符合标准要求	
	各种漏电保护器匹配不合理	漏电保护器匹配正确	《建设工程施工现场供用电安全规范》（GB50194—2014）
	漏电保护器装置缺失	易发生触电危险的区域及移动电器电源侧必须安装相应的漏电保护器	
	各种电气元件、仪表绝缘性能不好	电气元件绝缘性能良好，连接可靠	
	箱柜外壳无接地或接零保护	接地或接零线正确、可靠	
	线路老化、漏电、短路	定期检查各类用电线路及各类保护装置是否合理	《建设工程施工现场供用电安全规范》（GB50194—2014）
	固定式照明灯具悬挂高度低	室内安装的固定式照明灯具悬挂高度不得低于2.5m，室外安装的照明灯具不得低于3m。安装在露天工作场所的照明灯应选用防水型灯头	《建设工程施工现场供用电安全规范》（GB50194—2014）
	设备金属外壳无接地或接零保护	金属外壳必须有可靠的接地或接零保护	《建设工程施工现场供用电安全规范》（GB50194—2014）
	低压设备接地或接零不可靠	PE线安装可靠；接引至电气设备的工作零线与保护零线必须分开。保护零线上严禁装设开关或熔断器	
	设备局部照明未采用安全电压	设备局部照明采用安全电压	《特低电压（ELV）限值》（GB/T 3805—2008）
	照明灯线裸露；设备安装不合格的插座；设备带电移动	经常检查照明线路，电源线绝缘可靠，无破损；插座安装规范，且电源侧有匹配的漏电保护器；禁止设备带电移动	

续表

危险有害因素（种类）	危险有害因素辨识（事故原因）	防范控制措施	应用规范性文件
触电	建筑物、重要设备无防雷保护	定期做防雷检测，并合格	《建设工程施工现场供用电安全规范》（GB50194—2014）
	一、二次线与焊机连接处的裸露接线板未配置安全防护罩	配置安全防护装置，加装防触电装置	《建设工程施工现场供用电安全规范》（GB50194—2014）
	焊机未接地或接地线不可靠	金属外壳应有可靠的接地	《建设工程施工现场供用电安全规范》（GB50194—2014）
	一、二次线绝缘老化，二次线连接接头多	使用绝缘良好的一、二次线；二次线连接可靠减少接头	
	弧焊机次级空载电压高于安全电压、有触电危险电弧光的强刺激、电焊烟尘、焊渣飞溅、人的绝缘能力降低；人的违章作业	配置弧焊机防触电装置；穿戴好劳动防护用品如：防护口罩、防护眼镜及绝缘鞋；作业人员应持证上岗	《弧焊设备第1部分：焊接电源》（GB15579.1—2013）
	电动工具未按照分类要求使用	在一般作业场所，应使用E类工具；若使用I类工具时，还应在电气线路中采用额定剩余动作电流不大于30mA的剩余电流动作保护器、隔离变压器等保护措施	《手持式电动工具的管理、使用、检查和维修安全技术规程》（GB/T 3787—2006）
	绝缘电阻降低，未进行定期检测记录	工具使用单位必须有专职人员进行定期检查，经定期检查合格的工具，应在工具的适当部位，粘贴检查"合格"标志；在使用前，使用者必须按照检查项目进行日常检查	《手持式电动工具的管理、使用、检查和维修安全技术规程》（GB/T 3787—2006）
	电动工具无防护罩、盖手柄松动	工具的维修必须由原生产单位认可的维修单位进行；工具的电气绝缘部分经修理后，必须进行介电强度试验	
	使用的移动式照明灯具不符合要求	潮湿和易触及带电体场所的照明，电源电压不得大于24V；特别潮湿场所、导电良好的地面、锅炉或金属容器内的照明，电源电压不得大于12V	《特低电压（ELV）限值》（GB/T 3805—2008）

续表

危险有害因素(种类)	危险有害因素辨识(事故原因)	防范控制措施	应用规范性文件
触电	误使用Ⅰ类工具	在锅炉、金属容器、管道内等作业场所,应使用Ⅲ类工具或在电气线路中装设额定剩余动作电流不大于30mA的剩余电流动作保护器的Ⅱ类工具。 Ⅲ类工具的安全隔离变压器,Ⅱ类工具的剩余电流动作保护器及Ⅱ、Ⅲ类工具的电源控制箱和电源耦合器必须放在作业场所的外面。在狭窄作业场所操作时,应有人在外监护	《特低电压(ELV)限值》(GB/T 3805—2008)
	电气设备不防爆或未接地	电气设备要有防爆措施,可靠接地	《有限工具作业安全技术规范》(DB33/707—2013)
	有限空间用电操作不规范	固定照明灯具安装高度距地面2.4m及以下时,宜使用安全电压,安全电压符合GB/T 3805中有关规定。在潮湿地面等场所使用的移动式照明灯具,其安装高度距地面2.4m及以下时,额定电压不应超过36V	《有限工具作业安全技术规范》(DB33/707—2013)5.3.3
		锅炉、金属容器、管道、密闭舱室等狭窄的工作场所,手持行灯额定电压不应超过12V	《有限空间作业安全技术规程》(DB33/707—2013)
		手提行灯应有绝缘手柄和金属护罩,灯泡的金属部分不准外露	《有限空间作业安全技术规程》(DB33/707—2013)
		行灯使用的降压变压器,应采用隔离变压器,安全电压应符合GB/T 3805中有关规定。行灯的变压器不准放在锅炉、加热器、水箱等金属容器内和特别潮湿的地方;绝缘电阻应不小于2MΩ,并定期检测	《有限空间作业安全技术规程》(DB33/707—2013)
	有限空间用电操作不规范	手持电动工具应进行定期检查,并有记录,绝缘电阻应符合GB3787中的有关规定	《有限空间作业安全技术规程》(DB33/707—2013)
		有限空间作业场所的照明灯具电压应当符合《特低电压限值》(GB/T 3805)等国家标准或者行业标准的规定;作业场所存在可燃性气体、粉尘的,其电气设施设备及照明灯具的防爆安全要求应当符合《爆炸性环境第一部分:设备通用要求》(GB3836.1)等国家标准或者行业标准的规定	《工贸企业有限空间作业安全管理与监督暂行规定》第十七条

5. 物体打击

物体打击事故指由失控物体的惯性力造成的人身伤亡事故。工具、零件从高处掉落,人为乱扔废物、杂物,设备带病运转,设备运转中违章操作,压力容器爆炸飞出物等情况。

如机械打磨、除油、除锈等过程中存在工件、镀件飞出而遭受物体打击伤害的可能性。此外,成品、原料在堆垛存放过程中,也存在受到物体打击伤害的可能。另外工厂建设过程中如果防护措施等不到位，也容易发生高处物品坠落而发生的物体打击事故。

电镀行业物体打击有害因素分析、危险有害因素辨识、防范控制措施、应用规范性文件具体见下表 4-6。

表 4-6　电镀行业物体打击有害因素分析表

危险有害因素（种类）	危险有害因素辨识（事故原因）	防范控制措施	应用规范性文件
物体打击	作业通道、空间狭窄，平台挡板无，设备无防护或紧固件松动飞出造成碰撞或坠物打击	单人通道净宽应不小于 600mm，当通道经常有人或多人交叉通过时，宽度应增加至 1200mm，若通道还作为疏散路线，最小宽度应不小于 1200mm	《电镀生产装置安全技术条件》（AQ5203—2008）13.2
		平台和通道上方的最小净空高度应不小于 2100mm	《电镀生产装置安全技术条件》（AQ5203—2008）13.3
		电镀生产线通道或工作平台高度不小于 500mm 时，应设置防护栏杆和工作平台挡板，栏杆和挡板高度不小于 110mm	《电镀生产装置安全技术条件》（AQ5203—2008）13.4
		在平台、通道或工作面上可能使用工具、机器部件或物品场合，应在所有敞开边缘设置带踢脚板的防护栏杆	《固定式钢梯及平台安全要求 第 3 部分：工业防护栏杆及钢平台》（GB4053.3—2009）4.1.2
		在酸洗或电镀、脱脂等危险设备上方或附近的平台、通道或工作面的敞开边缘，均应设置带踢脚板的防护栏杆	《固定式钢梯及平台安全要求 第 3 部分：工业防护栏杆及钢平台》（GB4053.3—2009）4.1.3
		对外露的运动、旋转零部件，应设置防护罩，防护罩的设置应符合 GB/T 8196 的规定	《电镀生产装置安全技术条件》（AQ5203—2008）14.1
		设备上的螺钉、螺母和销钉等紧固件，因其松动、脱落会导致零部件移位、跌落而造成事故时，应采取可靠的防松措施	《电镀生产装置安全技术条件》（AQ5203—2008）14.2

6. 锅炉爆炸、容器（含气瓶）爆炸

（1）锅炉爆炸大体可以分为以下三种情况：

① 超压爆炸　由于安全阀、压力表不齐全、损坏或装设错误，操作人员擅离岗位或放弃监视责任，操作人员有意或无意关闭或关小出气通道，无承压能力的生活锅炉改作蒸汽锅炉等原因，致使锅炉主要承压元件筒件、封头、管板、炉胆等承受压力超过其承载能力，而造成锅炉爆炸。

② 缺陷导致的爆炸　锅炉承受的压力并未超过额定压力，但因锅炉主要受压元件出现裂纹、严重变形、腐蚀、组织变化等情况，导致主要受压元件丧失承载能力、突然大面积破裂爆炸。主要原因有：a. 设计失误：结构受力、水补偿、水循环、用材、强度计算等方面出现严重错误，安全设施漏装、装设错误或少装

等。b. 制造失误：用错材料、不按图施工、焊接质量有问题、热处理、水压试验等工艺规范错误等。

③ 锅炉缺水导致的爆炸　锅壳锅炉及水火管锅炉的主要受压元件如筒体、封头、管板、炉胆等，往往是直接受火焰或烟气加热的。锅炉一旦严重缺水，上述主要受压元件得不到正常冷却，干锅后金属温度急剧上升，有时甚至被烧红。此时如立即给锅炉上水，因金属性能与组织变化丧失承载能力，往往导致爆炸。锅炉缺水时，水位表内往往看不到水位，表内发白发亮；低水位报警器动作发出警报；过热蒸汽温度升高；给水流量不正常地小于蒸汽流量。

（2）容器（含气瓶）爆炸　容器、气瓶有缺陷，贮存使用不当等，致使内部压力超过承受压力而发生爆炸。

电镀行业锅炉爆炸、容器（含气瓶）爆炸有害因素分析、危险有害因素辨识、防范控制措施、应用规范性文件具体见表 4-7。

表 4-7　电镀行业锅炉爆炸、容器（含气瓶）爆炸有害因素分析表

危险有害因素（种类）	危险有害因素辨识（事故原因）	防范控制措施	应用规范性文件
锅炉爆炸	锅炉无证或未定期检验	锅炉与辅机锅炉应满足："三证"齐全；安全附件完好，安全阀、水位表、压力表齐全、灵敏、可靠；排污装置无泄漏；按规定合理设置报警和连锁保护装置；给水设备完好，匹配合理；炉墙无严重漏风、漏烟、油、气、煤粉炉防爆式装置好；水质处理应能达到指标要求，炉内水垢在1.5mm以下；各类管道无泄漏，保温层完好无损，管道构架牢固可靠；其他辅机设备应符合机械安全要求。（具体要求参见 TSGG0001—2012《锅炉安全监察规程》）	《锅炉安全监察规程》（TSG G0001—2012）
		锅炉的使用单位，在锅炉投入使用前或者投入使用后 30 日内应当按照规定到质监部门办理使用登记手续	《锅炉安全监察规程》（TSGG0001—2012）8.1.1
		锅炉的使用单位应当逐台建立安全技术档案，安全技术档案至少应当包括以下内容： (1) 锅炉出厂技术文件及监检证明； (2) 锅炉安装、改造、修理技术资料及监检证明； (3) 水处理设备的安装调试技术资料； (4) 锅炉定期检验报告等； (5) 锅炉日常使用状况记录； (6) 锅炉及其安全附件、安全保护装置及测量调控装置日常维护保养记录； (7) 锅炉运行故障和事故记录	《锅炉安全监察规程》（TSGG0001—2012）8.1.2

危险有害因素（种类）	危险有害因素辨识（事故原因）	防范控制措施	应用规范性文件
锅炉爆炸	锅炉操作人员无证或运行不规范	锅炉使用管理应当有以下制度、规程： (1)岗位责任制，包括锅炉安全管理人员、班组长、运行操作人员、维修人员、水处理作业人员等职责范围内的任务和要求； (2)巡回检查制度，明确定时检查的内容、路线和记录的项目； (3)交接班制度，明确交接班要求、检查内容和交接班手续； (4)锅炉及辅助设备的操作规程，包括设备投运前的检查及准备工作、启动和正常运行的操作方法、正常停运和紧急停运的操作方法； (5)设备维护保养制度，规定锅炉停(备)用防锈蚀内容和要求以及锅炉本体、安全附件、安全保护装置、自动仪表及燃烧和辅助设备的维护保养周期、内容和要求； (6)水(介)质管理制度，明确水(介)质定时检测的项目和合格标准； (7)安全管理制度，明确防火、防爆和防止非作业人员随意进入锅炉房的要求，保证通道畅通的措施以及事故紧急预案和事故处理办法等； (8)节能管理制度，符合锅炉节能管理有关安全技术规范的规定	《锅炉安全监察规程》(TSGG0001—2012)
		锅炉安全管理人员、锅炉运行操作人员和锅炉水处理作业人员应当按照国家质检总局颁发的《特种设备作业人员监督管理办法》的规定持证上岗，按章作业。B级及以下全自动锅炉可以不设跟班锅炉运行操作人员，但是应当建立定期巡回检查制度	《锅炉安全技术监察规程》(TSGG0001—2012)
		锅炉运行记录： (1)锅炉及燃烧和辅助设备运行记录； (2)水处理设备运行及汽水品质化验记录； (3)交接班记录； (4)锅炉及燃烧和辅助设备维护保养记录； (5)锅炉运行故障及事故记录。	《锅炉安全技术监察规程》(TSGG0001—2012)
		安全运行要求： (1)锅炉运行操作人员在锅炉运行前应当做好各种检查，应当按照规定的程序启动和运行，不应当任意提高运行参数，压火后应当保证锅水温度、压力不回升和锅炉不缺水； (2)当锅炉运行中发生受压元件泄漏、炉膛严重结焦、液态排渣锅炉无法排渣、锅炉尾部烟道严重堵灰、炉墙烧红、受热面金属严重超温、汽水质量严重恶化等情况时，应当停止运行	《锅炉安全技术监察规程》(TSGG0001—2012) 8.1.6 安全运行要求

危险有害因素（种类）	危险有害因素辨识（事故原因）	防范控制措施	应用规范性文件
锅炉爆炸	锅炉操作人员无证或运行不规范	蒸汽锅炉（电站锅炉除外）需要立即停炉的情况： （1）锅炉水位低于水位表最低可见边缘时； （2）不断加大给水及采取其他措施，但是水位仍然继续下降时； （3）锅炉满水，水位超过最高可见水位，经过放水仍然不能见到水位时； （4）给水泵失效或者给水系统故障，不能向锅炉给水时； （5）水位表、安全阀或者装设在汽空间的压力表全部失效时； （6）锅炉元（部）件受损坏，危及锅炉运行操作人员安全时； （7）燃烧设备损坏、炉墙倒塌或者锅炉构架被烧红等，严重威胁锅炉安全运行时； （8）其他危及锅炉安全运行的异常情况时	《锅炉安全监察规程》（TSGG0001—2012）8.1.7 蒸汽锅炉（电站锅炉除外）需要立即停炉的情况
		锅炉使用单位应当按照安全技术规范的要求进行锅炉水（介）质处理，并接受特种设备检验机构的定期检验。从事锅炉清洗，应当按照安全技术规范的要求进行，并接受特种设备检验机构的监督检验	《锅炉安全技术监察规程》（TSGG0001—2012）
其他特种设备如压力容器（如储气罐）爆炸	特种设备无证或未定期检测	特种设备使用单位应当在特种设备投入使用前或者投入使用后三十日内，向负责特种设备安全监督管理的部门办理使用登记，取得使用登记证书。登记标志应当置于该特种设备的显著位置	《中华人民共和国特种设备安全法》第三十三条
		特种设备使用单位应当建立岗位责任、隐患治理、应急救援等安全管理制度，制定操作规程，保证特种设备安全运行	《中华人民共和国特种设备安全法》第三十四条
		特种设备使用单位应当建立特种设备安全技术档案。安全技术档案应当包括以下内容： （1）特种设备的设计文件、产品质量合格证明、安装及使用维护保养说明、监督检验证明等相关技术资料和文件； （2）特种设备的定期检验和定期自行检查记录； （3）特种设备的日常使用状况记录； （4）特种设备及其附属仪器仪表的维护保养记录； （5）特种设备的运行故障和事故记录	《中华人民共和国特种设备安全法》第三十五条

续表

危险有害 因素(种类)	危险有害 因素辨识 (事故原因)	防范控制措施	应用规范性文件
其他特种 设备如压力 容器(如储气 罐)爆炸	特种设备 无证或未定 期检测	特种设备使用单位应当对其使用的特种设备进行经常性维护保养和定期自行检查,并作出记录。 特种设备使用单位应当对其使用的特种设备的安全附件、安全保护装置进行定期校验、检修,并作出记录	《中华人民共和国特种设备安全法》第三十九条
		特种设备使用单位应当按照安全技术规范的要求,在检验合格有效期届满前一个月向特种设备检验机构提出定期检验要求。特种设备检验机构接到定期检验要求后,应当按照安全技术规范的要求及时进行安全性能检验。特种设备使用单位应当将定期检验标志置于该特种设备的显著位置。未经定期检验或者检验不合格的特种设备,不得继续使用	《中华人民共和国特种设备安全法》第四十条

7. 机械伤害

主要指机械设备运动(静止)部件、工具、加工件直接与人体接触引起的夹击、碰撞、剪切、卷入、绞、碾、割、刺等形式的伤害。各类转动机械的外露传动部分(如齿轮、轴、履带等)和往复运动部分都有可能对人体造成机械伤害。

电镀企业的机械伤害主要体现在机械防护不到位、通道拥挤、物料堆放不规范,检修作业设备未断电误启动造成身体伤害等。

电镀行业锅炉机械伤害有害因素分析、危险有害因素辨识、防范控制措施、应用规范性文件具体见表4-8。

表 4-8　电镀行业机械伤害有害因素分析表

危险有害 因素(种类)	危险有害 因素辨识 (事故原因)	防范控制措施	应用规范性文件
机械伤害	设备防护 设施缺失	对外露的运动、旋转零部件,应设置防护罩,防护罩的设置应符合 GB/T 8196 的规定	《电镀生产装置安全技术条件》(AQ5203—2008)14.1
		设备上的螺钉、螺母和销钉等紧固件,因其松动、脱落会导致零部件移位、跌落而造成事故时,应采取可靠的防松措施	《电镀生产装置安全技术条件》(AQ5203—2008)14.2
		采用气动、液压的夹持、夹紧机构,其结构应保证在气、液失压或中断后仍能有可靠的夹持或夹紧功能	《电镀生产装置安全技术条件》(AQ5203—2008)14.3
		对于较笨重的零部件,必须考虑拆卸的安全性,如设置起吊孔或起吊螺栓等	《电镀生产装置安全技术条件》(AQ5203—2008)14.4

续表

危险有害因素（种类）	危险有害因素辨识（事故原因）	防范控制措施	应用规范性文件
机械伤害	设备防护设施缺失	设备要求单向旋转的零部件应有明显的转向指示	《电镀生产装置安全技术条件》(AQ5203—2008)14.5
	安全警示标志缺失	在有较大危险因素的作业场所或有关设备上，设置符合《安全标志》(GB2894)和《安全色》(GB2893)规定的安全警示标志和安全色	《冶金等工贸企业安全生产标准化基本规范评分细则》
	检修操作未挂操作牌而引发机械伤害	要害岗位及电气、机械等设备，应实行操作牌制度	《冶金等工贸企业安全生产标准化基本规范评分细则》

8. 车辆伤害

车辆伤害事故主要指叉车、货车等机动车辆在启动、行驶和停车以及装卸作业的过程中，因碰撞、翻覆、辗轧、失火、机械故障等原因造成的人、车、物损坏的事故。主要由机动车辆超速行驶、违规搭载人员、未系牢被载物体以及其他从业人员未注意到正在行驶的车辆等原因引起。

电镀行业车辆伤害有害因素分析、危险有害因素辨识、防范控制措施、应用规范性文件具体见表4-9。

表4-9　电镀行业车辆伤害有害因素分析表

危险有害因素（种类）	危险有害因素辨识（事故原因）	防范控制措施	应用规范性文件
车辆伤害	警示标志欠缺	安全出入口(疏散门)不应采用侧拉门(库房除外)，严禁采用转门。厂房、梯子的出入口和人行道，不宜正对车辆、设备运行频繁的地点，否则应设防护装置或悬挂醒目的警告标志	《冶金等工贸企业安全生产标准化基本规范评分细则》
	车辆状况不符合要求	厂内机动车辆应满足：在检验有效期内使用，动力系统运转平稳，无漏电、漏水、漏油。灯光电气完好，仪表、照明、信号及各附属安全装置性能良好。轮胎无损伤。制动距离符合要求	《冶金等工贸企业安全生产标准化基本规范评分细则》
	厂内道路不符合安全行驶的要求	厂内道路的平纵断面设计应符合GBJ22的有关规定，并应经常保持路面平整、路基稳固、边坡整齐、排水良好，并应有完好的照明设施	《工业企业厂内铁路、道路运输安全规程》(GB4387—2008)6.1.1
		跨越道路上空架设管线距路面的最小净高不得小于5m，现有低于5m的管线在改、扩建时应予以解决	《工业企业厂内铁路、道路运输安全规程》(GB4387—2008)6.1.2

续表

危险有害 因素(种类)	危险有害 因素辨识 (事故原因)	防范控制措施	应用规范性文件
车辆伤害	厂内道路 不符合安全 行驶的要求	厂内道路应根据交通量设置交通标志,其设置、位置、形式、尺寸、图案和颜色等必须符合GB5768的规定	《工业企业厂内铁路、道路运输安全规程》(GB4387—2008)6.1.3
		易燃、易爆物品的生产区域或贮存仓库区,应根据安全生产的需要,将道路划分为限制车辆通行或禁止车辆通行的路段,并设置标志	《工业企业厂内铁路、道路运输安全规程》(GB4387—2008)6.1.4
		厂内道路在弯道的横净距和交叉口的视距三角形范围内,不得有妨碍驾驶员视线的障碍物	《工业企业厂内铁路、道路运输安全规程》(GB4387—2008)6.1.10
		路面宽度9m以上的道路,应划中心线,实行分道行车	《工业企业厂内铁路、道路运输安全规程》(GB4387—2008)6.1.11
	驾驶超速	机动车在无限速标志的厂内主干道行驶时,不得超过30km/h,其他道路不得超过20km/h	《工业企业厂内铁路、道路运输安全规程》(GB4387—2008)6.4.1
		机动车行驶下列地点、路段或遇到特殊情况时的限速要求应符合表4-10的规定	《工业企业厂内铁路、道路运输安全规程》(GB4387—2008)6.4.2
	车辆作业 引起的触电	现场接电应由有电工资格的专业人员进行,充电插头等电器设备应该完整安全,不得有金属的破损裸露	《机动工业车辆安全规范》(GB10827)

表4-10 机动车在特定条件下的限速规定

限速地点、路段及情况	最高行驶速度/(km/h)
道口、交叉口、装卸作业、人行稠密地段、下坡道、设有警告标志处或转弯、调头时,货运汽车载运易燃易爆等危险货物时	15
结冰、积雪、积水的道路;恶劣天气能见度在30m以内时	10
进出厂房、仓库、车间大门、停车场、加油站、上下地中衡、危险地段、生产现场、倒车或拖带损坏车辆时	5

9. 高处坠落

高处坠落事故是指高处作业引起的事故。根据《高处作业分级》(GB/T 3608—2008)的规定,凡在坠落高度基准面2m以上(含2m)有可能坠落的高处进行的作业,均称为高处作业。高处作业分为一级高处作业(2～5m)、二级高处作业(5～15m)、三级高处作业(15～30m)和特级高处作业(30m以上)四个等级。作业人员主要包括:高处作业的操作者、监护者,从事脚手架搭设和拆除工作的人员,棚架搭设和拆除人员等。

另外在超过1.2m的操作平台作业过程,如无有效防护措施,也有可能跌落而造成人员伤亡。

电镀行业高处坠落有害因素分析、危险有害因素辨识、防范控制措施、应用规范性文件具体见表 4-11

表 4-11　电镀行业高处坠落有害因素分析表

危险有害因素（种类）	危险有害因素辨识（事故原因）	防范控制措施	应用规范性文件
高处坠落	高处平台、通道等防护安全设施达不到规定要求存在缺陷	距下方相邻地板或地面 1.2m 及以上的平台、通道或工作面的所有敞开边缘应设置防护栏杆	《固定式钢梯及平台安全要求 第 3 部分：工业防护栏杆及钢平台》（GB4053.3—2009）4.1.1
		在平台、通道或工作面上可能使用工具、机器部件或物品场合，应在所有敞开边缘设置带踢脚板的防护栏杆	《固定式钢梯及平台安全要求 第 3 部分：工业防护栏杆及钢平台》（GB4053.3—2009）4.1.2
		在酸洗或电镀、脱脂等危险设备上方或附近的平台、通道或工作面的敞开边缘，均应设置带踢脚板的防护栏杆	《固定式钢梯及平台安全要求 第 3 部分：工业防护栏杆及钢平台》（GB4053.3—2009）4.1.3
		工作平台和梯子、栏杆的设计应符合 GB4053.1、GB4053.2、GB4053、GB4053.4 的规定	《电镀生产装置安全技术条件》（AQ5203—2008）13.1
		当平台、通道及作业场所距基准面高度小于 2m 时，防护栏杆高度应不低于 900mm	《固定式钢梯及平台安全要求 第 3 部分：工业防护栏杆及钢平台》（GB4053.3—2009）5.2.1
		在距基准面高度大于等于 2m 并小于 20m 的平台、通道及作业场所的防护栏杆高度应不低于 1050mm	《固定式钢梯及平台安全要求 第 3 部分：工业防护栏杆及钢平台》（GB4053.3—2009）5.2.2
	高处作业未审批，缺少相应的防护措施等	对高处作业等危险性较高的作业活动实施作业许可管理，严格履行审批手续。作业许可证应包含危害因素分析和安全措施等内容。企业进行爆破、吊装等危险作业时，应当安排专人进行现场安全管理，确保安全规程的遵守和安全措施的落实	《冶金等工贸企业安全生产标准化基本规范评分细则》

10. 起重伤害

起重伤害指从事起重作业时引起的机械伤害事故。包括各种起重作业引起的机械伤害，但不包括触电、检修时制动失灵引起的伤害、上下驾驶室时引起的坠落式跌倒。

起重设备包括以下几种。

① 起重机桥式类型起重机，如龙门起重机、缆索起重机等；臂架式类型起重机，如门座起重机、塔式起重机、悬臂起重机、橄杆起重机铁路起重机、履带起重机、汽车和轮胎起重机等。

② 升降机，如电梯、升船机、货物升降机等。

③ 轻小型起重设备，如千斤顶、滑车葫芦（手动、气动、电动）等。

电镀行业起重伤害有害因素分析、危险有害因素辨识、防范控制措施、应用规范性文件具体见表4-12。

表 4-12　电镀行业起重伤害有害因素分析表

危险有害因素（种类）	危险有害因素辨识（事故原因）	防范控制措施	应用规范性文件
起重伤害	电镀起重作业不规范	电镀生产线的行车设计应保证其在正常工作条件下的稳定性、强度及规定的提升重量，并应符合 GB5083 的规定	《电镀生产装置安全技术条件》(AQ5203—2008)12.1
		起重吊钩应设有防止起吊工件脱钩的钩口闭锁装置	《电镀生产装置安全技术条件》(AQ5203—2008)12.2
		行车运行过程中应设置提醒作用明显的声光报警装置	《电镀生产装置安全技术条件》(AQ5203—2008)12.3
		行车在升降、行走的行程末端应设置极限保护装置	《电镀生产装置安全技术条件》(AQ5203—2008)12.4
		行车在吊钩上升行程的最上端位置应设置安全栓，以便设备维修时使用	《电镀生产装置安全技术条件》(AQ5203—2008)12.5
		电镀生产设备使用多台行车时，应设置防止相互碰撞的安全防护设施	《电镀生产装置安全技术条件》(AQ5203—2008)12.6
		行车控制系统应有防重杆功能，以防止镀槽内有工件时行车还继续向槽内放工件而引起事故	《电镀生产装置安全技术条件》(AQ5203—2008)12.7
		行车上人体易接触部位应设置有防护功能的安全连锁开关。工人操作发生人体接触时，行车应紧急停止	《电镀生产装置安全技术条件》(AQ5203—2008)12.8
		电动生产设备采用钢丝绳电动葫芦或环链电动葫芦作行车使用时，相关设备应符合 ZBJ80013 或 JB5317 的规定	《电镀生产装置安全技术条件》(AQ5203—2008)12.9
	电梯缺少维护、管理不善	电梯的日常维护保养必须由依照本条例取得许可的安装、改造、维修单位或者电梯制造单位进行。电梯应当至少每 15 日进行一次清洁、润滑、调整和检查	《特种设备安全监察条例》(国务院令第 549 号)第三十一条
		电梯的运营使用单位应当将电梯的安全注意事项和警示标志置于易于使用者注意的显著位置	《特种设备安全监察条例》第三十四条

续表

危险有害因素(种类)	危险有害因素辨识(事故原因)	防范控制措施	应用规范性文件
起重伤害	电梯缺少维护、管理不善	电梯使用单位(以下统称用人单位)应当聘(雇)用取得《特种设备作业人员证》的人员从事相关管理和作业工作,并对作业人员进行严格管理。 特种设备作业人员应当持证上岗,按章操作,发现隐患及时处置或者报告	《特种设备作业人员监督管理办法》(国家质量监督检验检疫总局令第140号)第五条

11. 其他伤害

电镀企业普遍使用剧毒化学品。一旦失窃将会对社会治安造成极大威胁。剧毒化学品的治安管理至关重要。

电镀行业其他伤害有害因素分析、危险有害因素辨识、防范控制措施、应用规范性文件具体见表4-13。

表4-13　电镀行业其他伤害有害因素分析表

危险有害因素(种类)	危险有害因素辨识(事故原因)	防范控制措施	应用规范性文件
剧毒化学品失窃	剧毒化学品流失	生产、贮存剧毒化学品或者国务院公安部门规定的可用于制造爆炸物品的危险化学品(以下简称易制爆危险化学品)的单位,应当如实记录其生产、贮存的剧毒化学品、易制爆危险化学品的数量、流向,并采取必要的安全防范措施,防止剧毒化学品、易制爆危险化学品丢失或者被盗;发现剧毒化学品、易制爆危险化学品丢失或者被盗的,应当立即向当地公安机关报告。生产、贮存剧毒化学品、易制爆危险化学品的单位,应当设置治安保卫机构,配备专职治安保卫人员	《危险化学品安全管理条例》(国务院令第591号)第二十三条
		剧毒化学品严格执行"五双"(即双人收发、双人记账、双人双锁、双人运输、双人使用)管理制度	《浙江省安全生产监督管理局关于加强剧毒化学品安全管理工作的通知》浙安监管危化〔2007〕191号
		剧毒化学品的作业过程应当实行2人以上(含2人)的操作,不宜1人进行操作	《电镀生产安全操作规程》(AQ5202—2008)
		剧毒品的领用、运送、配置溶液等过程应当有2人以上(含2人)全过程监护。	
		剧毒化学品贮存场所的治安防范要求需符合GA1002—2012《剧毒化学品、放射源存放场所治安防范要求》	《剧毒化学品、放射源存放场所治安防范要求》(GA1002—2012)

第五章

事故应急救援与有限空间作业

在任何工业活动中都有可能发生事故，尤其是随着现代工业的发展，生产过程中存在的巨大能量和有害物质，一旦发生重大事故，往往造成惨重的生命、财产损失和环境破坏。由于自然或人为、技术等原因，当事故或灾害不可能完全避免的时候，建立重大事故应急救援体系，组织及时有效的应急救援行动已成为减小事故损失控制灾害蔓延、降低危害后果的关键。

第一节　事故应急救援体系

一、事故应急救援的基本任务及特点

1. 事故应急救援的基本任务

事故应急救援的总目标是通过有效的应急救援行动，尽可能降低事故的后果，包括人员伤亡、财产损失和环境破坏等。事故应急救援的基本任务包括下述几个方面。

（1）立即组织营救受害人员，组织撤离或者采取其他措施保护危害区域内的其他人员。抢救受伤人员是应急救援的首要任务。在应急救援行动中，快速、有序、有效地实施现场急救与安全转送伤员是降低伤亡率的关键。由于重大事故发生突然、扩散迅速、涉及范围广、危害大，应及时指导和组织群众采取各种措施进行自身防护，必要时迅速撤离出危险区或可能受到危害的区域。在撤离过程中，应积极组织群众开展自救和互救工作。

（2）迅速控制事态，并对事故造成的危害进行检测、监测，测定事故的危害区域、危害性质及危害程度。及时控制住造成事故的危险源是应急救援工作的重要任务，只有及时控制住危险源，防止事故的继续扩展，才能及时有效进行救援。特别对发生在城市或人口稠密地区的化学事故，应尽快组织工程抢险队与事故单位技术人员一起及时控制事故扩大。

（3）消除危害后果，做好现场恢复。针对事故对人体、动植物、土壤、空气等造成的现实危害和可能的危害，迅速采取封闭、隔离、洗消、监测等措施，防止对人的继续危害和对环境的污染。及时清理废墟和恢复基本设施，将事故现场恢复至一相对稳定的基本状态。

（4）查清事故原因，评估危害程度。事故发生后应及时调查事故的发生原因和事故性质，评估出事故的危害范围和危险程度，查明人员伤亡情况，做好事故调查。

2. 事故应急救援的特点

重大事故往往具有发生突然、扩散迅速、危害范围广的特点，因而应急救援行动必须做到迅速、准确和有效。所谓迅速，就是要求建立快速的应急响应机制，能迅速准确地传递事故信息，迅速召集所需的应急力量和设备、物资等资源，迅速建立统一指挥与协调系统，开展救援活动。所谓准确，要求有相应的应急决策机制，能基于事故的规模、性质、特点、现场环境等信息，准确预测事故的发展趋势，正确对应急救援行动和战术进行决策。所谓有效，主要指应急救援行动的有效性，很大程度取决于应急准备是否充分，包括应急队伍的建设与训练、应急设备（施）、物资的配备与维护、预案的制订与落实以及有效的外部增援机制等。

二、事故应急救援的相关法律法规要求

我国政府相继颁布的一系列法律法规如《危险化学品安全管理条例》、《关于特大安全事故行政责任追究的规定》、《安全生产法》、《特种设备安全监察条例》等，对危险化学品、特大安全事故、重大危险源等应急救援工作提出了相应的规定和要求。

《危险化学品安全管理条例》第六十九条，县级以上地方人民政府安全生产监督管理部门应当会同工业和信息化、环境保护、公安、卫生、交通运输、铁路、质量监督检验检疫等部门，根据本地区实际情况，制定危险化学品事故应急预案，报本级人民政府批准。第七十条，危险化学品单位应当制定本单位危险化学品事故应急预案，配备应急救援人员和必要的应急救援器材、设备，并定期组织应急救援演练。危险化学品单位应当将其危险化学品事故应急预案报所在地设区的市级人民政府安全生产监督管理部门备案。在《关于特大安全事故行政责任追究的规定》第七条规定：市（地、州市），县（市、区）人民政府必须制定本地区特大安全事故应急处理预案。

国务院《特种设备安全监察条例》第六十五条特种，设备安全监督管理部门应当制定特种设备应急预案。特种设备使用单位应当制定事故应急专项预案，并定期进行事故应急演练。《特种设备安全法》第六十九条，特种设备使用单位应当制定特种设备事故应急专项预案，并定期进行应急演练。

《使用有毒物品作业场所劳动保护条例》第十六条规定：从事使用高毒物品作业的用人单位，应当配备应急救援人员和必要的应急救援器材、设备，制定事故应急救援预案，并根据实际情况变化对应急预案适时进行修订，定期组织演练。事故应急救援预案和演练记录应当报当地卫生行政部门、安全生产监督管理部门和公安部门备案。

《消防法》第十六条，落实消防安全责任制，制定本单位的消防安全制度、消防安全操作规程，制定灭火和应急疏散预案；第二十条，举办大型群众性活动，承办人应当依法向公安机关申请安全许可，制定灭火和应急疏散预案并组织演练，明确消防安全责任分工，确定消防安全管理人员，保持消防设施和消防器材配置齐全、完好有效，保证疏散通道、安全出口、疏散指示标志、应急照明和消防车通道符合消防技术标准和管理规定。

三、事故应急管理的过程

尽管重大事故的发生具有突发性和偶然性，但重大事故的应急管理不只限于事故发生后的应急救援行动。应急管理是对重大事故的全过程管理，贯穿于事故发生前、中、后的各个过程，充分体现了"预防为主，常备不懈"的应急思想。应急管理是一个动态的过程，包括预防、准备、响应和恢复四个阶段。尽管在实际情况中，这些阶段往往是交叉的，但每一阶段都有自己明确的目标，而且每一阶段又是构筑在前一阶段的基础之上，因而预防、准备、响应和恢复的相互关联。构成了重大事故应急管理的循环过程。

1. 预防

在应急管理中预防有两层含义，一是事故的预防工作，即通过安全管理和安全技术等手段，来尽可能地防止事故的发生，实现本质安全；二是在假定事故必然发生的前提下，通过预先采取的预防措施，来达到降低或减缓事故的影响或后果严重程度，如加大建筑物的安全距离、减少危险物品的存量、设置防护墙以及开展公众教育等。从长远观点来看，低成本高效率的预防措施是减少事故损失的关键。

2. 准备

应急准备是应急管理过程中一个极其关键的过程，它是针对可能发生的事故，为迅速有效地开展应急行动而预先所做的各种准备，包括应急机构的设立和职责的落实、预案的编制、应急队伍的建设、应急设备（施）、物资的准备和维护、预案的演习、与外部应急力量的衔接等，其目标是保持重大事故应急救援所需的应急能力。

3. 响应

应急响应是在事故发生后立即采取的应急与救援行动。包括事故的报警与通报、人员的紧急疏散、急救与医疗、消防和工程抢险措施、信息收集与应急决策和外部求援等，其目标是尽可能地抢救受害人员、保护可能受威胁的人群，并尽可能控制并消除事故。

4. 恢复

恢复工作应事故发生后立即进行，它首先使事故影响区域恢复到相对安全的基本状态，然后逐步恢复到正常状态。要求立即进行的恢复工作包括事故损失评估、原因调查、清理废墟等。在短期恢复中应注意的是避免出现新的紧急情况；长期恢复包括厂区重建和受影响区域的重新规划和发展。在长期恢复工作中，应汲取事故和应急救援的经验教训，开展进一步的预防工作和减灾行动。

四、事故应急救援体系的构成

（一）事故应急救援系统的组织机构

重大事故的应急救援行动往往涉及多个部门，因此应预先明确在应急救援中承担相应任务的组织机构及其职责。比较典型的事故应急救援系统的机构构成包括以下。

1. 应急中心

应急中心是整个应急救援系统的重心，主要负责协调事故应急期间各个机构的运作，统筹安排整个应急行动，为现场应急救援提供各种信息支持；必要时迅速召集各应急机构和有关部门的高级代表到应急中心，实施场外应急力量、救援装备、器材、物品等的迅速调度和增援，保证行动快速、有序、有效地进行。

2. 应急救援专家组

应急救援专家组在应急准备和应急救援中起着重要的参谋作用。包括对城市潜在重大危险的评估、应急资源的配备、事态及发展趋势的预测、应急力量的重新调整和部署、个人防护、公众疏散、抢险、监测、洗消、现场恢复等行动提出决策性的建议。

3. 医疗救治

通常由医院、急救中心和军队医院组成。主要负责设立现场医疗急救站，对伤员进行现场分类和急救处理，并及时合理转送医院治疗进行救治。对现场救援人员进行医学监护。

4. 消防与抢险

主要由公安消防队、专业抢险队、有关工程建筑公司组织的工程抢险队、军队防化兵和工程兵等组成。其重要职责是控制并消除事故，营救受害人员。

5. 监测组织

主要由环保监测站、卫生防疫站、军队防化侦察分队、气象部门等组成，主要负责迅速测定事故的危害区域范围及危害性质，监测空气、水、食物、设备（施）的污染情况，以及气象监测等。

6. 公众疏散组织

主要由公安、民政部门和街道居民组织抽调力量组成。必要时可吸收工厂、学校中的骨干力量参加，或请求军队支援。主要负责根据现场指挥部发布的警报和防护措施，指导部分高层住宅居民实施隐蔽；引导必须撤离的居民有秩序地撤至安全区或安置区，组织好特殊人群的疏散安置工作，引导受污染的人员前往洗消去污点，维护安全区或安置区内的秩序和治安。

7. 警戒与治安组织

通常由公安部门、武警、军队、联防等组成。主要负责对危害区外围的交通路口实施定向、定时封锁，阻止事故危害区外的公众进入；指挥、调度撤出危害区的人员和使车辆顺利地通过通道，及时疏散交通阻塞；对重要目标实施保护，维护社会治安。

8. 洗消去污组织

主要由公安消防队伍、环卫队伍、军队防化部队组成。其主要职责有：开设洗消站（点），对受污染的人员或设备、器材等进行消毒，组织地面洗消队实施地面消毒，开辟通道或对建筑物表面进行消毒，临时组成喷雾分队降低有毒有害物的空气浓度，减少扩散范围。

9. 后勤保障组织

主要涉及计划部门、交通部门、电力、通讯、市政、民政部门、物资供应企业等，主要负责应急救援所需的各种设施、设备、物资以及生活、医药等的后勤保障。

10. 信息发布中

主要由宣传部门、新闻媒体、广播电视等组成，负责事故和救援信息的统一发布，以及及时准确地向公众发布有关保护措施的紧急公告等。

（二）应急救援体系的支持保障系统

为保障重大应急救援工作的有效开展，应建立重大事故应急救援体系的支持保障系统，主要包括以下。

1. 法律法规保障体系

重大事故应急救援体系的建立与应急救援工作的开展必须有相应法律法规作为支撑和保障，以明确应急救援的方针与原则，规定有关部门在应急救援工作的职责，划分响应级别、明确应急预案编制和演练要求、资源和经费保障、索赔和补偿、法律责任等。

2. 通讯系统

通讯系统是保障应急救援工作正常开展的一个关键。应急救援体系必须有可靠的通讯保障系统，保证整个应急救援过程中救援组织内部，以及内部与外部之间通畅的通讯网络，并设立备用通讯系统。

3. 警报系统

应建立和维护可靠的重大事故报警系统，及时向受事故影响的人群发出警报和紧急公告，准确传达事故信息和防护措施。

4. 技术与信息支持系统

重大事故的应急救援工作离不开技术与信息的支持，应建立应急救援信息平台，开发应急救援信息数据库群和决策支持系统，建立应急救援专家组，为现场应急救援决策提供所需的各类信息和技术支持。

5. 宣传、教育和培训体系

在充分利用已有资源的基础上，建立应急救援的宣传、教育和培训体系。一是通过各种形式和活动，加强对公众的应急知识教育，提高社会应急意识，如应急救援政策、基本防护知识、自救与互救基本常识等；二是为全面提高应急队伍的作战能力和专业水平，设立应急救援培训基地，对各级应急指挥人员、技术人员、监测人员和应急队员进行强化培训和训练，如基础培训、专业培训、战术培训等。

（三）事故应急救援体系响应机制

重大事故应急救援体系应根据事故的性质、严重程度、事态发展趋势实行分级响应机制，对不同的响应级别，相应地明确事故的通报范围、应急中心的启动程度、应急力量的出动和设备、物资的调集规模、疏散的范围、应急总指挥的职位等。典型的响应级别通常可划分三级。

1. 一级紧急情况

能被一个部门正常可利用的资源处理的紧急情况。正常可利用的资源指在该部门权力范围内通常可以利用的应急资源，包括人力和物力等。必要时，该部门可以建立一个现场指挥部，所需的后勤支持、人员或其他资源增援由本部门负责解决。

2. 二级紧急情况

需要两个或更多的政府部门响应的紧急情况。该事故的救援需要有关部门的协作，并且提供人员、设备或其他资源。该级响应需要成立现场指挥部来统一指挥现场的应急救援行动。

3. 三级紧急情况

必须利用城市所有有关部门及一切资源的紧急情况，或者需要城市的各个部门同城市以外的机构联合起来处理各种紧急情况，通常政府要宣布进入紧急状态。在该级别中，做出主要决定的职责通常是紧急事务管理部门。现场指挥部可在现场做出保护生命和财产以及控制事态所必需的各种决定。解决整个紧急事件的决定，应该由紧急事务管理部门负责。

（四）事故应急救援体系的响应程序

事故应急救援系统的应急响应程序按过程可分为接警与响应级别确定、应急启动、救援行动、应急恢复和应急结束等过程。

1. 接警与响应级别确定

接到事故报警后，按照工作程序，对警情做出判断，初步确定相应的响应级别。如果事故不足以启动应急救援体系的最低响应级别，响应关闭。

2. 应急启动

应急响应级别确定后，按所确定的响应级别启动应急程序，如通知应急中心有关人员到位、开通信息与通讯网络、通知调配救援所需的应急资源（包括应急队伍和物资、装备等）、成立现场指挥部等。

3. 救援行动

有关应急队伍进入事故现场后，迅速开展事故侦测、警戒、疏散、人员救助、工程抢险等有关应急救援工作，专家组为救援决策提供建议和技术支持。当事态超出响应级别，无法得到有效控制，向应急中心请求实施更高级别的应急响应。

4. 应急恢复

救援行动结束后，进入临时应急恢复阶段。包括现场清理、人员清点和撤离、警戒解除、善后处理和事故调查等

5. 应急结束

执行应急关闭程序，由事故总指挥宣布应急结束。

第二节　事故应急预案的策划与编制

一、事故应急预案的作用

应急预案在应急系统中起着关键作用，它明确了在突发事故发生之前、发生过程中以及刚刚结束之后，谁负责做什么，何时做，相应的策略和资源准备等。它是针对可能发生的重大事故及其影响和后果严重程度，为应急准备和应急响应的各个方面所预先做出的详细安排，是开展及时、有序和有效事故应急救援工作

的行动指南。

应急预案在应急救援中的突出重要作用和地位体现在：

(1) 应急预案明确了应急救援的范围和体系，使应急准备和应急管理不再是无据可依、无章可循，尤其是培训和演习工作的开展。

(2) 制订应急预案有利于做出及时的应急响应，降低事故后果。

(3) 成为各类突发重大事故的应急基础。通过编制基本应急预案，可保证应急预案足够的灵活性，对那些事先无法预料到的突发事件或事故，也可以起到基本的应急指导作用，成为开展应急救援的"底线"。在此基础上，可以针对特定危害编制专项应急预案，有针对性制订应急措施、进行专项应急准备和演习。

(4) 当发生超过应急能力的重大事故时，便于与上级应急部门的协调。

(5) 有利提高全社会的风险防范意识。

应急预案应进行合理策划，做到重点突出，反映本地区的重大事故风险，并避免预案相互孤立、交叉和矛盾。在对重大事故应急预案进行策划时应充分考虑下列因素：①本地区重大危险普查的结果，包括重大危险源的数量、种类及分布情况，重大事故隐患情况等；②本地区的地质、气象、水文等不利的自然条件（如地震、洪水、台风等）及其影响；③本地区以及国家和上级机构已制订的应急预案的情况；④本地区以往灾难事故的发生情况；⑤本地区行政区域划分及工业区等功能区布置情况；⑥周边地区重大危险对本地区的可能影响；⑦国家及地方相关法律法规的要求；

二、重大事故应急预案的层次

基于可能面临多种类型的突发重大事故或灾害，为保证各种类型预案之间的整体协调性和层次，并实现共性与个性、通用性与特殊性的结合，对应急预案合理地划分层次是将各种类型应急预案有机组合在一起的有效方法。

1. 综合预案

综合预案是城市的整体预案，从总体上阐述城市的应急方针、政策、应急组织结构及相应的职责，应急行动的总体思路等。通过综合预案可以很清晰地了解城市的应急体系及预案的文件体系，更重要的是可以作为城市应急救援工作的基础和"底线"。即使对那些没有预料的紧急情况，也能起到一般的应急指导作用。

2. 专项预案

专项预案是针对某种具体的、特定类型的紧急情况，例如危险物质泄漏、火灾、某一自然灾害等的应急而制定的。

专项预案是在综合预案的基础上充分考虑了某特定危险的特点，对应急的形势、组织机构、应急活动等进行更具体的阐述，具有较强的针对性。

3. 现场预案

现场预案是在专项预案的基础上，根据具体情况需要而编制的。它是针对特定的具体场所（即以现场为目标），通常是该类型事故风险较大的场所或重要防护区域等，所制订的预案。例如，危险化学品事故专项预案下编制的某重大危险源的场外应急预案，防洪专项预案下的某洪区的防洪预案等。现场应急预案的特点是针对某一具体现场的该类特殊危险及周边环境情况，在详细分析的基础上，对应急救援中的各个方面做出具体、周密而细致的安排，因而现场预案具有更强的针对性和对现场具体救援活动的指导性。

三、应急预案的文件体系

从广义上来说，应急预案是一个由各级文件构成的文件体系，它不仅限于应急预案本身，也包括针对某个特定的应急任务或功能所制订的工作程序等。一个完整的应急预案的文件体系应包括预案、程序、指导书、记录等，是一个四级文件体系。

1. 一级文件——总预案

总预案包含了对紧急情况的管理政策、应急预案的目标、应急组织和责任等内容，是由一系列为实现应急管理政策和目标而制订的紧急情况管理程序组成，包括对紧急情况的应急准备、现场应急行动、恢复以及训练等。

2. 二级文件——程序

应用程序说明某个行动的目的和范围。程序内容十分具体，比如该做什么、由谁去做、什么时间和什么地点等。目的是为应急行动提供信息参考和行动指导，但同时要求程序格式简洁明了，以确保应急队员在执行应急步骤时不会产生误解，格式可以是文件叙述、流程图表或是所有形式的组合等，应根据每个应急组织的具体情况选用最适合本组织的程序格式。

3. 三级文件——指导书

对程序中的特定任务及某些行动细节进行说明，供应急组织内部人员或其他个人使用，例如应急队员职责说明书、应急过程检测设备使用说明书等。

4. 四级文件——记录

包括在应急行动期间所做的通讯记录、应急队员进出事故危险区的记录、向政府部门递交报告的记录、每一步应急行动的记录等。

从记录到预案，层层递进，组成了一个完善的预案文件体系，从管理角度而言，可以根据这四类预案文件等级分别进行归类管理，即保持了预案文件的完整性，又因其清晰的条理性便于查阅和调用。

实际上，预案和程序之间的差别并不是十分显著，尽管如此，应避免在应急预案中提及不必要的细节。基本标准是：通常需要全体读者知道的内容归于预案，而只有某个人或某部门才需要的信息和方法则作为部门的标准工作程序，应避免在应急预案中描述，这些信息可作为应急预案的附录或引用文献。

四、应急预案的编制过程

城市应急预案的完整编制过程应包括六个过程。

（1）成立由各有关部门组成的预案编制小组，指定负责人。

（2）参阅现有的应急预案。这是防止预案相互交叉和矛盾、获取相关资料的有效办法，有利于促进所制订的预案与其他应急预案的协调。

（3）危险分析。包括危险识别、脆弱性分析和风险分析。

（4）应急准备和应急能力的评估。确认现有的预防措施和应急处理能力，并对其充分性进行评估。

（5）完成应急预案编制。提出应急所需的人员、设备和程序。

（6）预案的批准、实施和维护。提出预案的落实、更新、培训和演练计划。

五、重大事故应急预案核心要素及编制要求

应急预案是针对可能发生的重大事故所需的应急准备和应急响应行动而制订的指导性文件，其核心内容应包括下列内容。

（1）对紧急情况或事故灾害及其后果的预测、识、评。

（2）规定应急救援各方组织的详细职责。

（3）应急救援行动的指挥与协调。

（4）应急救援中可用的人员、设备、设施、物资、经费保障和其他资源包括社会和外部援助资源等。

（5）在紧急情况或事故灾害发生时保护生命和财产、环境安全的措施。

（6）现场恢复。

（7）其他，如应急培训和演练，法律法规的要求等。

应急预案是整个应急管理体系的反映，它的内容不仅限于事故发生过程中的应急响应和救援措施，还应包括事故发生前的各种应急准备和事故发生后的紧急恢复以及预案的管理与更新等。因此，一个完善的应急预案按相应的过程可分为六个一级关键要素，包括：①方针与原则；②应急策划；③应急准备；④应急响应；⑤现场恢复；⑥预案管理与评审改进。

六个一级要素相互之间既相对独立，又紧密联系，从应急的方针、策划、准备、响应、恢复到预案的管理与评审改进，形成了一个有机联系并持续改进的体系结构。根据一级要素中所包括的任务和功能，其中，应急策划、应急准备和应急响应三个一级关键要素可进一步划分成若干个二级小要素。所有这些要素即构成了城市重大事故应急预案的核心要素。这些要素是重大事故应急预案编制所应当涉及的基本方面，在实际编制时，可根据职能部门的设置和职责分配等的具体

安全生产管理概论

情况，将要素进行合并或增加，以便于预案的内容组织和编写。

1. 方针与原则

应急救援体系首先应有一明确的方针和原则，作为指导应急救援工作的纲领。方针与原则反映了应急救援工作的优先方向、政策、范围和总体目标，如保护人员安全优先，防止和控制事故蔓延优先，保护环境优先。此外，方针与原则还应体现事故损失控制、预防为主、常备不懈、统一指挥、高效协调以及持续改进的思路。

2. 应急策划

应急预案是有针对性的，具有明确的对象，其对象可能是针对某一类或多类可能的重大事故类型。应急预案的制订必须基于对所针对的潜在事故类型有一个全面系统的认识和评价，识别出重要的潜在事故类型、性质、区域、分布及事故后果，同时，根据危险分析的结果，分析城市应急救援的应急力量和可用资源情况，为所需的应急资源的准备提供建设性意见。在进行应急策划时，应当列出国家、地方相关的法律法规，以作为预案的制订、应急工作的依据和授权。应急策划包括危险分析、资源分析以及法律法规要求三个二级要素。

（1）危险分析 危险分析的最终目的是要明确应急的对象（存在哪些可能的重大事故）、事故的性质及其影响范围、后果严重程度等，为应急准备、应急响应和减灾措施提供决策和指导依据。危险分析包括危险识别、脆弱性分析和风险分析。危险分析应依据国家和地方有关的法律法规要求，结合城市的具体情况来进行；危险分析的结果应能提供：①地理、人文（包括人口分布）、地质、气象等信息；②城市功能布局（包括重要保护目标）及交通情况；③重大危险源分布情况及主要危险物质种类、数量及理化、消防等特性；④可能的重大事故种类及对周边的后果分析；⑤特定的时段（例如，人群高峰时间、度假季节、大型活动）；⑥可能影响应急救援的不利因素。

（2）资源分析 针对危险分析所确定的主要危险，应明确应急救援所需的资源，列出可用的应急力量和资源，包括：①城市各类应急力量的组成及分布情况；②各种重要应急设备、物资的准备情况；③上级救援机构或相邻城市可用的应急资源。

通过分析已有能力的不足，为应急资源的规划与配备、与相邻地区签订互助协议和预案编制提供指导。

（3）法律法规要求 应急救援有关法律、法规是开展应急救援工作的重要前提保障。应列出国家、省、地方涉及应急各部门职责要求以及应急预案、应急准备和应急救援有关的法律法规文件，以作为预案编制和应急救援的依据和授权。

3. 应急准备

应急预案的能否在应急救援中成功地发挥作用，不仅取决于应急预案自身的完善程度，还取决于应急准备的充分与否。应急准备应当依据应急策划的结果开展，包括各应急组织及其职责权限的明确、应急资源的准备、公众教育、应急人员培训、预案演练和互助协议的签署等。

（1）机构与职责 为保证应急救援工作的反应迅速、协调有序，必须建立完善的应急机构组织体系，包括城市应急管理的领导机构、应急响应中心以及各有关机构部门等，对应急救援中承担任务的所有应急组织明确相应的职责、负责人、候补人及联络方式。

（2）应急资源 应急资源的准备是应急救援工作的重要保障，应根据潜在事故的性质和后果分析，合理组建专业和社会救援力量，配备应急救援中所需的消防手段、各种救援机械和设备、监测仪器、堵漏和清消材料、交通工具、个体防护设备、医疗设备和药品、生活保障物资等，并定期检查、维护与更新，保证始终处于完好状态。对应急资源信息的实施有效管理有更新。

（3）教育、训练与演习 为全面提高应急能力，应对公众教育、应急训练和演习做出相应的规定，包括其内容，计划、组织与准备、效果评估等。

公众意识和自我保护能力是减少重大事故伤亡不可忽视的重要方面。作为应急准备的一项内容，应对公众的日常教育做出规定，尤其是位于重大危险源周边的人群。使其了解潜在危险的性质和健康危害，掌握必要的自救知识，了解预先指定的主要及备用疏散路线和集合地点，了解各种警报的含义和应急救援工作的有关要求。

应急训练的基本内容主要包括基础培训与训练、专业训练、战术训练及其他训练等。基础培训与训练的目的是保证应急人员具备良好的体能、战斗意志和作风，明确各自的职责，熟悉城市潜在重大危险的性质、救援的基本程序和要领，熟练掌握个人防护装备和通讯装备的使用等；专业训练关系到应急队伍的实战能力，主要包括专业常识、堵源技术、抢运、洗消和现场急救等技术；战术训练是各项专业技术的综合运用，使各级指挥员和救援人员具备良好的组织指挥能力和应变能力；其他训练应根据实际情况，选择开展如防化、气象、侦检技术、综合训练等项目的训练，以进一步提高救援队伍的救援水平。

预案演习是对应急能力的一个综合检验，应以多种形式应急演习包括桌面演习和实战模拟演习，组织由应急各方参加的预案训练和演习，使应急人员进入"实战"状态，熟悉各类应急处理和整个应急行动的程序，明确自身的职责，提高协同作战的能力。同时，应对演练的结果进行评估，分析应急预案存在的不足，并予以改进和完善。

（4）互助协议 当有关的应急力量与资源相对薄弱时，应事先寻求与邻近的城市或地区建立正式的互助协议，并做好相应的安排，以便在应急救援中及时得到外部救援力量和资源的援助；此外，也应与社会专业技术服务机构、物资供应企业等签署相应的互助协议。

4. 应急响应

应急响应包括了应急救援过程中一系列需要明确并实施的核心应急功能和任务，这些核心功能具有一定的独立性，但相互之间又是密切联系的，构成了应急响应的有机整体。应急响应的核心功能和任务包括：接警与通知，指挥与控制，警报和紧急公告，通讯，事态监测与评估，警戒与治安，人群疏散与安置，医疗与卫生，公共关系，应急人员安全，消防和抢险，泄漏物控制。

（1）接警与通知　准确了解事故的性质和规模等初始信息是决定启动应急救援的关键，接警作为应急响应的第一步，必须对接警要求作出明确规定，保证迅速、准确地向报警人员询问事故现场的重要信息。接警人员接受报警后，应按预先确定的通报程序规定，迅速向有关应急机构、政府及上级部门发出事故通知，以采取相应的行动。

（2）指挥与控制　城市重大事故的应急救援往往涉及多个救援机构，因此，对应急行动的统一指挥和协调是应急救援有效开展的一个关键。应按规定建立分级响应、统一指挥、协调和决策的程序，以便对事故进行初始评估，确认紧急状态，迅速有效地进行应急响应决策，建立现场工作区域，确定重点保护区域和应急行动的优先原则，指挥和协调现场各救援队伍开展救援行动，合理高效地调配和使用应急资源等。

（3）警报和紧急公告　当事故对周边地区的公众造成威胁时，应及时启动警报系统，向公众发出警报。同时通过各种途径向公众发出紧急公告，告知事故性质、对健康的影响、自我保护措施、注意事项等，以保证公众能够作出及时自我防护响应。决定实施疏散时，应通过紧急公告确保公众了解疏散的有关信息如疏散时间、路线、随身携带物、交通工具及目的地等。

该部分应明确在发生重大事故时，如何向受影响的公众发出警报，包括何时发警报，谁有权决定启动警报系统，各种警报信号的不同含义，警报系统的协调使用、可使用的警报装置的类型和位置，以及警报装置覆盖的地理区域。如果可能，应指定备用措施。

（4）通讯　通讯是应急指挥、协调和与外界联系的重要保障，在现场指挥部、应急中心、各应急救援组织、新闻媒体、医院、上级政府和外部救援机构等之间，必须建立畅通的应急通讯网络。该部分应说明主要通讯系统的来源、使用、维护以及应急组织通讯需要的详细情况等，并充分考虑紧急状态的通讯能力和保障，建立备用的通讯系统。

（5）事态监测与评估　事态监测与评估在应急救援和应急恢复的行动决策中具有关键的支持作用。在应急救援过程中必须对事故的发展势态及影响及时进行动态的监测，建立对事故现场及场外进行监测和评估的程序。包括：由谁来负责监测与评估活动，监测仪器设备及监测方法，实验室化验及检验支持，监测点的设置及现场工作及报告程序等。

可能的监测活动包括：事故影响边界、气象条件、对食物、饮用水、卫生以及水体、土壤、农作物等的污染、可能的二次反应有害物、爆炸危险性和受损建筑跨踢危险性以及污染物质滞留区等。

（6）警戒与治安　为保障现场应急救援工作的顺利开展，在事故现场周围建立警戒区域，实施交通管制，维护现场治安秩序是十分必要的，其目的是要防止与救援无关人员进入事故现场，保障救援队伍、物资运输和人群疏散等的交通畅通，并避免发生不必要的伤亡。此外，警戒与治安还应协助发出警报、现场紧急疏散、人员清点、传达紧急信息、执行指挥机构的通告、协助事故调查等。对危险物质事故，必须列出警戒人员有关个体防护的准备。

（7）人群疏散与安置　人群疏散是减少人员伤亡扩大的关键，也是最彻底的应急响应。应当对疏散的紧急情况和决策、预防性疏散准备、疏散区域、疏散距离、疏散路线、疏散运输工具、安全蔽护场所以及回迁等做出细致的规定和准备。应考虑疏散人群的人数、所需要的时间和可利用的时间，风向等环境变化、以及老弱病残等特殊人群的疏散等问题。对已实施临时疏散的人群，要做好临时生活安置，保障必要的水、电、卫生等基本条件。

（8）医疗与卫生　对受伤人员采取及时有效的现场急救以及合理的转送医院进行治疗，是减少事故现场人员伤亡的关键。在该部分明确针对城市可能的重大事故，为现场急救、伤员运送、治疗及健康监测等所做的准备和安排。包括：可用的急救资源列表（如急救中心，救护车和现场急救人员的数量）；医院、职业中毒治疗医院及烧伤等专科医院的列表（如数量、分布、可用病床、治疗能力等）城市内、外来源和供给；（如抢救药品、医疗器械、消毒、解毒药品等）；医疗人员必须了解城市内主要危险对人群造成伤害的类型，并经过相应的培训，掌握对危险化学品受伤害人员进行正确消毒和治疗的方法。

（9）公共关系　重大事故发生后，不可避免地会引起新闻媒体和公众的关注。应将有关事故的信息、影响、救援工作的进展等情况及时向媒体和公众进行统一发布，以消除公众的恐慌心理，控制谣言，避免公众的猜疑和不满。该部分应明确信息发布的审核和批准程序，保证发布信息的统一性；指定新闻发言人，适时举行新闻发布会，准确发布事故信息，澄清事故传言；为公众咨询、接待、安抚受害人员家属做出安排。

（10）应急人员安全　城市重大事故尤其是涉及危险物质的重大事故的应急救援工作危险性极大，必须对应急人员自身的安全问题应进行周密考虑，包括安全预防措施、个体防护等级、现场安全监测等，明确应急人员进出现场和紧急撤离的条件和程序，保证应急人员的安全。

（11）消防和抢险　消防和抢险是应急救援工作的核心内容之一，其目的是为尽快控制事故的发展，防止事故的蔓延和进一步扩大，从而最终控制事故，并积极营救事故现场的受害人员。尤其是涉及危险物质的泄漏、火灾事故，其消防和抢险工作的难度和危险性十分巨大。该部分应对消防和抢险工作的组织、相关消防抢险设施、器材和物资、人员的培训、行动方案以及现场指挥等做好周密的做出相应的安排和准备。

(12) 泄漏物控制　由于危险物质的泄漏、灭火用的水溶解了有毒蒸气，都可能对环境造成重大影响，同时也会给现场救援工作带来更大的危险，因此必须对危险物质的泄漏物进行控制。该部分应明确可用的收容装备（泵、容器、吸附材料等）、洗消设备（包括喷雾洒水车辆）及洗消物资，并建立洗消物资供应企业的供应情况和通讯名录，保障对泄漏物的及时围堵、收容和清消和妥善处置。

5. 现场恢复

现场恢复也可称为紧急恢复，是指事故被控制住后所进行的短期恢复，从应急过程来说意味着应急救援工作的结束，进入到另一个工作阶段，即将现场恢复到一个基本稳定的状态。大量的经验教训表明，在现场恢复的过程中往往仍存在潜在的危险（如余烬复燃、受损建筑倒塌等），所以应充分考虑现场恢复过程中可能的危险。在现场恢复中也应当为长期恢复提供指导和建议。该部分主要内容应包括：宣布应急结束的程序；撤点、撤离和交接程序；恢复正常状态的程序；现场清理和受影响区域的连续检测；事故调查与后果评价等。

六、预案管理与评审改进

应急预案是应急救援工作的指导文件，同时又具有法规权威性。应当对预案的制订、修改、更新、批准和发布做出明确的管理规定，并保证定期或在应急演习、应急救援后对应急预案进行评审，针对城市实际情况的变化以及预案中所暴露出的缺陷，不断地更新、完善和改进应急预案文件体系。

第三节　应急预案的演练与评审

应急演练是检验、评价和保持应急能力的一个重要手段。其重要作用突出体现：可在事故发生前暴露预案和程序的缺陷；发现应急资源的不足（包括人力和设备等）；改善各应急部门、机构、人员之间的协调；增强公众应对突发重大事故救援的信心和应急意识；提高应急人员的熟练程度和技术水平；进一步明确各自的岗位与职责；提高各级预案之间的协调性；提高整体应急反应能力。

一、演练的类型

对应急预案的完整性和周密性进行评估，可采用不同规模的应急演练方法，如桌面演练、功能演练和全面演练等。

1.桌面演练

桌面演练是指由应急组织的代表或关键岗位人员参加的，按照应急预案及其标准工作程序讨论紧急情况时应采取行动的演练活动。桌面演练的主要特点是对演练情景进行口头演练，一般是在会议室内举行。主要目的是锻炼参演人员解决问题的能力，以及解决应急组织互相协作和职责划分的问题。

桌面演练一般仅限于有限的应急响应和内部协调活动，应急人员主要来自本地应急组织，事后一般采取口头评论形式收集参演人员的建议，并提交一份简短的书面报告，总结演练活动和提出有关改进应急响应工作的建议。桌面演练方法成本较低，主要用于为功能演练和全面演练做准备。

2.功能演练

功能演练是指针对某项应急响应功能或其中某些应急响应行动举行的演练活动。功能演练一般在应急指挥中心举行，并可同时开展现场演练，调用有限的应急设备，主要目的是针对应急响应功能，检查应急人员以及应急体系的策划和响应能力。例如，指挥和控制功能的演练，其目的是检测、评价多个政府部门在紧急状态下实现集权式的运行和响应能力，演练地点主要集中在若干个应急指挥中心或现场指挥部举行，并开展有限的现场活动，调用有限的外部资源。

功能演练比桌面演练规模要大，需动员更多的应急人员和机构，因而协调工作的难度也随着更多应急响应应急组织的参与而加大。演练完成后，除采取口头评论形式外，还应向地方提交有关演练活动的书面汇报，提出改进建议。

3.全面演练

全面演练指针对应急预案中全部或大部分应急响应功能，检验、评价应急组织应急运行能力的演练活动。全面演练一般要求持续几个小时，采取交互式方式进行，演练过程要求尽量真实，调用更多的应急人员和资源，并开展人员、设备及其他资源的实战性演练，以检验相互协调的应急响应能力。与功能演练类似，演练完成后，除采取口头评论、书面汇报处，还应提交正式的书面报告。

应急演练的组织者或策划者在确定采取哪种类型的演练方法时，应考虑以下因素：①应急预案和响应程序制订工作的进展情况；②本辖区面临风险的性质和大小；③本辖区现有应急响应能力；④应急演练成本及资金筹措状况；⑤有关政府部门对应急演练工作的态度；⑥应急组织投入的资源状况；⑦国家及地方政府部门颁布的有关应急演练的规定。

无论选择何种演练方法，应急演练方案必须与辖区重大事故应急管理的需求和资源条件相适应。

二、演练的参与人员

应急演练的参与人员包括参演人员、控制人员、模拟人员、评价人员和观摩人员，这五类人员在演练过程中都有着重要的作用，并且在演练过程中都应佩带能表明其身份的识别符。

1. 参演人员

参演人员是指在应急组织中承担具体任务，并在演练过程中尽可能对演练情景或模拟事件做出真实情景下可能采取响应行动的人员，相当于是通常所说的演员。参演人员所承担的具体任务主要包括：①救助伤员或被困人员；②保护财产或公众健康；③获取并管理各类应急资源；④与其他应急人员协同处理重大事故或紧急事件。

2. 控制人员

控制人员是指根据演练情景，控制演练时间进度的人员。控制人员根据演练方案及演练计划的要求，引导参演人员按响应程序行动，并不断给出情况或消息，供参演的指挥人员进行判断、提出对策。其主要任务包括：①确保规定的演练项目得到充分的演练，以利于评价工作的开展；②确保演练活动的任务量和挑战性；③确保演练的进度；④解答参演人员的疑问，解决演练过程中出现的问题；⑤保障演练过程的安全。

3. 模拟人员

模拟人员是指演练过程中扮演、代替某些应急组织和服务部门，或模拟紧急事件、事态发展的人员。主要任务包括：

（1）扮演、替代正常情况或响应实际紧急事件时应与应急指挥中心、现场应急指挥所互相作用的机构或服务部门。由于各方面的原因，这些机构或服务部门并不参与此次演练；

（2）模拟事故的发生过程，如释放烟雾、模拟气象条件、模拟泄漏等。

（3）模拟受害或受影响人员。

4. 评价人员

评价人员是指负责观察演练进展情况并予以记录的人员。主要任务包括：

（1）观察参演人员的应急行动，并记录其观察结果；

（2）在不干扰参演人员工作的情况下，协助控制人员确保演练按计划进行。

5. 观摩人员

观摩人员是指来自有关部门、外部机构以及旁观演练过程的观众。

三、演练实施的基本过程

由于应急演练是由许多机构和组织共同参与的一系列行为和活动，因此，应急演练的组织实施是一项非常复杂的任务，建立应急演练策划小组（或领导小组）是组织开展应急演练作的关键。策划小组应由多种专业人员组成，包括消防、公安、医疗急救、应急管理、市政、学校、气象部门的人员，以及新闻媒体、企业、交通运输单位的代表等组成，必要时军队、该事故应急组织或机构也可派出人员参与策划小组。为确保演练的成功，参演人员不得参与策划小组，更不能参与演练方案的设计。

综合性应急演练的过程可划分为演练准备、演练实施和演练总结三个阶段。

四、演练结果的评价

应急演练结束后应对演练的效果做出评价，并提交演练报告，并详细说明演练过程中发现的问题。按对应急救援工作及时有效性的影响程度，演练过程中发现的问题可划分为不足项、整改项和改进项。

1. 不足项

不足项指演练过程中观察或识别出的应急准备缺陷，可能导致在紧急事件发生时，不能确保应急组织或应急救援体系有能力采取合理应对措施、保护公众的安全与健康的因素。不足项应在规定的时间内予以纠正。演练过程中发现的问题确定为不足项时，策划小组负责人应对该不足项进行详细说明，并给出应采取的纠正措施和完成时限。最有可能导致不足项的应急预案编制要素包括：职责分配，应急资源，警报、通报方法与程序，通讯，事态评估，公众教育与公共信息，保护措施，应急人员安全和紧急医疗服务等。

2. 整改项

整改项指演练过程中观察或识别出的，不可能单独在应急救援中对公众的安全与健康造成不良影响的应急准备缺陷。整改项应在下次演练前予以纠正。两种情况下，整改项可列为不足项：一是某个应急组织中存在两个以上整改项，共同作用可影响保护公众安全与健康能力的；二是某个应急组织在多次演练过程中，反复出现前次演练发现的整改项问题的。

3. 改进项

改进项指应急准备过程中应予改善的问题，改进项不同于不足项和整改项，它不会对人员的生命健康安全产生严重的影响，视情况予以改进，不必一定要求予以纠正。

第四节　有限空间安全作业

据统计2010～2013年，全国工贸行业共发生有限空间作业较大以上事故67

起、死亡 269 人，分别占工贸行业较大以上事故的 41.1％和 39.9％。数据表明，工贸行业有限空间作业所发生的较大以上事故和死亡人数在全国工贸行业所发生的较大以上事故和死亡人数中占较大的比重。多起有限空间作业死亡事故的发生，暴露出了有限空间作业现场监管缺失、从业人员未经培训、缺乏有限空间安全知识和盲目施救导致伤亡人数扩大等问题。为了减少有限空间作业安全事故，遵循下列五条要求具有一定的必要性：

① 必须严格实行作业审批制度，严禁擅自进入有限空间作业。

② 必须做到"先通风、再检测、后作业"，严禁通风、检测不合格作业。

③ 必须配备个人防中毒窒息等防护装备，设置安全警示标识，严禁无防护监护措施作业。

④ 必须对作业人员进行安全培训，严禁教育培训不合格上岗作业。

⑤ 必须制定应急措施，现场配备应急装备，严禁盲目施救。

1. 必须严格实行作业审批制度，严禁擅自进入有限空间作业

生产经营单位要摸清本单位有限空间情况，并建立管理台账，建立健全有限空间作业安全管理规章制度和操作规程，明确企业内部负责有限空间"作业安全条件及措施确认"、"审批"的部门，建立相关工作流程，对有限空间作业严格实行作业审批制度（审批表可参考表 5-1）。

2. 必须做到"先通风、再检测、后作业"，严禁通风、检测不合格作业

有限空间，是指封闭或者部分封闭，与外界相对隔离，出入口较为狭窄，作业人员不能长时间在内工作，自然通风不良，易造成有毒有害、易燃易爆物质积聚或者氧含量不足的空间。危险化学品企业有限空间多，各类塔、釜、槽、罐、炉膛、锅筒、管道、容器以及地下室、窨井、坑（池）、下水道等都是有限空间，而且除氧含量不足外，多数存在有毒有害、易燃易爆物质，相对于其他工矿企业来说，对作业人员人身安全威胁更大，因此一定要在确认作业安全的情况下方可人员进入作业空间。

（1）清洗、清空或者置换　有限空间作业前，应根据有限空间盛装（过）的物料的特性，对有限空间进行，并达到下列要求：

① 氧含量一般为 18％～21％，在富氧环境下不得大于 23.5％。

② 有毒气体（物质）浓度应符合《工作场所有害因素职业接触限值　第 1 部分：化学有害因素》（GBZ 2.1）的规定。

③ 可燃气体浓度。当被测气体或蒸气的爆炸下限大于等于 4％时，其被测浓度不大于 0.5％（体积百分数）；当被测气体或蒸气的爆炸下限小于 4％时，其被测浓度不大于 0.2％（体积百分数）。

表 5-1　有限空间作业审批表

工作内容：		作业地点：	
作业单位：			
作业负责人：		安全监护人：	
作业人员：			

作业时间：　　月　　日　　时　　分至　　月　　日　　时　　分

序号	安全措施	主要内容	确认人签字
	作业人员安全交底		
	氧气浓度、有害气体检测		
	通风措施		
	个人防护用品使用		
	照明措施		
	应急器材配备		
	现场监护		
	其他补充措施		

作业安全条件及措施确认：

作业负责人：　　　　　　年　　月　　日

企业授权审批部门审批意见：

签发人：
　　　　　　　　年　　月　　日

(此表一式二份，第一联审批部门保留，第二联作业单位保留)

注：该审批表是进入有限空间作业的依据，不得涂改且要求审批部门存档时间至少一年。

（2）通风

① 在有限空间作业过程中，应采取通风措施，保持空气良好流通。

② 打开人孔、手孔、料孔、风门、烟门等与大气相通的设施进行自然通风。必要时，可采取强制通风。

③ 采用管道送风时，送风前应对管道内介质和风源进行分析确认。

④ 禁止采用纯氧通风换气。

⑤ 发现通风设备停止运转、有限空间内氧含量浓度低于或者有毒有害气体浓度高于国家标准（或者行业标准）规定的限值时，必须立即停止有限空间作业，清点作业人员，撤离作业现场。

（3）检测

① 未经通风和检测合格，任何人员不得进入有限空间作业。检测的时间不得早于作业开始前 30min。

② 检测指标包括氧浓度、易燃易爆物质（可燃性气体、爆炸性粉尘）浓度、有毒有害气体浓度。检测应当符合相关国家标准或者行业标准的规定。分析仪器应在校验有效期内，使用前应保证其处于正常工作状态。

③ 采样点应有代表性，容积较大的有限空间，应采取上、中、下各部位取样。

④ 检测人员进行检测时，应当记录检测的时间、地点、气体种类、浓度等信息。检测记录经检测人员签字后存档。

⑤ 作业中应定时监测，至少每 2h 监测一次，如监测分析结果有明显变化，则应加大监测频率；作业中断超过 30min 应重新进行监测分析；对可能释放有害物质的有限空间，应连续监测。情况异常时应立即停止作业，撤离人员，经对现场处理，并取样分析合格后方可恢复作业。

⑥ 涂刷具有发挥性溶剂的涂料时，应做连续分析，并采取强制通风措施。

⑦ 采样人员深入或探入有限空间采样时应采取相应的安全防护措施，防止中毒窒息等事故发生。

（4）作业

① 作业前，应当将有限空间作业方案和作业现场可能存在的危险有害因素、防控措施告知作业人员。现场负责人应当监督作业人员按照方案进行作业准备。

② 作业时应遵守有限空间作业安全操作规程，正确使用有限空间作业安全设施与劳动防护用品。

③ 作业时应与监护人员进行必要的、有效的安全、报警、撤离等双向信息交流。

④ 作业时应服从作业监护人的指挥，如发现作业监护人员不履行职责时，应停止作业并撤出有限空间。

⑤ 严禁在有毒、窒息风险的作业环境中摘下防毒面具。作业中如出现异常情况或感到不适或呼吸困难时，应立即向作业监护人发出信号，迅速撤离现场。

⑥ 作业人员不得携带与作业无关的物品进入有限空间，不能抛掷材料、工具等物品，交叉作业要有防止层间落物伤害作业人员的措施。不得使用卷扬机、吊车等运送作业人员。

⑦ 难度大、劳动强度大、时间长的作业应采取轮换作业。

⑧ 有限空间照明电压应小于等于 36V，在潮湿容器、狭小容器内作业电压应小于等于 12V。使用超过安全电压的手持电动工具作业或进行电焊作业时，应配备漏电保护器。在潮湿容器中，作业人员应站在绝缘板上，同时保证金属容器

接地可靠。临时用电应办理用电手续，按 GB/T 13869 规定架设和拆除。

⑨ 作业前后应清点作业人员和作业工器具。作业人员离开有限空间作业点时，应将作业工器具带出。

⑩ 作业结束后，作业现场负责人、监护人员应当对作业现场进行清理，撤离作业人员。

3. 必须配备个人防中毒窒息等防护装备，设置安全警示标识，严禁无防护监护措施作业

（1）劳动防护用品

① 劳动防护用品必须符合国家标准或者行业标准规定，作业人员必须正确佩戴与使用。

② 在缺氧或有毒的有限空间作业时，应佩戴隔离式防护面具，必要时作业人员应拴带救生绳。

③ 在易燃易爆的有限空间作业时，应穿防静电工作服、工作鞋，使用防爆型低压灯具及不发生火花的工具。

④ 在有酸碱等腐蚀性介质的有限空间作业时，应穿戴好防酸碱工作服、工作鞋、手套等护品。

⑤ 在产生噪声的有限空间作业时，应佩戴耳塞或耳罩等防噪声护具。

（2）安全警示标识

① 有限空间的坑、井、洼、沟或人孔、通道出入门口应设置防护栏、盖和警告标志，夜间应设警示红灯。

② 为防止无关人员进入有限空间作业场所，提醒作业人员引起重视，在有限空间外敞面醒目处，设置警戒区、警戒线、警戒标志。其设置应符合有关国家标准或行业标准的规定。作业场所职业危害警示应符合《工作场所职业病危害警示标识》（GBZ 158）等有关标准的规定。未经许可，不得入内。

③ 当作业人员在与输送管道连接的封闭、半封闭设备（如油罐、反应塔、储罐、锅炉等）内部作业时，应严密关闭阀门，装好盲板，设置"禁止启动"等警告信息。

（3）监护措施　有限空间作业，在有限空间外应设有专人监护。

① 作业监护人应熟悉作业区域的环境和工艺情况，有判断和处理异常情况的能力，掌握急救方法。

② 进入有限空间前，监护人应会同作业人员检查安全措施，统一联系信号。

③ 在风险较大的有限空间作业，应增设监护人员，并随时保持与有限空间作业人员的联络。

④ 监护人员不得脱离岗位，并应掌握有限空间作业人员的人数和身份，对人员和工器具进行清点。

4. 必须对作业人员进行安全培训，严禁教育培训不合格上岗作业

从事有限空间作业的现场负责人、监护人员、作业人员、应急救援人员要接受专项安全培训。专项安全培训应当包括下列内容：

① 有限空间作业的危险有害因素和安全防范措施；

② 有限空间作业的安全操作规程；

③ 检测仪器、劳动防护用品的正确使用；

④ 紧急情况下的应急处置措施。

安全培训应当有专门记录，并由参加培训的人员签字确认。

危险化学品应急救援管理人员的培训应按《危险化学品应急救援管理人员培训及考核要求》（AQ/T 3043—2013）进行。

5. 必须制订应急措施，现场配备应急装备，严禁盲目施救

（1）根据国家标准制订应急预案。根据作业前的安全分析评估，制订可行的应急预案。

（2）有限空间作业的现场负责人、监护人员、作业人员和应急救援人员应当掌握相关应急预案内容，定期进行演练，提高应急处置能力。

（3）应急救援的准备。按照《危险化学品单位应急救援物资配备要求》（GB 30077—2013）的要求配备应急救援物资，有限空间作业前应准备充分相应的安全防护用品和应急物品，并再次验证其有效性和充分性。如安全带、安全绳、安全鞋、作业服、防毒面具、正压式空气呼吸器、心肺复苏器等，对于可能接触到酸碱的作用应先准备好大量的水，或者检查确认冲淋洗眼设施的完好。必要时，作业前应模拟演练应急预案。

（4）应急响应发生时必须以人的生命安全第一原则实施应急措施。

（5）部分有关国家标准和行业标准

• 《焊接与切割安全》（GB 9448—1999）

• 《建筑灭火器配置设计规范》（GB 50140—2005）

• 《缺氧危险作业安全规程》（GB 8958—2006）

• 《涂装作业安全规程有限空间作业安全技术要求》（GB 12942—2006）

• 《安全色》（GB 2893—2008）

• 《安全标志及使用导则》（GB 2894—2008）

• 《爆炸性环境第 1 部分：设备通用要求》（GB 38361—2010）

• 《危险化学品单位应急救援物资配备标准》（GB 30077—2013）

• 《呼吸防护用品的选择、使用与维护》（GB/T 18664—2002）

• 《手持式电动工具的管理、使用、检查和维修安全技术规程》（GB/T 3787—2006）

• 《特低电压（ELV）限值》（GB/T 3805—2008）

- 《用电安全导则》(GB/T 13869—2008)
- 《个体防护装备选用规范》(GB/T 11651—2008)
- 《工作场所职业病危害警示标识》(GBZ 158—2003)
- 《工作场所空气中有害物质监测的采样规范》(GBZ 159—2004)
- 《工作场所有害因素职业接触限值第 1 部分：化学有害因素》（GBZ 2.1—2007)
- 《工作场所有害因素职业接触限值第 2 部分：物理有害因素》（GBZ 2.2—2007)
- 《密闭空间作业职业危害防护规范》(GBZ/T 205—2007)
- 《危险化学品储罐区作业安全通则》(AQ 3018—2008)
- 《化学品生产单位动火作业安全规范》(AQ 3022—2008)
- 《化学品生产单位动土作业安全规范》(AQ 3023—2008)
- 《化学品生产单位高处作业安全规范》(AQ 3025—2008)
- 《化学品生产单位设备检修作业安全规范》(AQ 3026—2008)
- 《化学品生产单位盲板抽堵作业安全规范》(AQ 3027—2008)
- 《化学品生产单位受限空间作业安全规范》(AQ 3028—2008)
- 《焊接工艺防尘防毒技术规范》(AQ 4214—2011)
- 《化学品作业场所安全警示标志规范》(AQ 3047—2013)
- 《化学防护服的选择、使用和维护》(AQ/T 6107—2008)
- 《危险化学品应急救援管理人员培训及考核要求》(AQ/T 3043—2013)
- 《化工企业劳动防护用品选用及配备》(AQ/T 3048—2013)
- 《有限空间作业安全技术规程》(DB 33/707—2008)

第六章

职业危害与职业病管理

第一节　职业危害与职业病

一、职业危害因素的分类

从业人员作业的劳动条件包括以下几个方面，生产过程、劳动过程、作业环境。如在生产过程中、劳动过程中、作业环境中存在有危害因素，并危及从业人员健康的，称为职业性危害因素，按其来源主要包括以下方面。

（1）生产工艺过程　随着生产技术、机器设备、使用材料和工艺流程变化不同而变化；如与生产过程有关的原材料、工业毒物、粉尘、噪声、振动、高温、辐射、传染性因素等因素有关。

（2）劳动过程　主要包括劳动组织和劳动制度不合理、劳动强度过大、过度精神或心理紧张、劳动时个别器官或系统过度紧张、长时间不良体位、劳动工具不合理等。

（3）生产环境　主要是作业环境，如室外不良气象条件，由于厂房室内狭小、车间位置不合理、照明不良、通风等因素的影响都会对作业人员产生影响。

按其性质，可分为以下几方面：

1. 环境因素

（1）物理因素　是生产环境的主要构成要素。不良的物理因素或异常的气象条件如高温、低温、噪声、振动、高低气压、非电离辐射（可见光、紫外线、红外线、射频辐射、激光等）、电离辐射（如 X 射线、Y 射线）等，这些都可以对人产生危害。

（2）化学因素　生产过程中使用和接触到的原料、中间产品、成品及这些物质在生产过程中产生的废气、废水和废渣等都会对人体产生危害。也称为工业毒物。毒物以粉尘、烟尘、雾气、蒸汽或气体的形态遍布于生产作业场所的不同地点和空间，接触毒物可产生刺激和过敏反应，还可能引起中毒。

（3）生物因素　生产过程中使用的原料、辅料及在作业环境中都可存在有些致病微生物和寄生虫，如炭疽杆菌、霉菌、布氏杆菌、森林脑炎病毒、真菌等。

2. 与职业有关的其他因素

如劳动组织和作息制度不合理，工作紧张程度等；个人生活习惯不良，过度饮酒、缺乏锻炼等；劳动负荷过重，长时间单调作业、夜班作业，动作和体位的不合理等都带来影响。

3. 其他因素

社会经济因素的影响，如国家的经济发展速度、国民的文化教育程度、生态环境、管理水平等因素都会对企业的安全、卫生的投入和管理带来影响。另外，如职业卫生法制的健全、职业卫生服务和管理系统化，对于控制职业危害和减少作业人员的职业伤害也是十分重要的。

二、职业病的概念及其分类

（一）职业病的概念和分类

1. 概念

在生产过程中、劳动过程中、作业环境中存在的危害从业人员健康的因素，称为职业性危害因素。由职业性危因素所引起的疾病称为职业病，由国家主管部门公布的职业病目录所列的职业病称法定职业病。

由于预防工作的疏忽及技术局限性，使健康受到损害而引起的职业性病损，包括工伤、职业病（包括职业中毒）和工作有关疾病。所以也可以说，职业病是职业性病损的一种形式。

2. 分类

《职业病分类和目录》（2013 年），职业病名单分 10 类共 132 种，包括：①职业性尘肺病及其他呼吸系统疾病，其中，尘肺病 13 种、其他呼吸系统疾病 6 种；②职业性皮肤病 9 种；③职业性眼病 3 种；④职业性耳鼻喉口腔疾病 4 种；⑤职业性化学中毒 60 种；⑥物理因素所致职业病 7 种；⑦职业性放射性疾病 11 种；⑧职业性传染病 5 种；⑨职业性肿瘤 11 种；⑩其他职业病 3 种。为正确诊断，已对部分职业病制订了国家《职业病诊断标准》并公布实施。

为了及时掌握职业病的发病情况，以使采取预防措施，我国实施《职业病防治法》。卫生部还修改并重新颁发《职业病诊断与鉴定管理办法》（卫生部令第 24 号，2002 年 3 月 28 日发布）及职业病报告办法（卫防字第 70 号），内容主要要求有：①急性职业中毒和急性职业病应在诊断后 24 小时以内报告，卫生监督部门应会同有关单位下厂进行调查，提出报告，以便督促厂矿企业做好职业病预防工作，防止中毒事故再次发生；②慢性职业中毒和慢性职业病在 15 天内会同有关部门进行调查，提出报告并进行登记，以便及时掌握和研究职业中毒和职业病的动态，制订预防措施。

（二）常见的生产性粉尘及尘肺病

（1）矽尘 矽尘也称为游离二氧化硅（SiO_2）粉尘，生产中接触 SiO_2 的作业非常多。如金属、冶金、煤炭等行业的开采、爆破；修路、筑桥等作业；机械制造、加工业的原料破碎、研磨、配料、筑造、清砂等生产过程；还有陶瓷、水泥厂作业均可接触 SiO_2 粉尘。二氧化硅的粉尘，能引起严重的职业病矽肺。

（2）煤尘、煤矽肺 这里主要是指井下开采，在掘进和采煤工序工作面接触大量粉尘，主要是煤尘和 SiO_2 粉尘，这种混合尘叫煤矽尘，是对煤炭工人造成明显危害的粉尘，主要引起煤矽肺。

（3）石棉尘。接触石棉作业主要是采矿、加工和使用，在石棉采矿、纺织、建筑绝缘、造船、电焊、耐火材料、刹车板制造和使用等的作业中。石棉已经公认为致癌物，发达国家已禁止生产，使用替代品。

（4）粉尘引起的职业危害 粉尘引起的职业危害有全身中毒性、局部刺激性、变态反应性、致癌性，尘肺的危害最为严重，尘肺是目前我国工业生产中最严重的职业危害之一。2013 年卫生部、劳动和社会保障部公布的职业病目录中列出的法定尘肺有十三种，即矽肺、煤工尘肺、石墨尘肺、炭黑尘肺、石棉肺、滑石尘肺、水泥尘肺、云母尘肺、陶工尘肺、铝尘肺、电焊工尘肺、铸工尘肺、其他尘肺。

（三）生产性毒物及职业中毒

1.概念

生产过程中生产或使用的有毒物质称为生产性毒物。生产性毒物在生产过程中，可以在原料、辅助材料、夹杂物、半成品、成品、废气、废液及废渣中存在，其形态包括固体、液体、气体存在于生产环境中。如氯、溴、氨、一氧化碳、甲烷以气体形式存在，电焊时产生的电焊烟尘、水银蒸气、苯蒸气等，还有悬浮于空气中的统称为气溶胶粉尘、烟和雾等微粒。

2.常见的职业中毒类型

（1）金属及类金属中毒 金属有多种分类方法，按照理化特性可简单分为重金属、轻金属、类金属三类。金属的毒性是多种多样的，如铅中毒、四乙基铅中毒、铬中毒、铝中毒、砷中毒和磷中毒等。

铅中毒口内有金属味、流涎、恶心、呕吐、腹胀、阵发性腹绞痛、便秘或腹泻，严重者出现抽搐、瘫痪、昏迷、循环衰竭、中毒性肝病、中毒性肾病、贫血、中毒性脑病等；四乙基铅中毒可发生严重神经系统症状，部分患者出现全身皮癣，可有呼吸道刺激症状；铬化合物的皮肤损害主要表现为皮炎、铬溃疡和皮肤肉芽肿，铬对皮肤损害较明显；磷早期中毒症状一般为神经系统和消化系统症状等。

（2）有机试剂中毒 有机试剂中毒引起的职业危害问题目前在全国也是非常

突出的，例如生产酚、硝基苯、橡胶、合成纤维、塑料、香料、制药、喷漆、印刷、橡胶加工、有机合成等这些工种常有苯接触，引起的苯中毒。还有甲苯、汽油、四氯化碳、甲醇和正己烷中毒等。

苯中毒主要影响造血系统及中枢神经系统；甲苯与苯大体相同，但略轻些；汽油主要经呼吸道吸入性中毒时，轻者有头痛头晕、无力、呈"汽油醉态"。高浓度吸入还可引起化学性肺炎、肺水肿，严重者出现中毒性脑病等。四氯化碳可经呼吸道、消化道及皮肤吸收。对人毒性极强，误服 $2 \sim 3mL$ 即可中毒，$30 \sim 50mL$ 可致死。吸入较高浓度时，最先出现呼吸道症状，慢性中毒表现为进行性神经衰弱综合征；甲醇可经呼吸道、消化道及皮肤吸收，毒性较强，误服 $5 \sim 10mL$ 可致中毒，$15mL$ 可致失明，$30mL$ 可致死。可损害中枢神经系统、心肝肾损害及导致胰腺炎。正己烷毒性较低，中毒主要表现为黏膜刺激及中枢神经的麻醉作用，由头痛、头晕、恶心、无力、肌颤等。

（3）刺激性气体中毒　工业生产中常遇到的一类有害气体，主要有氯气、光气、氮氧化物、氨气等。刺激性气体对呼吸道有明显的损害，轻者为上呼吸道刺激症状，重者可致喉头水肿、中毒性肺炎，可发生肺水肿。刺激性气体大多是化学工业的重要原料和副产品，此外在医药、冶金等行业中也经常接触到。刺激性气体多有腐蚀性，生产过程中常因设备被腐蚀而发生跑、冒、滴、漏现象或因管道、容器内压力增高而致刺激性气体大量外逸造成中毒事故。

刺激性气体中毒症状主要是眼、上呼吸道均有刺激征等。严重时，可发生黏膜坏死、脱落，引起突发性呼吸道阻塞而窒息。

（4）窒息性气体中毒　一氧化碳中毒是一种最常见的窒息性气体。煤气制造用煤、焦炭等制取煤气的过程中，制造合成氨、甲醇、光气、碳基金属、采矿时爆破烟雾含大量一氧化碳、冶金工业中的炼铁、炼钢、炼焦等作业场所，产生大量一氧化碳，这些都有接触一氧化碳的机会。

硫化氢中毒。石油开采、炼制、含硫矿石冶炼、含硫的有机物发酵腐败即可产生硫化氢，如制糖、造纸业的原料浸渍；清理粪池、垃圾、阴沟时，都可发生严重硫化氢中毒。呼吸道为主要侵入途径。轻度中毒时出现眼及上呼吸道刺激症状、胸闷、头痛头晕、乏力、心悸、呼吸困难、意识丧失、血压下降；严重者出现脑水肿、休克、心肝肾损害，接触高浓度的硫化氢可立即昏迷、死亡，称为"闪电型"死亡。

不通风的发酵池、地窖、矿井、下水道、粮仓等处，可有较高浓度的二氧化碳蓄积引起二氧化碳中毒。另外还有二氧化碳及甲烷中毒等。二氧化碳中毒常为慢性中毒。若患者进入高浓度二氧化碳环境后，几秒钟内即迅速昏迷倒下，若不能及时救出可致死亡。

（5）苯的氨基和硝基化合物中毒　常见的有苯胺、苯二胺、联苯胺、二硝基苯、三硝基甲苯、硝基氯苯等。这类化合物广泛用于制药、印染、油漆、印刷、橡胶、炸药、有机合成、染料制造以及化工、农药等工业。苯类化合物中三硝基甲苯、二硝基酚、三硝苯胺等均可引起白内障。苯的氨基化合物具有致癌作用，如联苯胺、4-氨基联苯可致膀胱癌。

（6）高分子化合物的生产包括：①由化工原料合成单体；②单体经聚合或缩聚成聚合物；③聚合物的加工、塑制等。在整个合成、加工及使用过程中均可产生一些有害因素。如氯乙烯、丙烯酸、氯丁二烯、二异氰酸甲苯酯、环氧氯丙烷、己内酰胺、苯乙烯、丙烯酰胺、乙氨及二甲基甲酰胺等中毒。

3. 生产性毒物可引起职业中毒

职业中毒按发病过程可分为三种病型。

（1）急性中毒，由毒物一次或短时间内大量进入人体所致。多数由生产事故或违反操作规程所引起。

（2）慢性中毒，慢性中毒指长期小量毒物进入机体所致，绝大多数是由蓄积作用的毒物引起的。

（3）亚急性中毒，亚急性中毒介于以上两者之间，在一定时间内有一定量毒物进入人体所产生的中毒现象。有的是处于带毒状态。如接触工业毒物，但无中毒症状和体征，尿中或其他生物材料中所含的毒物量（或代谢产物）超过正常值上限。这种状态称带毒状态或称毒物吸收状态，例如铅吸收，可引致铅肺；氟可致氟骨症；氯乙烯可引起肢端溶骨症；焦油沥青易引起皮肤黑变病等。

某些化学毒物可致突变、致癌、致畸，引起机体遗传物质的变异。工业毒物对女工月经、妊娠、哺乳等生殖功能可产生不良影响，不仅对妇女本身有害，而且可累及下一代。

（四）物理性职业危害因素及所致职业病

作业场所存在的物理因素包括气象条件有气温、气湿、气流、气压；噪声、振动；电磁辐射等。分类如下。

（1）噪声及噪声聋　由于机器转动，气体排放，工件撞击与摩擦等所产生的噪声，称为生产性噪声或工业噪声。噪声可分为三类：空气动力噪声、机械性噪声、电磁性噪声。能产生噪声的主要工种，有使用各种风动工具的工人、纺织工、发动机实验人员、拖拉机手、飞机驾驶员和炮兵等。

生产性噪声对人体的危害首先是对听觉器官的损害，我国已将噪声聋列为职业病。噪声还可对神经系统、心血管系统及全身其他器官功能产生不同程度的危害。

（2）振动及振动病　生产设备、工具生产的振动称为生产性振动。产生振动的机械有锻造机、冲压机、压缩机、振动筛、送风机，振动传送带、打夯机等。

手臂振动所造成的危害较为严重。主要有捶打工具如凿岩机、空气锤等、手持转动工具如电钻、风钻等、固定轮转工具如砂轮机等。

振动病分为全身振动和局部振动两种。局部振动病为法定职业病。

（3）电磁辐射及所致的职业病

① 非电离辐射。

a. 射频辐射。一般来说，射频辐射对人体的影响不会导致组织器官的器质性损伤，主要引起功能性改变，并具有可逆性特征。往往在停止接触数周或数月后可恢复。但在大强度长期作用下，心血管系统的症候持续时间较长，并有进行性倾向。微波作业，对健康的影响可出现以中枢神经系统和植物神经系统功能紊乱，心血管系统的变化。

b. 红外线。红外线引起的职业性白内障已列入职业病名单。

c. 紫外线。强烈的紫外线辐射作用可引起皮炎，表现为弥漫性红斑，有时可出现小水泡和水肿，并有发痒、烧灼感。皮肤对紫外线的感受性存在明显的个体差异。除机体本身因素外，外界因素的影响会使敏感性增加。例如，皮肤接触沥青后经常紫外线照射，能发生严重的光感性皮炎，并伴有头痛、恶心、体温升高等症状，长期受紫外线作用，可发生湿咳、毛囊炎、皮肤萎缩、色素沉着，长期受波长 280～340nm 紫外线作用可发生皮肤癌。作业场所比较多见的是紫外线对眼睛的损伤，即电光性眼炎。

d. 激光。激光对人体的危害主要是它的热效应和光化学效应造成的。激光对健康的影响主要对眼部影响和对皮肤造成损伤。被机体吸收的激光能量转变成热能，在极短时间内（几毫秒）使机体组织局部温度升得很高（200～1000℃），机体组织内的水分受热时骤然气化，局部压力剧增，使细胞和组织受冲击波作用，发生机械性损伤。

眼部受激光照射后，可突然出现眩光感，视力模糊，或眼前出现固定黑影甚至视觉丧失。

② 电离辐射。电离辐射引起的职业病包括：全身性放射性疾病，如急慢性放射病；局部放射性疾病，如急、慢性放射性皮炎、放射性白内障、放射所致远期损伤，如放射所致白血病。列为国家法定职业病者，有急性、亚急性、慢性外照射放射病，外照射皮肤疾病和内照射放射病、放射性肿瘤、放射性骨病、发射性甲状腺疾病、发射性性腺疾病、放射复合伤和其他放射性损伤共 10 种。

（五）职业性致癌因素和职业癌

1. 职业致癌物的分类

与职业有关的能引起肿瘤的因素称为职业性致癌因素。由职业性致癌因素所致的癌症，称为职业癌。引起职业癌的物质称为职业性致癌物。

职业致癌物可分为三类：①确认致癌物（如炼焦油、芳香胺、石棉、铬、芥子气、氯甲甲酯、氯乙烯、放射性物质等）；②可疑致癌物（尚未经流行病学调查证实，如铜、铁、亚硝胺等）；③潜在致癌物，这类物质在动物实验中已获阳性结果，有致癌性，如镉、砷、铅或化合物等。

2. 职业性肿瘤

我国已将石棉所致肺癌、间皮瘤、联苯胺所致膀胱癌、苯所致白血病、氯甲醚、双氯甲醚所致肺癌、砷及其化合物所致肺癌、皮肤癌、氯乙烯所致肝血管肉瘤、焦炉逸散物所致肺癌、六价铬化合物所致肺癌、毛沸石所致肺癌、胸膜间皮瘤、煤焦油、煤焦油沥青、石油沥青所致皮肤癌、β-萘胺所致膀胱癌等11种职业癌物所致的癌症，列入职业病名单。

（六）职业性传染病

我国将炭疽、森林脑炎、布氏杆菌病，列为法定职业病传染病。

（七）其他列入职业病目录职业性疾病

职业性皮肤病（接触性皮炎、光敏性皮炎、电光性皮炎、黑变病、痤疮、溃疡、化学性皮肤灼伤、其他职业性皮肤病）、化学性眼部灼伤、铬鼻病、牙酸蚀症、金属烟尘热、职业性哮喘、职业性变态反应性肺泡炎、棉尘病、煤矿井下工人滑囊炎等均列入职业病目录。

（八）与职业有关的疾病

（1）与职业有关的疾病主要是指在职业人群中，由多种因素引起的疾病。它的发生与职业因素有关，但又不是唯一的发病因素，非职业因素也可引起发病，是在职业病名单之外的一些与职业因素有关的疾病。例如搬运工、铸造工、长途汽车司机、炉前工、电焊工等因不良工作姿势所致的腰背痛。长期固定姿势，长期低头，长期伏案工作所致的颈肩痛。长期吸入刺激性气体，粉尘而引起的慢性支气管炎。

（2）视屏显示终端（VDT）的职业危害问题：由于微机的大量使用，视屏显示终端（VDT）操作人员的职业危害问题是关注的重点。长时间操作VDT，可出现"VDT综合征"。主要表现为神经衰弱综合征、肩颈腕综合征和眼睛视力方面的改变等。

（3）其他如一些单调作业引起的疲劳，精神抑制、缺勤增加等；夜班作业导致的失眠、消化不良，又称为"轮班劳动不适应综合征"；还有些脑力劳动，精神压力大，紧张可引起心血管系统的改变等。某些工作的压力大或责任重大引起的心理压力增加等也会对人体带来影响变化。

（九）女工的职业卫生问题

妇女由于生理特点，在职业性危害因素的影响下，生殖器官和生殖功能易受到影响，且可以通过妊娠、哺乳而影响胎、婴儿的健康和发育成长，关系到未来人口素质，女工的职业卫生问题，有其特殊意义。在一般体力劳动过程中，突发的有强制体位（长立、长坐）和重体力劳动的负重作业两方面问题。我国目前规定，成年妇女禁忌参加连续负重，每次负重重量超过 20kg，间断负重每次重量超过 25kg 的作业。许多毒物、物理性因素以及劳动生理因素可对女工健康造成危害，常见的有铅、铬、镉、苯、甲苯、二甲苯、二硫化碳、氯丁二烯、苯乙烯、己内酰胺、汽油、氯仿、二甲基甲酰胺、三硝基甲苯、强烈噪声、全身振动、电离辐射、低温、重体力劳动等，可引起月经变化或具有生殖毒性。

三、职业病发生的条件

职业病与生产过程和作业环境有关，但除了环境危害因素对人的危害程度，还受个体的特性差异的影响。在同一职业危害的作业环境中，由于有个体特征的差异，个人所受的影响所不同，这些个体特征，包括性别、年龄、健康状态、营养状况等。职业病是影响工人健康、威胁工人生命主要健康危害。人体受到环境中直接或间接有害因素时，不一定都发生职业病，职业病的发病过程，还取决于下列三个主要条件。

（1）有害因素的性质。有害因素的理化性质和作用部位与发生职业病密切相关。如电磁辐射透入组织的深度和危害性，主要决定于其波长。毒物的理化性质及其对组织的亲和性与毒性作用有直接关系，例如汽油和二硫化碳具有明显的脂溶性，对神经组织有密切亲和作用，因此首先损害神经系统。一般物理因素常在接触时有作用，脱离接触后体内不存在残留；而化学因素在脱离接触后，作用还会持续一段时间或继续存在。

（2）有害因素作用于人体的量。物理和化学因素对人的危害，都与量有关（生物因素进入人体的量目前还无法准确估计），多大的量和浓度才能导致职业病的发生，是确诊的重要参考。一般作用剂量 D（Dose,）是接触浓度（强度）C（Concentration）与接触时间 t（Time）的乘积，可表达为 $D = t * C$。我国公布的《工作场所有害因素职业接触限值　第 1 部分：化学有害因素》（GBZ 2.1），就是指某些化学物质在工作场所中的限量。但应该认识到有些有害物质能在体内蓄积，少量和长期接触也可能引起职业性损害以致职业病发生。认真查询与某种因素的接触工龄及接触方式，对职业病诊断具有重要价值。

（3）人体的健康状况。健康的人体对有害因素的防御能力是多方面的。某些物理因素停止接触后，被扰乱的生理功能可以逐步恢复。但是抵抗力和身体条件较差的人员，对于进入体内的毒物，解毒和排毒功能下降，更易受到损害。经常患有某些疾病的工人，接触有毒物质后，可使原有疾病加剧，进而发生职业病。对工人进行就业前和定期的体格检查，其目的在于发现对生产中有害因素的就业禁忌证，以便更合适地安置工种，保护健康。

职业病还具有以下一些特点。病因有特异性，比如接触含有游离二氧化硅的粉尘作业工人容易引起矽肺病；脱离接触可减轻或恢复，如接触噪声早期引起听力的下降，如连续不断接触可导致噪声性耳聋，及时脱离接触噪声环境则可以恢复；病因大多可以检测，一般有接触水平（剂量-反应）关系，也就是接触的量与发生病变的严重程度相关；因此早期诊断，早期给予相应处理或治疗，对于预防职业病发生意义重大。

第二节　职业危害评价与管理

一、职业危害评价

职业危害因素危害程度评价是职业卫生管理中一项重要的工作，国家先后公布了《建设项目职业病危害分类管理办法》、《职业病危害项目申报办法》等法规，规定了用人单位应该向主管部门申报职业病危害项目，根据职业病危害程度对用人单位实行分类管理，可见对职业危害因素危害程度评价，已成为职业卫生管理工作中一个重要内容。

对职业危害因素的认识与辨别，需要采用调查的方法来加以识别，因此，职业卫生调查是评价和控制职业危害因素的必要手段，也是实施职业卫生服务和管理的重要步骤。

（1）职业卫生的调查：工作有多种多样，需要了解和掌握各种调查方法。

调查工作可分为现场调查和实验室调查；回顾性调查和前瞻性调查；一般性调查（描述性调查）和专题性调查分析性（或实验性调查）；当发生急性职业危害（如急性中毒事故）所进行的应急性的调查，可称为事故调查。在职业卫生调查中，还可区别卫生学调查和流行病学（职业流行病学）调查。

根据不同的目的、任务，选择适宜的调查方法和调查内容是做好调查工作的关键。

（2）职业危害性因素的危险度评定。职业危害评价所需要的基础资料可归纳以下三方面：①毒理学资料；②流行病学资料；③接触水平资料。

职业性危害因素的危险度评定是综合毒理学测试、环境监测、健康监护和流行病学调查研究资料，对危害因素的危害作用，进行定性和定量的评价和认定，估算和推断该种危害因素在多大剂量下、何种条件下，可能对接触者健康造成损害，并估测在一般接触条件下，可能对接触者健康造成损害的概率和程度，预防对策提供依据。

（3）建设项目职业病危害评价。按《建设项目职业病危害分类管理办法》中规定的办法进行分类。在该管理办法中将可能产生职业病危害的建设项目分为职业病轻微危害、职业病危害一般和职业病危害严重三类。有下列情形之一者列为严重职业病危害项目：

(1)《高毒物品目录》所列化学因素；

(2) 石棉纤维粉尘、含游离二氧化硅 10％以上粉尘；

(3) 放射性因素。核设施、辐照加工设备、加速器、放射治疗装置、工业探伤机、油田测井装置、甲级开放型放射性同位素工作场所和放射性物质贮存库等装置或场所；

(4) 卫生部规定的其他应列入严重职业病危害因素范围的。

（一）建设项目职业病危害评价的依据

职业卫生技术服务机构接受建设单位的委托，进行职业危害评价工作时，不但需要科学依据而且还需要法律的依据。职业危害评价是国家制定防治职业病保护劳动者健康的法律和政策的依据，因此，在进行职业危害评价时，必须以现行的防治职业病法规为依据。

《职业病防治法》第十七条，新建、扩建、改建建设项目和技术改造、技术引进项目（以下统称建设项目）可能产生职业病危害的，建设单位在可行性论证阶段应当进行职业病危害预评价。第十八条规定，建设项目竣工验收以前，建设单位应当进行职业病危害控制效果评价。第二十六条规定，职业病危害因素检测、评价由依法设立的取得国务院安全生产监督管理部门或者设区的市级以上地方人民政府安全生产监督管理部门按照职责分工给予资质认可的职业卫生技术服务机构进行；职业卫生技术服务机构所作检测、评价应当客观、真实。为此卫生部专门公布了《建设项目职业病危害评价规范》、《建设项目职业病危害分类管理办法》、《职业病危害项目申报办法》、《职业病危害因素分类目录》等一系列法规、规范、标准。承担评价工作的职业卫生技术服务机构的人员，必须熟悉相应的法规、规范、标准，坚持以法规为依据，进行职业危害评价工作。

建设项目职业病危害评价依据国家、地方、行业职业卫生技术规范、标准进行。例如《工业企业设计卫生标准》（GBZ 1—2010）、《工业企业总平面设计规范》（GB 50187—2012）、《工作场所职业病危害警示标识》（GBZ 158—2003）、《工作场所空气中有害物质监测的采样规范》（GBZ 159—2004）、《职业性接触毒物危害程度分级》（GBZ/T 230—2010）、《有毒作业分级》（GB 12331—1990）、《粉尘作业场所危害程度分级》（GB/T 5817—2009）等各类工业企业卫生防护距离标准；《劳动保护用品配备标准（试行）》（国经贸委安全 [2000] 189 号）及不同行业规定的职业卫生设计规定或规范等。

（二）建设项目职业病危害评价

按《职业病防治法》的规定，对建设项目的职业危害评价区分为：①建设项目职业危害预评价；②建设项目职业病危害控制效果评价；③建设项目职业危害防护设施设计卫生审查。

国家对职业病危害建设项目实行分类管理。对可能产生职业病危害的建设项目分为职业病危害轻微、职业病危害一般和职业病危害严重三类。

（1）职业病危害轻微的建设项目，其职业病危害预评价报告、控制效果评价报告应当向卫生行政部门备案；

（2）职业病危害一般的建设项目，其职业病危害预评价、控制效果评价应当进行审核、竣工验收；

（3）职业病危害严重的建设项目，除进行前项规定的卫生审核和竣工验收外，还应当进行设计阶段的职业病防护设施设计的卫生审查

1. 建设项目职业病危害预评价

建设项目职业危害预评价（以下简称预评价）结果直接为建设工程设计、特别是职业病防护设施设计提供依据。因此，可以说预评价是一项严肃认真且具有执法性质的科学技术工作。要求评价人员应具有扎实的职业卫生专业知识和必要的相关学科知识，以及法律知识和法律意识。同时还需要丰富的实际工作经验，从而才能科学的、准确地辨识建设工程存在的职业危害因素，并对拟采取的防护设施的预期效果做出准确的评价，在此基础上对防护措施的设计提出具体的建议。从预评价工作的性质要求，必须有个合理的工作程序，并且要严格执行预评价工作规范。

2. 职业病危害控制效果评价

《职业病防治法》第十八条规定，建设项目竣工验收以前，建设单位应当进行职业病危害控制效果评价。并指定评价工作由取得资质认证的职业卫生服务机构进行。

3. 职业病危害评价的科学依据

建设项目职业病危害评价应该在职业卫生的调查和研究基础上，对照相应的国家标准来进行评价。职业卫生调查结果及有关建设项目的各类基础资料，是职业病危害评价的科学、事实依据。

在进行建设项目职业病危害评价时，进行的职业卫生调查包括：

① 针对建设项目职业病危害预评价的类比现场调查；

② 针对建设项目职业病危害控制效果评价的现场调查，含生产过程的卫生学调查、作业环境卫生学调查、职业卫生"三同时"调查、职业卫生管理调查、现场监测、职业性健康调查。

③ 建设项目的基础资料，应由建设单位提供的主要有，建设单位职业卫生基本情况、职业卫生技术服务委托书、建设项目可行性研究报告、建设项目试运行资料、建设单位职业卫生档案、建设单位健康监护档案等。

二、有害作业分级评价

有害作业分级评价是对环境接触水平与影响危害产生的主要接触条件进行的

综合评价，目的是对有害作业进行监督、管理，及时有效地采取预防措施，保护劳动者身体健康。

决定职业病危害因素对人体健康影响的主要有接触水平与接触时间。评价某一具体作业场所特定职业病危害因素的危害性时，在一定接触水平下，接触时间是最主要的依据。但实际工作场所职业病有害因素存在多样性、变动性及作业人员接触的间断性等复杂情况。不同种类职业病危害因素的性质和对人体作用的特点也不相同，因此在评价时除接触时间外，还应考虑其他因素，并根据卫生标准的改变、职业卫生技术的发展，不断探索、改进切合实际的科学分级评价方法。

目前用于作业场所有害作业分级评价的主要标准有：《职业性接触毒物危害程度分级》（GBZ/T 230—2010）、《有毒作业分级》（GB 12331—1990）、《粉尘作业场所危害程度分级》（GB/T 5817—2009）、《高温作业分级》（GB 4200—2008）、《低温作业分级》（GB/T 14440—1993）、《冷水作业分级》（GB/T 14439—1993）、《噪声作业分级》（LD80—1995）。

生产性毒物是作业场所种类繁多、接触广泛的职业病危害因素，生产性毒物的职业接触方式有呼吸道吸入、经口食入、经皮肤吸收，以呼吸道吸入为主。

1. 职业性接触毒物危害程度分级

职业性接触毒危害程度分级，是以急性毒性、急性中毒发病状况、慢性中毒患病状况、慢性中毒后果、致癌性和最高容许浓度等六项指标为基础的定级标准。分级依据六项指标综合分析，以多数指标的归属定出危害程度的级别。对某些特殊毒物，则按其急性、慢性或致癌性等突出危害程度定出级别。接触多种毒物时，以产生危害程度最大的毒物的级别为准。

职业性接触毒物危害程度分级依据见表 6-1。

表 6-1　职业性接触毒物危害程度分级和评分依据

分项指标		极度危害	高度危害	中度危害	轻度危害	轻微危害	权重系数
积分值		4	3	2	1	0	
急性吸入 LC_{50}	气体[①] /(cm^3/m^3)	<100	≥100 ~<500	≥500 ~<2500	≥2500 ~<20000	≥20000	5
	蒸气 /(mg/m^3)	<500	≥500 ~<2000	≥2000 ~<10000	≥10000 ~<20000	≥20000	
	粉尘和烟雾 /(mg/m^3)	<50	≥50 ~<500	≥500 ~<1000	≥1000 ~<5000	≥5000	
急性经口 LD_{50} /(mg/kg)		<5	≥5 ~<50	≥50 ~<300	≥300 ~<2000	≥2000	
急性经皮 LD_{50} /(mg/kg)		<50	≥50 ~<200	≥200 ~<1000	≥1000 ~<2000	≥2000	1

分项指标	极度危害	高度危害	中度危害	轻度危害	轻微危害	权重系数
积分值	4	3	2	1	0	
刺激与腐蚀性	pH≤2 或 pH≥11.5；腐蚀作用或不可逆损伤作用	强刺激作用	中等刺激作用	轻刺激作用	无刺激作用	2
致敏性	有证据表明该物质能引起人类特定的呼吸系统致敏或重要脏器的变态反应性损伤	有证据表明该物质能导致人类皮肤过敏	动物试验证据充分，但无人类相关证据	现有动物试验证据不能对该物质的致敏性做出结论	无致敏性	2
生殖毒性	明确的人类生殖毒性：已确定对人类的生殖能力、生育或发育造成有害效应的毒物，人类母体接触后可引起子代先天性缺陷	推定的人类生殖毒性：动物试验生殖毒性明确，但对人类生殖毒性作用尚未确定因果关系，推定对人的生殖能力或发育产生有害影响	可疑的人类生殖毒性：动物试验生殖毒性明确，但无人类生殖毒性资料	人类生殖毒性未定论；现有证据或资料不足以对毒物的生殖毒性作出结论	无人类生殖毒性；动物试验阴性，人群调查结果未发现生殖毒性	3
致癌性	Ⅰ组，人类致癌物	ⅡA组，近似人类致癌物	ⅡB组，可能人类致癌物	Ⅲ组，未归入人类致癌物	Ⅳ组，非人类致癌物	4
实际危害后果与预后	职业中毒病死率≥10%	职业中毒病死率<10%；或致残（不可逆损害）	器质性损害（可逆性重要脏器损害），脱离接触后可治愈	仅有接触反应	无危害后果	5
扩散性（常温或工业使用时状态）	气态	液态，挥发性高（沸点<50℃）；固态，扩散性极高（使用时形成烟或烟尘）。	液态，挥发性中（沸点≥50~<150℃）；固态，扩散性高（细微而轻的粉末，使用时可见尘雾形成，并在空气中停留数分钟以上）	液态，挥发性低（沸点≥150℃）；固态，晶体、粒状固体、扩散性中，使用时能见到粉尘但很快落下，使用后粉尘留在表面	固态，扩散性低（不会破碎的固体小球（块），使用时几乎不产生粉尘）	3

续表

分项指标	极度危害	高度危害	中度危害	轻度危害	轻微危害	权重系数
积分值	4	3	2	1	0	
蓄积性(或生物半减期)	蓄积系数(动物实验,下同)<1;生物半减期≥4000h	蓄积系数≥1~<3;生物半减期≥400h~<4000h	蓄积系数≥3~<5;生物半减期≥40h~<400h	蓄积系数>5;生物半减期≥4h~<40h	生物半减期<4h	1

① 1cm/m³=1ppm,ppm 与 mg/m³ 在气温为 20℃,大气压为 101.3kPa(760mmHg)的条件下的换算公式为:1ppm=24.04/Mr mg/m³,其中 Mr 为该气体的分子量。

注 1. 急性毒性分级指标以急性吸入毒性和急性经皮毒性为分级依据。无急性吸入毒性数据的物质,参照急性经口毒性分级。无急性经皮毒性数据、且不经皮吸收的物质,按轻微危害分级;无急性经皮毒性数据、但可经皮肤吸收的物质,参照急性吸入毒性分级。

2. 强、中、轻和无刺激作用的分级依据 GB/T 21604 和 GB/T 21609。

3. 缺乏蓄积性、致癌性、致敏性、生殖毒性分级有关数据的物质的分项指标暂按极度危害赋分。

4. 工业使用在五年内的新化学品,无实际危害后果资料的,该分项指标暂按极度危害赋分;工业使用在五年以上的物质,无实际危害后果资料的,该分项指标按轻微危害赋分。

5. 一般液态物质的吸入毒性按蒸气类划分。

2. 有毒作业分级

《有毒作业分级》(GB 12331—1990)中,有毒作业危害程度分级评价的依据是生产性毒物危害程度级别、实地记录的接触生产性毒物的劳动时间和工作地点生产性毒物浓度的超标倍数,计算有毒作业分级指数,从而确定有毒作业分级级别。

当作业场所存在多种生产性毒物时,分别进行分级评价,以最严重的级别定级,同时标明其他毒物的危害级别。《毒物危害评价方法》中在计算有毒物质超标倍数时,采用的是最高容许浓度,在《工作场所有害因素职业接触限值 第1部分:化学有害因素》(GBZ2.1),多数有毒物质的卫生标准限值以短时间接触容许浓度和时间加权平均容许浓度规定,因此本标准规定的分级只适用于接触规定了最高容许浓度的有毒物质作业的分级。

3. 粉尘作业场所危害分级

粉尘是作业场所最主要职业病危害因素之一,由之造成的职业性尘肺病是我国目前发病率最高的职业病。生产性粉尘的主要接触方式是经呼吸道吸入。

《粉尘作业场所危害程度分级》(GB 5817—2009)将粉尘作业场所危害程度共分0级、Ⅰ级和Ⅱ级三个等级生产性粉尘危害程度级别越高,危害越大。对Ⅱ级以上危害级别的作业场所,要求做出改进计划,限期整改,甚至停止生产。

4. 高温作业分级

高温作业主要由在生产过程中能够产生和散发热量的生产设备、产品或工件等生产性热源造成，热带地区或夏季露天作业，也是造成高温作业的原因之一。

高温作业环境对人体产生的作用涉及气温、气湿、气流、热辐射等多种因素。高温作业危害程度分级评价的依据是湿球黑球温度（WBGT）结合评价指数和劳动者接触高温作业的时间两项指标，并用定向热辐射强度加以修正，对工作地点平均热辐射强度等于或大于 $2kW/m^2$ 的高温作业，相应提高一个等级，最高不超过Ⅳ级。

高温作业危害程度分级，级别越高危害越大。

5. 噪声作业分级

《噪声作业分级》（LD80—1995）属劳动和劳动安全行业标准采用了国际标准委员会声学学会的听力保护标准。危害程度的分级依据是实测噪声作业工作日内等效连续 A 声级和接触噪声作业时间对应的接触限值，综合计算噪声危害指数 I，根据指数范围确定噪声作业危害级别。

（1）指数计算分级法

① 指数计算

$$I=(L_w-L_s)/6$$

式中，I 为噪声危害指数；L_w 为噪声作业实测工作日等效连续 A 声级，dB；L_s 为技术时间对应的卫生标准，dB；6 为分级常数，是根据噪声危害规律、分级原则和卫生标准决定的级差系数。

② 噪声作业分级　根据计算的噪声危害指数 I，由表 6-2 查出噪声作业危害级别

表 6-2　指数表

危害程度	指数范围	级　别
安全作业 0	$I<0$	0
轻度危害 1	$0<I<1$	Ⅰ
中毒危害 2	$1<I<2$	Ⅱ
高度危害 3	$2<I<3$	Ⅲ
极度危害 4	$3<I$	Ⅳ

注：接触噪声超过 115dB 的作业，无论时间长短均为Ⅳ级。

（2）查表分级法

按实际接触噪声声级及接触时间，按表 6-3 确定噪声作业级别。

表 6-3 级别表

声级范围/dB 级别 接噪时间/h	≤85	~88	~91	~94	~97	~100	~103	~106	~109	~112	≥113
约 1											
约 2		0			Ⅰ		Ⅱ		Ⅲ		Ⅳ
约 4											
约 8											

注：1. 新建、扩建、改建企业按表进行。

2. 现有企业暂时达不到卫生标准时，0 级可扩大至Ⅰ级区，其余按表分级

三、作业环境的监测方法

1. 作业环境监测的目的

作业场所工作环境监测是识别职业病危害因素的一个重要手段，其目的是：

① 掌握生产环境中职业病危害因素的性质、强度（浓度）及其在时间、空间的分布情况和变化规律；

② 评估作业人员的接触水平，为了解接触水平与健康损害之间的关系提供基础数据；

③ 检查工作场所环境的卫生质量，评价作业条件是否符合职业卫生标准的要求；

④ 为监督职业病防治法律执行情况，鉴定预防措施效果提供技术支持；

⑤ 为控制职业病危害因素，以及制定、修订职业卫生标准提供科学依据。

2. 法律法规要求

在《职业病防治法》及配套规章中，国家已经明确规定需要监测的职业病危害因素种类，同时要求：

(1) 用人单位作业场所的职业病危害因素检测与评价，应纳入本单位的职业病防治计划，指定专人负责，并确保监测系统处于正常运行状态。

(2) 应制订作业场所职业病危害因素监测计划，定期对工作场所进行职业病危害因素检测、评价。计划包括：①作业场所名称；②职业病危害因素名称；③检测单位；④检测频次及计划检测时间；⑤管理责任人。

(3) 作业场所职业病危害因素检测与评价，应委托依法设立并取得省级卫生行政部门资质认证的职业卫生技术服务机构进行。选择时应充分考虑技术服务机构的资质范围、检测与评价技术水平、技术服务费用等，并要注意与选定的技术服务机构签订技术服务委托协议书。

(4) 作业场所职业病危害因素定期检测、评价结果存入用人单位职业卫生档案，定期向所在地安全生产监督管理部门报告并向从业人员公布。

3. 作业环境监测依据

作业环境监测主要依据国家颁布的各类作业场所职业病危害因素采用与检测规范进行，在这些采样与检测规范中，分别对工作场所空气中有害物质的采样及检测方法、工作场所空气中粉尘测定方法和各类物理有害因素的测量方法进行了规定。

4. 工作场所空气有害物质的采样

应严格按《工作场所空气中有害物质监测的采样规范》（GBZ159—2004）进行。

5. 工作场所空气中有害物质的检测

工作场所空气中有害物质及有害因素的检测，应严格按 GBZ 2.1—2007 和 GBZ 2.2—2007 工作场所空气中有害物质，工作场所有害因素的检测方法进行。

其主要检测方法大致可见表 6-4。

表 6-4　工作场所空气中有害物质的检测方法

工作场所空气中有害物质类别	主要检测方法
生产性粉尘	滤膜称重法
无机物及其化合物	分光光度法/离子色谱法
有机类及有机化合物	气相色谱法/高效液相色谱法
金属、类金属及其化合物	原子吸收法/原子荧光光谱法
有机农药类	气相色谱法/高效液相色谱法
药物类	高效液相色谱法
炸药类	高效液相色谱法/分光光度法
生物类	比色法

作业场所物理有害因素的测量方法。物理性有害因素的测量，不同于化学性有害因素，必须使用特别的仪器，根据其有害因素的特点进行测量。

（1）噪声

① 测量参数：稳态及其他非脉冲噪声：A 计权声级、等效声级、频谱。

② 测量仪器：

a. 作业场所噪声测量：精密声级计或 0、I 型（IEC）声级计；

b. 作业场所频谱分析：音频程滤波器。

③ 测量方法及要求：详见《作业场所噪声测量规范》（WS/T69—1996）。

当噪声强度超标时，应对噪声声源进行频谱分析。脉冲的重复频率较稳定时，记下一分钟的脉冲重复率，依次推算一个工作日的脉冲数；脉冲的重复率不稳定时，则应记录一个工作日的实际脉冲数。

（2）高温

① 测量参数：干球温度、湿球温度、黑球温度、定向辐射热、风速、体力

劳动强度。

② 测量仪器：WBGT 指数仪、通风干湿球温度计、风速仪、定向辐射热计、肺通气量计。

③ 测量方法及要求：

详见《工作场所有害因素职业接触限值 第 2 部分：物理因素》（GBZ2.2）中有关高温测量的规定。

（3）射频辐射

① 测量参数：

a. 高频：电场强度、磁场强度；

b. 微波：功率密度

② 测量仪器：高频测量仪、微波漏能仪。

③ 测量方法及要求：高频测量详见 GBZ2.2 中相关内容；

（4）振动

① 测量参数：加速度、频率。

② 测量仪器：振动测试仪。

③ 测量方法及要求：

局部振动的测量详见 GBZ2.2 相关内容。全身振动的测量详见《机械振动子冲击。人体暴露于全身振动的评价》（GB/T 13441.1～GB/T 13441.5）中有关全身振动测量的规定。

（5）照明

① 测量参数：照度、均匀度。

② 测量仪器：照度计。

③ 测量方法及要求：照明的测量详见《室内照明测量方法》（GB5700—2008）。

第三节　职业危害申报及职业病报告

一、职业健康监护

职业健康监护对从业人员来说是一项预防性措施，是法律赋予从业人员的权利，是用人单位必须对从业人员承担的义务。其主要内容包括：职业卫生教育与培训；职业健康检查；建立职业健康监护档案；从业人员健康监护信息管理。

1. 职业卫生教育与培训

用人单位应对上岗前、在岗期间的定期职业安全卫生知识培训，使从业人员了解并遵守职业病防治法律、法规、规章和操作规程，正确地使用、维护防护设备、个人防护用品，以及从业人员享有的依法维护自身权利。

2. 职业健康检查

健康检查应是个全过程，即上岗前健康检查，接触危害因素从业人员的定期健康检查，离岗时健康检查。

用人单位发生分合、解散、破产时，亦应对接触职业危害因素的工人进行健康检查。

检查项目及周期应按所接触的职业危害因素类别、按国家规定的《职业健康检查项目及周期》进行。检查中，发现有职业禁忌证者不得从事所禁忌的作业，对需要复查和医学观察者，应按要求进行复查和医学观察。发现疑似职业病病人应按规定报告并安排进行职业病诊断或医学观察。用人单位应及时将健康检查结果如实告知。

3. 职业健康监护档案

用人单位应建立职业健康监护档案，每人一份，档案内容：

① 从业人员职业史，既往史和职业病危害因素接触史；

② 作业场所职业病危害因素监测结果；

③ 职业健康检查结果及处理情况；

④ 职业病诊疗等有关健康资料。

用人单位应妥善保存职业健康监护档案，从业人员有权查阅、复印本人的职业健康档案，离开用人单位时有权索取本人健康监护档案复印件。

4. 职业健康监护信息管理

健全的职业健康监护管理制度，有利于早期发现医学禁忌证，疑似职业病病人，对保护从业人员的健康有重要意义。

二、职业危害申报内容与程序

《职业病防治法》第十六条规定，国家建立职业病危害项目申报制度。2012年4月，国家安全生产监督管理总局发布了《职业病危害项目申报办法》（国家安全生产监督管理总局［2012］第48号），该办法规定了职业病危害项目申报的具体方法。

1. 职业病危害项目申报要求

用人单位（煤矿除外）工作场所存在职业病目录所列职业病的危害因素的，应当及时、如实向所在地安全生产监督管理部门申报危害项目，并接受安全生产监督管理部门的监督管理。同时规定用人单位未按照《职业病防治法》规定及时、如实地申报职业病危害项目的，责令限期改正，给予警告，可以并处5万元以上10万元以下的罚款。

《职业病危害项目申报办法》规定用人单位有下列情形之一的，应当按照相关内容向原申报机关申报变更职业病危害项目内容：

（1）进行新建、改建、扩建、技术改造或者技术引进建设项目的，自建设项目竣工验收之日起 30 日内进行申报；

（2）因技术、工艺、设备或者材料等发生变化导致原申报的职业病危害因素及其相关内容发生重大变化的，自发生变化之日起 15 日内进行申报；

（3）用人单位工作场所、名称、法定代表人或者主要负责人发生变化的，自发生变化之日起 15 日内进行申报；

（4）经过职业病危害因素检测、评价，发现原申报内容发生变化的，自收到有关检测、评价结果之日起 15 日内进行申报。

用人单位终止生产经营活动的，应当自生产经营活动终止之日起 15 日内向原申报机关报告并办理注销手续。

2. 职业病危害项目申报内容

2012 年 6 月 1 日起施行《职业病危害项目申报办法》中规定自用人单位（煤矿除外）工作场所存在职业病目录所列职业病的危害因素的，应当及时、如实向所在地安全生产监督管理部门申报危害项目，并接受安全生产监督管理部门的监督管理。

煤矿职业病危害项目申报办法另行规定。

《职业病危害项目申报办法》第三条，所称职业病危害项目，是指存在职业病危害因素的项目。

职业病危害因素按照《职业病危害因素分类目录》确定。

第四条 职业病危害项目申报工作实行属地分级管理的原则。

中央企业、省属企业及其所属用人单位的职业病危害项目，向其所在地设区的市级人民政府安全生产监督管理部门申报。

前款规定以外的其他用人单位的职业病危害项目，向其所在地县级人民政府安全生产监督管理部门申报。

第五条 用人单位申报职业病危害项目时，应当提交《职业病危害项目申报表》和下列文件、资料：

① 用人单位的基本情况；

② 工作场所职业病危害因素种类、分布情况以及接触人数；

③ 法律、法规和规章规定的其他文件、资料。

第六条 职业病危害项目申报同时采取电子数据和纸质文本两种方式。

用人单位应当首先通过"职业病危害项目申报系统"进行电子数据申报，同时将《职业病危害项目申报表》加盖公章并由本单位主要负责人签字后，按照本办法第四条和第五条的规定，连同有关文件、资料一并上报所在地设区的市级、县级安全生产监督管理部门。

受理申报的安全生产监督管理部门应当自收到申报文件、资料之日起 5 个工作日内，出具《职业病危害项目申报回执》。

第七条　职业病危害项目申报不得收取任何费用。

第八条　用人单位有下列情形之一的，应当按照本条规定向原申报机关申报变更职业病危害项目内容：

① 进行新建、改建、扩建、技术改造或者技术引进建设项目的，自建设项目竣工验收之日起 30 日内进行申报；

② 因技术、工艺、设备或者材料等发生变化导致原申报的职业病危害因素及其相关内容发生重大变化的，自发生变化之日起 15 日内进行申报；

③ 用人单位工作场所、名称、法定代表人或者主要负责人发生变化的，自发生变化之日起 15 日内进行申报；

④ 经过职业病危害因素检测、评价，发现原申报内容发生变化的，自收到有关检测、评价结果之日起 15 日内进行申报。

第九条　用人单位终止生产经营活动的，应当自生产经营活动终止之日起 15 日内向原申报机关报告并办理注销手续。

三、职业病报告的内容

《职业病防治法》中对职业病报告职责及违法处罚做了规定。《职业病防治法》中，对职业危害事故报告、事故处理及法律责任均作了规定。

1.《职业病防治法》规定的职业病报告职责及法律责任

发生或者可能发生急性职业病危害事故时，用人单位应当立即采取应急救援和控制措施，并及时报告所在地安全生产监督管理部门和有关部门。安全生产监督管理部门接到报告后，应当及时会同有关部门组织调查处理；必要时，可以采取临时控制措施。卫生行政部门应当组织做好医疗救治工作。

2. 违法处罚

用人单位违反发生或者可能发生急性职业病危害事故时，未立即采取应急救援和控制措施或者未按照规定及时报告的，由安全生产监督管理部门给予警告，责令限期改正，逾期不改正的，处五万元以上二十万元以下的罚款；情节严重的，责令停止产生职业病危害的作业，或者提请有关人民政府按照国务院规定的权限责令关闭。

3. 职业病报告内容

(1) 应报告的职业病　《职业病分类和目录》的职业病名单分 10 类共 132 种，为正确诊断，已对部分职业病制订了国家《职业病诊断标准》并公布实施。表 6-5 为法定职业病类别及数量。

表 6-5 法定职业病类别及数量

类别号	职业病类别	职业病数量
一	职业性尘肺病及其他呼吸系统疾病	19
二	职业性皮肤病	9
三	职业性眼病	3
四	职业性耳鼻喉口腔疾病	4
五	职业性化学中毒	60
六	物理因素所致职业病	7
七	职业性放射性疾病	11
八	职业性传染病	5
九	职业性肿瘤	11
十	其他职业病	3

(2) 职业病报告内容 根据引发职业病的有害物质类别不同，分别编制了《尘肺病报告卡》、《农药中毒报告卡》和《职业病报告卡》，按规定上报。

① 尘肺病报告卡 适用于我国境内一切有粉尘作业的用人单位，在统计年度内有首次被诊断为尘肺病的劳动者或尘肺晋期、调出（人）本省的尘肺病患者和尘肺死亡者均应填卡报告。在岗的非编制职工患有尘肺病时也应填报。报告卡内容包括：用人单位的信息、尘肺病患者的基本信息、开始接尘日期、实际接尘工龄、尘肺病种类、胸片编号、诊数结论、报告类别、死亡信息、诊断单位、报告单位、报告人及报告日期等。

② 农药中毒报告卡 适用于在农林业等生产活动中使用农药或生活中误用各类农药而发生中毒者。因农业生产而发生中毒者归入职业病报告卡，不统计在此报告卡。报告卡内容包括：用人单位的信息、农药中毒患者的基本信息、中毒农药名称、中毒农药类别、中毒类型、诊断日期、死亡日期、诊断单位、报告单位、报告人及报告日期等。

③ 职业病报告卡 适用于我国境内一切有职业危害作业的用人单位，除尘肺病、农林业生产活动中使用农药或生活中误用各类农药而发生中毒以外的一切职业病的报告。本报告卡适用于新病例和死亡病例的报告。

报告卡内容包括：用人单位的信息、职业病患者的基本信息、专业工龄、职业病种类、具体病名、中毒事故编码、同时中毒人数、发生日期、诊断日期、死亡日期、诊断单位、报告单位、报告人及报告日期等。

第七章

职业健康安全管理体系

第一节 职业健康安全管理体系基本运行模式与要素

建立与实施职业健康安全管理体系能有效提高企业安全生产管理水平，有助于生产经营单位建立科学的管理机制，采用合理的职业健康安全管理原则与方法，持续改进职业健康安全绩效（包括整体或某一具体职业健康安全绩效）；有助于生产经营单位积极主动地贯彻执行相关职业健康安全法律法规；有助于大型生产经营单位（如跨国公司或大型现代联合企业）的职业健康安全管理功能一体化；有助于生产经营单位对潜在事故或紧急情况作出响应；有助于生产经营单位满足市场要求；有助于生产经营单位获得注册或认证。

一、职业健康安全管理体系的概念与运行模式

职业健康安全管理体系是指为建立职业健康安全目标，以及实现这些目标所制订的一系列相互联系或相互作用的要素。它是职业健康安全管理活动的一种方式，包括影响职业健康安全绩效的重点活动与职责以及绩效测量的方法。

职业健康安全管理体系的运行模式可以追溯到一系列的系统思想，最主要的是 PDCA（策划、实施、评价、改进）概念。在此概念的基础上并结合职业健康安全管理活动的特点，不同的职业健康安全管理体系标准提出了基本相似的职业健康安全管理体系运行模式，其核心都是为生产经营单位建立一个动态循环的管理过程，以持续改进的思想指导生产经营单位，系统地实现其既定的目标。如 ILO-OSH2001 的运行模式为方针、组织、计划与实施、评价、改进措施；OHSAS18001 的运行模式为职业健康安全方针、策划、实施与运行、检查与纠正措施、管理评审。

二、职业健康安全管理体系的基本要素

职业健康安全管理体系作为一种系统化的管理方式，各个国家依据其自身的实际情况提出了不同的指导性要求，但其基本上遵循了 PDCA 的思想并与 ILO-OSH2001 导则相近似。本部分主要依据 ILO OSH2001 导则的框架，介绍现有

职业健康安全管理体系的基本要素。

（一）职业健康安全方针

职业健康安全方针的目的是要求生产经营单位应在征询员工及其代表的意见的基础上，制订出书面的职业健康安全方针，以规定其体系运行中职业健康安全工作的方向和原则，确定职业健康安全责任及绩效总目标，表明实现有效职业健康安全管理的正式承诺，并为下一步体系目标的策划提供指导性框架。

生产经营单位在制订、实施与评审职业健康安全方针时应充分考虑下列因素，以确保方针实施与实现的可能性和必要性，并确保职业健康安全管理体系与企业的其他管理体系协调一致：

（1）所适用职业健康安全法律法规与其他要求的要求；

（2）企业自身整体的经营方针和目标；

（3）企业规模和其所具备资质活动及其所带来风险的特点；

（4）企业过去和现在的职业健康安全绩效；

（5）员工及其代表和其他外部相关方的意见和建议。

为确保所建立与实施的职业健康安全管理体系能够达到控制职业健康安全风险和持续改进职业健康安全绩效的目的，生产经营单位所制定的职业健康安全方针必须包括以下内容：

（1）承诺遵守自身所适用且现行有效的职业健康安全法律、法规，包括生产经营单位所属管理机构的职业健康安全管理规定和生产经营单位与其他用人单位签署的集体协议或其他要求；

（2）承诺持续改进职业健康安全绩效和事故预防、保护员工健康安全；

（二）组织

1. 组织的目的

组织的目的是要求生产经营单位为职业健康安全管理体系其他要素正确、有效地实施与运行而确立和完善组织保障基础。包括机构与职责、培训及意识和能力、协商与交流、文件化、文件与资料控制以及记录和记录管理。

2. 组织的内容与要求

（1）机构与职责　生产经营单位的最高管理者应对保护企业员工的安全与健康负全面责任，并应在企业内设立各级职业健康安全管理的领导岗位，针对那些对其活动、设施（设备）和管理过程的职业健康安全风险，由从事管理、执行和监督的各级管理人员，规定其作用、职责和权限，以确保职业健康安全管理体系的有效建立、实施与运行并实现的职业健康安全目标。

生产经营单位应在最高管理层任命一名或几名人员作为职业健康安全管理体系的管理者，赋予其充分的权限，并确保其在职业健康安全职责不与其承担的其他职责冲突的条件下完成下列工作：

① 建立、实施、保持和评审职业健康安全管理体系；

② 定期向最高管理层报告职业健康安全管理体系的绩效；

③ 推动企业全体员工参加职业健康安全管理活动。

生产经营单位应为实施、控制和改进职业健康安全管理体系提供必要的资源，确保各级负责职业健康安全事务的人员（包括健康安全委员会）能够顺利地开展其工作。

（2）培训、意识与能力　生产经营单位应建立并保持培训的程序，以便规范、持续地开展培训工作，确保员工具备必需的职业健康安全意识与能力。

生产经营单位应对培训计划的实施情况进行定期评审，评审时应由职业健康安全委员会的参与，如可行，应对培训方案进行修改以保证它的针对性与有效性。

（3）协商与交流　生产经营单位应建立完善的程序，并作出文件化的安排，促进其就有关职业健康安全信息与员工和其他相关方（如分承包方人员、供货方、访问者）进行协商和交流。

生产经营单位应在企业内建立有效的协商机制（如成立健康安全委员会或类似机构、任命员工职业健康安全代表及员工代表、选择员工加入职业健康安全实施队伍等）与协商计划，确保能有效地接收到所有员工的信息，并安排员工参与以下活动过程：

① 方针和目标的制订及评审、风险管理和控制的决策（包括参与与其作业活动有关的危害辨识、风险评价和风险控制决策）；

② 职业健康安全管理方案与实施程序的制订与评审；

③ 事故、事件的调查及现场职业健康安全检查等；

④ 对影响作业场所及生产过程中的职业健康安全的有关变更（如引入新的设备、原材料、化学品、技术、过程、程序或工作模式或对它们进行改进所带来的影响）而进行的协商。

（4）文件化　生产经营单位应保持最新与充分的、且适合于企业实际特点的职业健康安全管理体系文件。以确保建立的职业健康安全管理体系在任何情况下（包括各级人员发生变动时）均能得到充分理解和有效运行。

职业健康安全管理体系文件应以适合于自身管理的形式（如书面或电子形式）予以建立与保持的，并应包括下列内容：

① 职业健康安全方针和目标；

② 职业健康安全管理的关键岗位与职责；

③ 主要的职业健康安全风险及其预防和控制措施；

④ 职业健康安全管理体系框架内的管理方案、程序、作业指导书和其他内部文件。

（5）文件与资料控制　生产经营单位应制订书面程序，以便对职业健康安全文件的识别、标准、发布和撤销以及职业健康安全有关资料进行控制，确保其满足下列要求：

① 明确体系运行中哪些是重要岗位以及这些岗位所需的文件，确保这些岗位得到现行有效版本的文件；

② 无论在正常还是异常情况（包括紧急情况），文件和资料都应便于使用和获取。例如，在紧急情况下，应确保工艺操作人员及其他有关人员能及时获得最新的工程图、数据卡、程序和作业指导书等；

③ 职业健康安全管理体系文件应书写工整，便于使用者理解，并应定期评审，必要时予以修改；

④ 传达到企业内所有相关人员；

⑤ 建立现行有效并需控制的文件与资料发放清单，并采取有效措施及时将失效文件和资料从所有发放和使用场所撤回或防止误用；

⑥ 根据法律、法规的要求和（或）保存知识的目的，对留存的档案性文件和资料应予以适当标识。

（6）记录与记录管理　生产管理单位建立和保持程序，用来标识、保存和处置有关职业健康安全记录。

生产经营单位的职业健康安全记录应填写完整、字迹清楚、标识明确，并确定记录的保存期，将其存放在安全地点，便于查阅，避免损坏。重要的职业健康安全记录应以适当方式或按法规要求妥善保护。

（三）计划与实施

1. 计划与实施的目的

要求生产经营单位依据自身的危害与风险情况，针对职业健康安全方针的要求作出明确具体的规划，并建立和保持必要的程序或计划，以持续、有效地实施与运行职业健康安全管理规划。包括初始评审、目标、管理方案、运行控制和应急预案与响应。

2. 计划与实施的内容与要求

（1）初始评审　指对生产经营单位现有职业健康安全管理体系及其相关管理方案进行评价，目的是依据职业健康安全方针总体目标和承诺的要求，为建立和完善职业健康安全管理体系中的各项决策（重点是目标和管理方案）提供依据，并为持续改进企业的职业健康安全管理体系提供一个能够测量的基准。初始评审过程可作为其建立职业健康安全管理体系的基础。

初始评审主要包括危害辨识、风险评价和风险控制的策划以及法律、法规及其他要求。生产经营单位的初始评审工作应组织相关专业人员来完成以确保初始评审的工作质量。此工作还可以以适当的形式（如健康安全委员会）与企业的员工及其代表进行协商交流。初始评审的结果应形成文件。

① 危害辨识、风险评估和风险控制策划　生产经营单位应通过定期或及时开展危害辨识、风险评估和风险策划工作，来识别、预测和评价生产经营单位现有或预期的作业环境和作业组织中存在的危害（或风险），并确定消除、降低或控制此类危害（或风险）所应采取的措施。

生产经营单位应结合自身实际情况建立一套程序，重点提供和描述危害辨识、风险评估评价和风险控制策划活动过程的范围、方法、程度与要求。

生产经营单位在开展危害辨识、风险评估和风险控制的策划时，应注意满足下列要求：

a. 在任何情况下，不仅考虑常规的活动，而且应考虑非常规的活动；

b. 除考虑自身员工的活动所带来的危害和风险，还应考虑承包方、供货方、访问者等相关方的活动，以及使用外部提供的服务所带来的危害和风险；

c. 考虑作业场所内所有的物料、装置和设备造成的职业健康安全危害，包括过期老化以及租赁和库存的物料、装置和设备。

生产经营单位的危害辨识、风险评价和风险控制策划的实施过程应遵循下列基本原则，以确保该项活动的合理性与有效性：

a. 在进行危害辨识、风险评价和风险控制的策划时。要确保满足实际需要和适用的职业健康安全法律、法规及其他要求；

b. 危害辨识、风险评价和风险控制的策划过程应作为一项主动的而不是被动的措施执行，即应在承接的工程活动和引入新的建筑作业程序，或对原有建筑作业程序进行修改之前进行。在这些活动或程序改变之前，应对已识别出的风险，策划必要的降低和控制措施。

c. 应对所评价的风险进行合理分级，确定不同风险的可承受性，以便于在制订目标，特别是制定管理方案时予以侧重和考虑。

生产经营单位应针对所辨识和评价的各类影响员工安全和健康的危害和风险，确定出相应的预防和控制的措施。所确定的预防和控制措施，应作为制订管理方案的基本依据，而且，应有助于设备管理方法、培训需求以及运行（作业）标准的确定，并为确定监测体系运行绩效的测量标准提供适宜信息。

生产经营单位应按预定的或由管理者确定的时间或周期对危害辨识、风险评价和风险控制过程进行评审。同时，当企业的客观状况发生变化，使得对现有辨识与评价的有效性产生疑问时，也应及时进行评审，并注意在发生变化前即采取适当的预防性措施，并确保在各项变更实施之前，通知所有相关人员并对其进行相应的培训。

② 法律法规及其他要求　为了实现职业健康安全方针中遵守相关适用法律法规等的承诺，生产经营单位应认识和了解影响其活动的相关适用的法律、法规和其他职业健康安全要求，并将这些信息传达给有关的人员。同时，确定为满足

这些适用法律法规等所必须采取的措施。

生产经营单位应将识别和获取适用法律、法规和其他要求的工作形成一套程序。此程序应说明企业应由哪些部门（如各相关职能管理部门及各项目部）、如何（主要指渠道与方式，如通过各级政府、行业协会或团体、上级主管机构、商业数据库和职业健康安全服务机构等）及时全面地获取这类信息、如何准确地识别这些法律法规等对企业的适用性及其适用的内容要求和相应适用的部门、如何确定满足这些适用法律法规等内容要求所必须的具体措施、如何将上述适用内容和具体措施等有关信息及时传达到相关部门等。

生产经营单位还应及时跟踪法律、法规和其他要求的变化，及时更新信息，并为评审和修订目标与管理方案提供依据。

（2）目标　职业健康安全目标是职业健康安全方针的具体化和阶段性体现，因此，生产经营单位在制订目标时，应以方针要求为框架，并应充分考虑下列因素以确保目标合理、可行：

① 以危害辨识和风险评价的结果为基础，确保其对实现职业健康安全方针要求的针对性和持续渐进性；

② 满足适用法律、法规及上级主管机构和其他有关相关方的要求；

③ 考虑自身技术与财务能力以及整体经营上有关职业健康安全的要求，确保目标的可行性与实用性；

④ 考虑以往职业健康安全目标、管理方案的实施与实现情况，以及以往事故、事件、不符合的发生情况，确保目标符合持续改进的要求。

生产经营单位除了制订整个公司的职业健康安全目标外，还应尽可能以此为基础，对与其相关的职能管理部门和不同层次制订职业健康安全目标。制订职业健康安全目标时，应通过适当的形式（如健康安全委员会）征求员工及其代表的意见。

为了确保能够对所制订目标的实现程度进行客观的评价，目标应尽可能予以量化，并形成文件，传达到企业内所有相关职能和层次的人员。并应通过管理评审进行定期评审，在可行或必要时予以更新。

（3）管理方案　目的是制订和实施职业健康安全计划，确保职业健康安全目标的实现。

生产经营单位的职业健康安全管理方案应阐明做什么事、谁来做、什么时间做，并包括下列基本内容：

① 以所策划风险控制措施，以及获取法律、法规及其他要求的结果为主要依据的实现目标的方法；

② 上述方法所对应的职责部门（人员）及其绩效标准；

③ 实施上述方法所要求的时间表；

④ 实施上述方法所必须的资源保证，包括人力、资金及技术支持。

生产经营单位应定期对职业健康安全管理方案进行评审，以便于在管理方案实施与运行期间企业的生产活动或其运行条件（要求）发生变化时，能够尽可能对管理方案进行修订，以确保管理方案的实施能够实现职业健康安全目标。

（4）运行控制　生产经营单位应对与所识别的风险有关并需采取控制措施的运行与活动（包括辅助性的维护工作）建立和保持计划安排（程序及其规定）。在所有作业场所实施必要且有效的控制和防范措施，以确保制订的职业健康安全管理方案得以有效、持续地落实，从而实现职业健康安全方针、目标和遵守法律、法规等的要求。

生产经营单位对于缺乏程序指导可能导致偏离职业健康安全方针和目标的运行情况应建立并保持文件化的程序与规定。文件化的程序应明确此类运行与活动的流程，以及流程所需遵守的标准。

生产经营单位对于材料与设备的采购和租赁活动应建立并保持管理程序，以确保此项活动符合企业在采购与租赁说明书中提出的职业健康安全方面的要求以及相关法律法规等的要求。并在材料与设备使用之前能够做出安排，使其使用符合企业的各项职业健康安全要求。生产经营单位对于劳务或工程等分包商，或临时工的活动建立管理程序，以确保企业的各项健康安全规定与要求（或至少相类似的要求）适用于分包商及他们的员工。

生产经营单位对于作业场所、工艺过程、装置、机械、运行程序和工作组织的设计活动，包括它们对人的能力的适应，应建立管理程序，以便于从根本上消除或降低职业健康安全风险。

（5）应急预案与响应　目的是确保生产经营单位主动评价其潜在事故与紧急情况发生的可能性及其应急响应的需求，制订相应的应急计划、应急处理的程序和方式，检验响应效果，并改善其响应的有效性。

生产经营单位应依据危害辨识、风险评估和风险控制的效果、法律法规等要求、以往事故、事件和紧急状况的经历以及应急响应演练及改进措施效果的评审结果，针对其潜在事故或紧急情况，从预案与响应的角度建立并保持应急计划。

生产经营单位应针对潜在事故与紧急情况的应急响应，确定应急设备的需求并予以充分的提供，并定期对应急设备进行检查与测试，确保其处于完好的有效状态。

生产经营单位应按预定的计划，尽可能采用复合实际情况的应急演练方式（包括对事件进行全面的模拟）来检验应急计划的响应能力，特别是重点检验应急计划完整性和应急计划中关键部分的有效性。

（四）检查与评价

1. 检查与评价的目的

检查与评价的目的是要求生产经营单位定期或及时地发现体系运行过程或体

系自身所存在的问题，并确定问题产生的根源或需要持续改进的地方。体系的检查与评估主要包括绩效测量与监测、事故事件与不符合的调查、审核与管理评审。

2. 检查与评价的内容与要求

（1）绩效测量和监测　生产经营单位绩效测量和监测程序，以确保：

① 监测职业健康安全目标的实现情况；

② 包括主动测量与被动测量两个方面；

③ 能够支持企业的评审活动，包括管理评审；

④ 将绩效测量和监测的结果予以记录。

主动测量应作为一种预防机制，根据危害辨识和风险评估的结果、法律及法规要求，制订包括监测对象与监测频次的检测计划，并以此对企业活动的必要基本过程进行监测。内容包括：

① 监测职业健康安全管理方案的各项计划及运行控制中各项运行标准的实施与符合情况；

② 系统的检查各项作业制度、安全技术措施、施工机具和机电设备、现场安全设施以及个人防护用品的实施与符合情况；

③ 监测作业环境（包括作业组织）的状况；

④ 对员工实施健康监护，通过适当的体检或对员工的早期有害健康的症状进行跟踪，以确定预防和控制措施的有效性；

⑤ 对国家法律法规及企业签署的有关职业健康安全集体协议及其他要求的符合情况。

被动测量包括对与工作有关的事故、事件，其他损失（如财产损失），不良的职业健康安全绩效和职业健康安全管理体系的实效情况的确认、报告和调查。

生产经营单位应列出用于评价职业健康安全状况的测量设备清单，使用唯一标识并进行管理，设备的精度应是已知的。生产经营单位应有文件化的程序描述如何进行职业健康安全测量，用于职业健康安全测量的设备应按规定维护和保管，使之保持应有的精度。

（2）事故、事件、不符合及其对职业健康安全绩效影响的调查　目的是建立有效的程序，对生产经营单位的事故、事件、不符合进行调查、分析和报告，识别和消除此类情况发生的根本原因，防止其再次发生。并通过程序的实施，发现、分析和消除不符合的潜在因素。

生产经营单位应保存对事故、事件、不符合的调查、分析和报告的记录，按法律法规的要求，保存一份所有事故的登记簿，并登记可能有重大职业健康安全后果的事件。

（3）审核　目的是建立并保持定期开展职业健康安全管理体系审核的方案和

程序，以评价生产经营单位职业健康安全管理体系及其要素的实施能否恰当、充分、有效地保护员工的安全与健康，预防各类事故的发生。

生产经营单位的职业健康安全管理体系审核应主要考虑自身的职业健康安全方针、程序及作业场所的条件和作业规程，以及适用的职业健康安全法律、法规及其他要求。所制订的审核方案和程序应明确审核人员能力要求、审核范围、审核频次、审核方法和报告方式。

（4）管理评审　目的是要求生产经营单位的最高管理者依据自己预定的时间间隔对职业健康安全管理体系进行评审，以确保体系的持续适宜性、充分性和有效性。

生产经营单位的最高管理者在实施管理评审时应主要考虑绩效测量与监测的结果、审核活动的结果、事故、事件、不符合的调查结果和可能影响企业职业健康安全管理体系的因素及各种变化，包括企业自身的变化的信息。

（五）改进措施

1. 改进措施的目的

目的是要求生产经营单位针对组织职业健康安全管理体系绩效测量与监测、事故事件调查、审核和管理评审活动所提出的纠正与预防措施的要求，制订具体的实施方案并予以保持。确保体系的自我完善，并不断寻求方法持续改进生产经营单位自身职业健康安全管理体系及其职业健康安全绩效，从而不断消除、降低或控制各类职业健康安全危害和风险。改进措施主要包括纠正与预防措施和持续改进。

2. 改进措施的内容与要求

（1）纠正与预防措施　生产经营单位针对职业健康安全管理体系绩效测量与监测、事故事件调查、审核和管理评审活动所提出的纠正与预防措施的要求，应制订具体的实施方案并予以保持，确保体系的自我完善功能。

（2）持续改进　生产经营单位应不断寻求方法持续改进自身职业健康安全管理体系及其职业健康安全绩效，从而不断消除、降低或控制各类职业健康安全危害和风险。

第二节　职业健康安全管理体系建立的方法与步骤

建立职业健康安全管理体系指企业将原有的职业健康安全管理按照体系管理的方法予以补充、完善以及实施的过程。其具体过程可参考如下步骤来制订、建立与实施健康安全管理体系的推进计划。

1. 学习与培训

在企业建立和实施职业健康安全管理体系，需要企业所有人员的参与和支持。建立和实施职业健康安全管理体系既是实现系统化、规范化的职业健康安全管理的过程，也是企业所有员工建立"以人为本"的理念、贯彻"安全第一、预防为主、综合治理"方针的过程。因此，体系的建立与实施需要通过不同形式的学习和培训，使所有员工能够接受职业健康安全管理体系的管理思想，理解实施职业健康安全管理体系对企业和个人的重要意义。

管理层培训主要是针对职业健康安全管理体系的基本要求、主要内容和特点，以及建立与实施职业健康安全管理体系的重要意义与作用。培训的目的是统一思想，在推进体系工作中给予有力的支持和配合。

内审员培训是建立和实施职业健康安全管理体系的关键。应该根据专业的需要，通过培训确保他们具备开展初始评审、编写体系文件和进行审核等工作的能力。

全体员工培训的目的是使他们了解职业健康安全管理体系，并在今后工作中能够积极主动地参与职业健康安全管理体系的各项实践。

2. 初始评审

初始评审的目的是为职业健康安全管理体系建立和实施提供基础，为职业健康安全管理体系的持续改进建立绩效基准。

初始评审主要包括以下内容。

① 相关的职业健康安全法律、法规和其他要求，对其适用性及需遵守的内容进行确认，并对遵守情况进行调查和评价。

② 对现有的或计划的作业活动进行危害辨识和风险评价。

③ 确定现有措施或计划采取的措施是否能够消除危害或控制风险。

④ 对所有现行职业健康安全管理的规定、过程和程序等进行检查，并评价其对管理体系要求的有效性和适用性。

⑤ 分析以往企业安全事故情况以及员工健康监护数据等相关资料，包括人员伤亡、职业病、财产损失的统计、防护记录和趋势分析。

⑥ 对现行组织机构、资源配备和职责分工等进行评价。

初始评审的结果应形成文件，并作为建立职业健康安全管理体系的基础。

为实现职业健康安全管理体系绩效的持续改进，企业还应按照职业健康安全管理体系基本要素中初始评审的要求定期进行复评。

3. 体系策划

根据初始评审的结果和本企业的资源，进行职业健康安全管理体系的策划。策划工作主要包括以下内容。

① 确立职业健康安全管理方针。

② 制订职业健康安全体系目标及其管理方案。

③ 结合职业健康安全管理体系要求进行职能分配和机构职责分工。

④ 确定职业健康安全管理体系文件结构和各层次文件清单。

⑤ 为建立和实施职业健康安全管理体系准备必要的资源。

4. 文件编写

按照职业健康安全管理体系的要求，以适用于企业的自身管理形式对其职业健康安全管理方针和目标、职业健康安全管理的关键岗位与职责、主要的职业健康安全风险及其预防和控制措施以及职业健康安全管理体系框架内的管理方案、程序、作业指导书和其他内部文件等予以文件化的规定，以确保所建立的职业健康安全管理体系在任何情况下（包括各级人员发生变动时）均能得到充分理解和有效运行。职业健康安全管理体系文件的结构，多数情况下是采用手册、程序文件以及作业指导书的方式。

5. 体系试运行

各个部门和所有人员都按照职业健康安全管理体系的要求开展相应的健康安全管理和活动，对职业健康安全管理体系进行试运行，以检验体系策划与文件化规定的充分性、有效性和适宜性。

6. 评审完善

通过职业健康安全管理体系的试运行，特别是依据绩效检测和测量、审核以及管理评审的结果，检查与确认职业健康安全管理体系各要素是否按照计划安排有效运行，是否达到了预期的目标，并采取相应的改进措施，使所建立的职业健康安全管理体系得到进一步的完善。

第三节　职业健康安全管理体系的审核与认证

一、职业健康安全管理体系审核的类型

职业健康安全管理体系审核是指依据职业健康安全管理体系标准及其他审核准则，对用人单位职业健康安全体系的符合性和有效性进行评价的活动，以便找出受审核方职业健康安全管理体系存在的不足，使受审核方完善其职业健康安全管理体系，从而实现职业健康安全绩效的不断改进，达到对工伤事故及职业病的有效控制的目的，保护员工及相关方的安全和健康。

根据审核方（实施审核的机构）与受审核方（提出审核要求的用人单位或个人）的关系，可将职业健康安全管理体系审核分为内部审核和外部审核两种基本类型，内部审核又称为第一方审核，外部审核又分为第二方审核和第三方审核。

1. 第一方审核

第一方审核指由用人单位的成员或其他人员以用人单位的名义进行的审核。这种审核为用人单位提供了一种自我检查、自我纠正和自我完善的运行机制，可

为有效的管理评审和采取纠正预防措施提供有用的信息。

第一方审核的审核准则主要依据自身的职业健康安全管理体系文件，必要时包括第二方或第三方要求。

2. 第二方审核

第二方审核时在某种合同要求的情况下，由与用人单位（受审核方）有某种利益关系的相关方或由其他人员以相关名义实施的审核。例如，某用人单位的采购方或用人单位的总部对该用人单位职业健康安全管理体系进行的审核。这种审核旨在为用人单位的相关方提供信任的证据。

第二方审核可以采用一般的职业健康安全管理体系审核准则，也可以由合同方进行特殊规定。

3. 第三方审核

第三方审核是由与其无经济利益关系的第三方机构依据特定的审核准则，按规定的程序和方法对受审核方进行的审核。

在第三方审核中，由第三方认证机构认可制度的要求实施的以认证为目的的审核又称为认证审核。认证审核旨在为受审核方提供符合性的客观证明和书面保证。

二、职业健康安全管理体系认证

职业健康安全管理体系认证是认证机构规定的标准及程序，对受审核方的职业健康安全管理体系实施审核，确认其符合标准要求而授予其证书的活动。认证的对象是用人单位的职业健康安全管理体系，认证的方法是职业健康安全管理体系审核，认证的过程需要遵循规定的程序，认证的结果是用人单位取得认证机构的职业健康安全管理体系认证证书和认证标志。

职业健康安全管理体系认证的实施程序包括认证申请及受理，审核策划及审核准备、审核的实施、纠错的跟踪和验证以及审批发证及认证后的监督和复评。

（一）职业健康安全管理体系认证的申请及受理

1. 职业健康安全管理体系认证的申请

符合体系认证基本条件的用人单位如果需要通过认证，则应以书面形式向认证机构提出申请，并向认证机构递交以下材料。

① 申请认证的范围。

② 申请方同意遵守认证要求，提供审核所必要的信息。

③ 申请方一般情况。

④ 申请方安全情况简介，包括近两年中的事故发生情况。

⑤ 申请方职业健康安全管理体系的运行情况。

⑥ 申请方对拟认证体系所适用标准或其他引用文件的说明。

⑦ 申请方职业健康安全管理体系文件。

2. 职业健康安全管理体系认证的受理

认证机构在接收到申请认证单位的有效文件后，对其申请进行受理，申请受理的一般条件如下。

① 申请方具有法人资格，持有有关登记注册证明，具备二级或委托方法入资格证书。

② 申请方应按职业健康安全管理体系标准建立了文件化的职业健康安全管理体系。

③ 申请方的职业健康安全管理体系已按文件的要求有效运行，并至少已作过一次完整的内审及管理评审。

④ 申请方的职业健康安全管理体系有效运行，一般应将全部要素运行一遍，并至少达 3 个月的运行纪录。

3. 职业健康安全管理体系认证的合同评审

在申请方具备以上条件后，认证机构应就申请方提出的条件和要求进行评审，确保：①认证机构的各项要求规定明确，形成文件并得到理解；②认证机构与申请方之间在理解上的差异得到充分的理解；③针对申请方申请的认证范围、运作场所及某些特点来要求（如申请方使用的语言、申请方认证范围内所涉及的专业等），对本机构的认可业务是否包含申请方的专业领域进行自我评审，若认证机构有能力实施对申请方的认证，双方则可签订认证合同。

（二）审核的策划及审核准备

职业健康安全管理体系审核的策划和准备是现场审核前必不可少的环节。它主要包括确定审核范围、指定审核组长并组成审核组、制订审核计划以及准备审核工作文件等工作内容。

1. 确定审核范围

审核范围是指受审核的职业健康安全管理体系所覆盖的活动、产品和服务的范围。确定审核范围实质上就是明确受审核方作出持续改进及遵守相关法律法规和其他要求的承诺、保证其职业健康安全管理体系实施和正常运行的责任范围。因此，准确界定和描述审核范围，对认证和机构、审核员、受审核方、委托方以及相关方都是及其重要的问题。在职业健康安全管理体系认证的过程中，从申请的提出和受理、合同评审、确定审核组的成员和规模、制订审核计划、实施认证到认证书的表达无不涉及审核范围。

2. 组建审核组

组建审核组是审核策划与准备中的重要工作，也是确保职业健康安全管理体系审核工作质量的关键。认证机构在对申请方的职业健康安全管理体系进行现场审核前，应根据申请方的各种考虑因素，指派审核组长和成员，确定审核组的规模。

3. 制订审核计划

审核计划是指现场审核人员和日程安排以及审核路线的确定（一般应至少提前1周由审核组长通知被审核方，以使其有充分的时间准备和提出异议）。审核计划应经受审核方确认，包括在首次会议上的确认，如受审核方有特殊情况时，审核组可适当加以调整。

职业健康安全管理体系审核一般分为两个阶段，即第一阶段审核和第二阶段现场审核，由于这两个阶段审核工作的侧重点有所不同，因此，需要分别制订审核计划。

4. 编制审核工作文件

职业健康安全管理体系审核是依据审核准则对用人单位的职业健康安全管理体系进行判定和验证的过程，它强调审核的文件化和系统化，即审核过程要以文件的形式加以记录。因此，审核过程中需要用到大量的审核工作文件，实施审核前应认真进行编制，以此作为现场审核时的指南。

现场审核中需用到的审核工作文件主要包括：审核计划、审核检查表、首末次会议签到表、审核记录、不符合报告、审核报告。

（三）审核的实施

职业健康安全管理体系认证审核通常分为两个阶段，即第一阶段审核和第二阶段现场审核。

第一阶段审核又由文件审核和第一阶段现场审核两部分组成。

1. 文件审核

文件审核的目的是了解受审核方的职业健康安全管理体系文件（主要是管理手册和程序文件）是否符合职业健康安全管理体系审核标准的要求，从而确定是否进行现场审核，同时通过文件审查，了解受审核方的职业健康安全管理体系运行情况，以使为现场审核作准备。

2. 第一阶段现场审核

目的主要是三个方面：一是文件审核的基础上通过了解现场情况收集充分的信息，确认体系实施和运行的基本情况和存在的问题，并确认第二阶段现场审核的重点；二是确认进行第二阶段现场审核的可行性和条件，即通过第一阶段审核，审核组提出体系存在的问题，受审核方应按期进行整改，只有在整改完成以后，方可进行第二阶段现场审核；三是现场对用人单位的管理权限、活动领域和限产区域等各个方面加以明确以便确认前期双方商定的审核范围是否合理。

3. 第二阶段现场审核

职业健康安全管理体系认证审核的主要内容是进行第二阶段现场审核。其主要目的是：证实受审核方实施了其职业健康安全管方针目标并遵守体系的各项相应程序。证实受审核方的职业健康安全管理体系符合相应审核标准的要求并能够实现其方针和目标。通过第二阶段现场审核审核组要对受审核方的职业健康安全管理体系能否通过现场审核做出结论。

（四）纠正措施的跟踪与验证

现场审核的一个重要结果是发现受审核方的职业健康安全管理体系存在一定数量的不符合事项。对这些不符合项受审核方应根据审核方的要求采取有效的纠正措施，制订纠正措施计划并在规定时间加以实施和完成。审核方应对其纠正措施的落实和有效性进行跟踪验证。

（五）证后监督与复评

证后监督包括监督审核、管理，对监督审核和管理过程中发现的问题应及时地处置，并在特殊情况下组织临时性监督审核。获证单位认证证书有效期为三年，有效期届满时可通过复评获得再次认证。

1. 监督审核

监督审核是指认证机构对获得认证的单位在证书有效期限内所进行的定期或不定期的审核。其目的是通过对获证单位的职业健康安全管理体系的验证，确保受审核方的职业健康安全管理体系持续地符合审核标准、体系文件以及法律法规和其他要求，确保持续有效地实现既定的职业健康安全管方针、目标，并有效运行，从而确认能否继续持有和使用认证机构颁发的认证证书和认证标志。

2. 复评

获证单位在认证证书有效期届满时，应重新提出认证申请，认证机构受理后重新对用人单位进行的审核称为复评。

复评的目的是为了证实用人单位的职业健康安全管理体系持续满足职业健康安全管理体系审核标准的要求，且职业健康安全管理体系得到了很好的实施和保持。

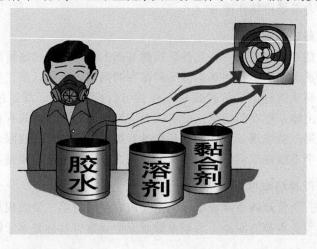

第八章

安全生产监督及特种设备监察

第一节　安全生产监督管理

一、安全生产监督体制

（一）安全生产监督管理体制

生产经营单位是生产经营活动的承担主体，在安全生产工作中居于关键地位。生产经营单位能否严格按照法律、法规以及国家标准或行业标准的规定切实加强安全生产管理，搞好安全生产保障，是做好安全生产工作的根本所在。但是由于种种原因，并不是所有的生产经营单位都能够自觉地按照法定要求做好安全生产保障。因此强化外部的监督管理，对做好安全生产工作同样十分重要，不可缺少。安全生产监督管理是安全生产管理制度的一个重要组成部分，在安全生产工作中发挥着重要的作用。

《安全生产法》中"安全生产的监督管理"一章中的"监督"是广义的监督，所构成的广义安全生产监督体制包括以下几方面。

（1）县级以上地方各级人民政府的监督管理。

（2）负有安全生产监督管理职责的部门的监督管理。

（3）监察机关的监督。

（4）安全生产社会中介机构的监督。

（5）基层群众性自治组织的监督。

（6）新闻媒体的监督。

（7）社会公众的监督。

（二）国家安全生产监督监察

国家安全生产监督监察，是指国家法规授权行政部门设立的监察机构，具有法律形式的监督管理。国家安全生产监督管理是以国家机关为主体实施的，是以国家名义并运用国家权力，对企业、事业和有关机关履行安全生产职责和执行安全生产法规、政策和标准的情况，依法进行监督、监察、纠正和惩戒的工作。

安全生产监督监察的基本特征：

（1）权威性　国家安全生产监督管理的权威性首先根源于法律的授权。法律是由国家的最高权力机关全国人民代表大会制定和认可的，它体现的是国家意志。

（2）强制性　国家的法律都必然要求由国家强制力来保证其实施。各级人民政府有关部门对安全生产工作实施的综合监督管理和监督管理，由于是依法行使的监督管理权，它就是以国家强制力作为后盾的。

（3）普遍约束性　所有在中华人民共和国领域内从事生产经营活动的单位，凡是有关涉及安全生产方面的工作，都必须接受这种统一监督管理，履行《安全生产法》所规定的职责，不允许存在超越于法律之上的或逃避、抗拒《安全生产法》所规定的监督管理，这种普遍约束性，实际上是法律的普遍约束力在安全生产工作中的具体体现。

（三）我们安全生产监督管理的基本原则

（1）坚持"有法必依、执法必严、违法必究"的原则。

（2）坚持以事实为依据，以法律为准绳的原则。

（3）坚持预防为主的原则。

（4）坚持行为监察与技术监察相结合的原则。

（5）坚持监察与服务相结合的原则。

（6）坚持教育与惩罚相结合的原则。

二、安全生产监督管理机构职能及安全生产监督人员的职责

国家安全生产监督管理总局是国务院主管安全生产综合监督管理的直属机构，也是国务院安全生产委员的办事机构。

（一）国家安全生产监督管理总局主要职责

（1）承担国务院安全生产委员会办公室的工作。具体职责是：研究提出安全生产重大方针政策和重要措施的建议；监督检查、指导协调国务院有关部门和各省、自治区、直辖市人民政府的安全生产工作；组织国务院安全生产大检查和专项督查；参与研究有关部门在产业政策、资金投入、科技发展等工作中涉及安全生产的相关工作；负责组织国务院特别重大事故调查处理和办理结案工作；组织协调特别重大事故应急救援工作；指导协调全国安全生产行政执法工作；承办国务院安全生产委员会的会议和重要活动，督促检查国务院安全生产委员会会议决定事项的贯彻落实情况。

（2）综合监督管理全国安全生产工作。组织起草安全生产方面的综合性法律和行政法规，制定发布工矿商贸行业及有关综合性安全生产规章，研究拟订安全生产方针政策和工矿商贸安全生产标准、规程，并组织实施。负责职责范围内非煤矿矿山企业和危险化品、烟花爆竹生产企业安全生产许可证的颁发和管理

工作。

（3）依法行使国家安全生产综合监督管理职权，按照分级、属地原则，指导、协调和监督有关部门安全生产监督管理工作，对地方安全生产监督管理部门进行业务指导；制订全国安全生产发展规划；定期分析和预测全国安全生产形势，研究、协调和解决安全生产中的重大问题。

（4）负责发布全国安全生产信息，综合管理全国生产安全伤亡事故调度统计和安全生产行政执法分析工作；依法组织、协调重大和特别重大事故的调查处理工作，并监督事故查处的落实情况；组织、指挥和协调安全生产应急救援工作。

（5）负责综合监督管理危险化学品和烟花爆竹安全生产工作。

（6）指导、协调全国和各省、自治区、直辖市安全生产检测检验工作；组织实施对工矿商贸生产经营单位安全生产条件和有关设备（特种设备除外）进行检测检验、安全评价、安全培训、安全咨询等社会中介组织的资质管理工作，并进行监督检查。

（7）组织、指导全国和各省、自治区、直辖市安全生产宣传教育工作，负责安全生产监督管理人员的安全培训、考核工作，依法组织，指导并监督特种作业人员（煤矿特种作业人员、特种设备作业人员除外）的考核工作和工矿商贸生产经营单位主要经营管理者、安全生产管理人员的安全资格考核工作（煤矿矿长安全资格除外）；监督检查工矿商贸生产经营单位安全培训工作。

（8）负责监督管理中央管理的工矿商贸生产经营单位安全生产工作，依法监督工矿商贸生产经营单位贯彻执行安全生产法律、法规情况及其安全生产条件和有关设备（特种设备除外）、材料、劳动防护用品的安全生产管理工作。

（9）依法监督检查职责范围内新建、改建、扩建工程项目的安全设施与主体工程同时设计、同时施工、同时投产使用情况；依法监督检查工矿商贸生产经营单位作业场所（煤矿作业场所除外）职业卫生情况，负责职业卫生安全许可证的颁发管理工作；监督检查重大危险源监控、重大事故隐患的整改工作，依法查处不具备安全生产条件的工矿商贸生产经营单位。

（10）组织拟订安全生产科技规划，组织、指导和协调相关部门和单位开展安全生产重大科学技术研究和技术示范工作。

（11）组织实施注册安全工程师执业资格制度，监督和指导注册安全工程师职业资格考试和注册工作。

（12）组织开展与外国政府、国际组织及民间组织安全生产方面的国际交流与合作。

（13）承办国务院、国务院安全生产委员会交办的其他事项。

根据国务院规定，管理国家煤矿安全监察局并综合监督管理煤矿安全监察工作。

（二）安全生产监督管理职能划分的若干问题

（1）关于工矿商贸企业的安全生产监督管理问题。工矿商贸企业的安全生产监督管理实行分级管理，分级负责。国家安全生产监督管理局负责中央管理的工矿商贸企业安全生产的监督管理并承担相应行政监管责任，地方各级人民政府安全生产监督管理部门负责本地区工矿商贸企业安全生产的监督管理并承担相应行政监管责任。

（2）关于交通、铁路、民航、水利、建筑、国防工业、邮政、电信、旅游、特种设备、消防、核安全等有专门的安全生产主管部门的行业和领域的安全监督管理问题。公安、交通、铁路、民航、水利、建设、国防科技、邮政、信息产业、旅游、质检、环保等国务院部门具体负责本行业或领域内的安全生产监督管理工作并承担相应的行政监管责任；国家安全生产监督管理总局从综合监督管理全国安全生产工作的角度，指导、协调和监督上述部门的安全生产监督管理工作。

特种设备的安全监督管理、特种设备作业人员的考核、特种设备事故的调查处理由国家质量监督检验检疫总局负责。

（3）关于烟花爆竹安全监督管理的职责分工。国家安全生产监督管理局负责监督烟花爆竹生产经营单位贯彻执行安全生产法律法规的情况，负责烟花爆竹生产经营单位安全生产条件审查和生产安全许可证、销售许可证发放工作，组织查处不具备安全生产基本条件的烟花爆竹生产经营单位，组织查处烟花爆竹安全生产事故；公安部负责烟花爆竹运输通行证发放和烟花爆竹运输路线确定工作，管理烟花爆竹禁放工作，实施烟花爆竹厂点四邻安全距离等公共安全管理，侦查非法生产、买卖、储存、运输、邮寄烟花爆竹的刑事案件；国家发展和改革委员会负责拟订烟花爆竹行业规划、产业政策和有关标准、规范。

（4）关于职业卫生监督管理的职责分工。国家安全生产监督管理局负责作业场所职业卫生的监督检查工作，组织查处职业危害事故和有关违法行为；卫生部负责拟订职业卫生法律法规、标准，规范职业病的预防、保健、检查和救治，负责职业卫生技术服务机构资质认定和职业卫生评价及化学品毒性鉴定工作。

（三）安全生产监察人员的职责

国家安全生产监察人员承担如下职责。

（1）宣传安全生产法律、法规和国家有关方针和政策。

（2）监督检查生产经营单位执行安全生产法律、法规的情况。

（3）在履行监督管理职责时，发现违法行为，有权制止或责令改正、责令限期改正、责令停产停业整顿、责令停产停业、责令停止建设。

（4）对存在重大事故隐患，职业危害严重的用人单位，应及时提出整改意见，并向有关部门报告。

(5) 参加安全事故应急救援与事故调查处理。

(6) 安全生产监察人员应当忠于职守，坚持原则，秉公执法。

(7) 法律、法规规定的其他职责。

三、安全生产监督的方式与内容

（一）安全生产监察程序

安全监察是为了督促用人单位按照安全生产法律法规和有关从事生产经营活动。安全生产监察程序是指监督检查活动的步骤和顺序，一般包括：

(1) 监察准备；

(2) 调查用人单位执行安全生产法律、法规及标准的情况；

(3) 调查作业现场；

(4) 提出意见或建议；

(5) 发出《安全生产监察指令书》或《安全生产处罚决定书》。

（二）安全生产监察方式

1. 行为监察

行为监察的内容主要包括监督检查用人单位安全生产的组织管理、规章制度建设、职工教育培训、各级安全生产责任制的实施等工作。其目的和作用在于提高用人单位各级管理人员和普通职工的安全意识，落实安全措施，对违章操作、违反劳动纪律的不安全行为，严肃纠正和处理。

2. 技术监察

技术监察是对物质条件的监督检查。包括对新建、扩建和技术改造工程项目的"三同时"监察；对用人单位现有防护措施与设施的完好率、使用率的监察；对个人防护用品的质量、配备与作用的监察；对危险性较大的设备。危害性较严重的作业场所和特殊工种作业的监察等。其特点是专业性强，技术要求高。技术监察多从设备的"本质安全"入手。

（三）安全生产国家监察的种类及其内容

1. 一般监察

一般监察是对企业日常生产活动常规的全面监察。

(1) 具体方式：

① 不定期地组织监察执法活动。

② 按照安全生产检查考核标准进行系统的检查和评定。

③ 根据举报进行监察活动。

(2) 基本内容

① 安全管理　是否建立、健全以安全生产责任制为核心的各项安全管理制

度，并能贯彻执行；是否按照有关法律、法规、标准的规定要求，做好特种作业人员安全管理；特种设备安全管理、危险化学品安全管理；重大危险源监控等。

② 安全技术 生产工艺、工作场所和机械设备、建筑设施、易燃易爆危险场所等是否符合安全生产法律、法规和标准。

③ 安全教育培训 是否按照有关法律、法规、标准的规定要求，对单位各类人员进行安全教育培训。单位主要负责人、安全管理人员、特种作业人员持证上岗；其他从业人员按规定培训合格后上岗。

④ 隐患治理 是否按照有关法律、法规、标准的规定要求，对各类事故隐患进行动态管理，做到"及时发现、及时治理"，落实"预防为主"的方针。

⑤ 伤亡事故管理 是否按照有关法律、法规、标准的规定要求，做好事故的报告、登记；事故的调查、处理；事故统计、分析；事故的预测和防范，以及事故应急救援预案等；

⑥ 职业危害管理 职业危害与职业病；毒物危害；粉尘危害；噪声危害；振动危害；非电离辐射危害；体力劳动强度、高温和低温作业、冷水作业等。

2. 专门监察

专门监察是针对专项问题进行的监察，主要包括以下内容。

(1) 对生产性建设项目的"三同时"监察 建设单位是否按照有关法律、法规、标准的规定要求，做到"三同时"。特别是矿山和涉及危险化学品的建设项目，是否进行安全条件论证和安全评价；安全设施设计审查和竣工验收。设计单位、审查单位和施工单位是否对"三同时"各负其责。

(2) 对特种设备的监察 特种设备的制造生产、使用、检测检验是否符合有关法律、法规、标准的规定要求。

(3) 对劳动防护用品的监察 是否按照有关法律、法规、标准的规定要求，为从业人员配备合格的劳动防护用品，并教育、督促其正确佩带、使用。

(4) 对特种作业人员的监察 是否按照有关法律、法规、标准的规定要求，保证特种作业人员持证上岗，并杜绝违章操作。

(5) 对女职工和未成年工特殊保护的监察 是否按照有关法律、法规、标准的规定要求对女职工和未成年工实施特殊保护。

(6) 对严重有害作业场所的监察 是否按照有关法律、法规、标准的规定要求，进行有毒有害作业场所的检测、分级、建档，并将分级结果上报行政主管部门；并根据单位实际情况，进行有毒有害作业场所的治理。

第二节 特种设备安全法

为了加强特种设备安全工作，预防特种设备事故，保障人身和财产安全，促进经济社会发展，制定特种设备安全法。特种设备的生产（包括设计、制造、安装、改造、修理）、经营、使用、检验、检测和特种设备安全的监督管理，适用特种设备安全法。

特种设备是指对人身和财产安全有较大危险性的锅炉、压力容器（含气瓶）、压力管道、电梯、起重机械、客运索道、大型游乐设施、场（厂）内专用机动车辆，以及法律、行政法规规定适用本法的其他特种设备。国家对特种设备实行目录管理。

一、特种设备的使用

特种设备使用单位应当使用取得许可生产并经检验合格的特种设备。禁止使用国家明令淘汰和已经报废的特种设备；特种设备使用单位应当在特种设备投入使用前或者投入使用后三十日内，向负责特种设备安全监督管理的部门办理使用登记，取得使用登记证书。登记标志应当置于该特种设备的显著位置。特种设备使用单位应当建立特种设备安全技术档案。安全技术档案应当包括以下内容：

（1）特种设备的设计文件、产品质量合格证明、安装及使用维护保养说明、监督检验证明等相关技术资料和文件；

（2）特种设备的定期检验和定期自行检查记录；

（3）特种设备的日常使用状况记录；

（4）特种设备及其附属仪器仪表的维护保养记录；

（5）特种设备的运行故障和事故记录。

二、特种设备的保养和定期检查

特种设备使用单位应当对其使用的特种设备进行经常性维护保养和定期自行检查，并作出记录。特种设备使用单位应当对其使用的特种设备的安全附件、安全保护装置进行定期校验、检修，并作出记录。特种设备使用单位应当按照安全技术规范的要求，在检验合格有效期届满前一个月向特种设备检验机构提出定期检验要求。特种设备检验机构接到定期检验要求后，应当按照安全技术规范的要求及时进行安全性能检验。特种设备使用单位应当将定期检验标志置于该特种设备的显著位置。未经定期检验或者检验不合格的特种设备，不得继续使用。

三、特种设备的监督管理

特种设备安全监督管理的部门依照特种设备安全法规定，对特种设备生产、经营、使用单位和检验、检测机构实施监督检查。负责特种设备安全监督管理的部门实施本法规定的许可工作，应当依照本法和其他有关法律、行政法规规定的条件和程序以及安全技术规范的要求进行审查；不符合规定的，不得许可。负责特种设备安全监督管理的部门在依法履行监督检查职责时，可以行使下列职权：

（1）进入现场进行检查，向特种设备生产、经营、使用单位和检验、检测机构的主要负责人和其他有关人员调查、了解有关情况；

（2）根据举报或者取得的涉嫌违法证据，查阅、复制特种设备生产、经营、使用单位和检验、检测机构的有关合同、发票、账簿以及其他有关资料；

（3）对有证据表明不符合安全技术规范要求或者存在严重事故隐患的特种设备实施查封、扣押；

（4）对流入市场的达到报废条件或者已经报废的特种设备实施查封、扣押；

（5）对违反特种设备安全法规定的行为作出行政处罚决定。

第三节　特种设备安全监察

特种设备是指涉及生命安全、危险较大的锅炉、压力容器（含气瓶，同下）、压力管道、电梯、起重机械、客运索道、大型游乐设施等。特种设备的安全使用，事关人民群众的财产安全，事关社会稳定的大局。

我国对特种设备实行安全监察制度，它具有强制性、体系性及责任追究性的特点；主要包括特种设备监察管理体制、行政许可、监督检查、事故处理和责任追究等内容。

2003年2月19日，《特种设备安全监察条例》颁布，它是一部全面规范锅炉、压力容器、压力管道、电梯、客运索道、大型游乐设施、起重机械等特种设备的生产（含设计、制造、安装、改造、维修）、使用、检验检测及其安全监察的专门法规，是我国特种设备安全监察制度的法律保障，为特种设备安全监察工作的法制化、科学化奠定了基础。

一、特种设备安全监察体制

1. 特种设备的安全监察管理体制和安全监察机构

目前，我国安全生产监督管理试行的是综合监督管理与专项安全监察相结合的工作体制。国家对特种设备实行专项安全监察机制。国务院、省、市（地）以及经济发达县的质检部门设立特种设备安全监察机构。

《特种设备安全监察条例》所称特种设备安全监督管理部门，是指国家质量监督检验检疫总局及各部门地方质量技术监督局。

国家在特种设备安全监督管理部门内设立锅炉压力容器安全监察局，各省、市、自治区、直辖市在特种设备安全监督管理部门内设有特种设备安全监察处，各地市设安全监察科，工业发达的县或县级市设安全股。各地建立压力容器检验所和特种设备检验所。

2. 特种设备安全监察法规体系

特种设备安全法规体系是保证特种设备安全运行的法律保障。各级政府特种设备安全监督管理部门要加强监管、依法行政就必须有完善的法律法规体系给予保证。

目前我国制定了一系列特种设备安全监察方面的规章和规范性文件，基本形成了"法律—行政法规—部门规章—规范性文件—相关标准及技术规定"五个层次的特种设备安全监察体系结构。其中法律层次主要包括《安全生产法》、《劳动法》、《产品质量法》和《商品检验法》构成；行政规章主要以国家质检总局局长令形式发布的办法、规定、规则构成；技术法规主要以各类安全监察规程、管理规定、考核细则、检验规则构成；相关标准则是指技术法规中引用的各类标准。

3. 安全监察制度

按照设计、制造、安装、使用、检验、修理、改造及进口等环节，对锅炉、压力容器的安全实施全过程一体化的安全监察。《特种设备安全监察条例》建立了两项特种设备安全监察制度，即：特种设备市场准入制度和特种设备安全监督检查制度。

实施从设计、制造、安全、使用、检验、修理、改造七个环节全过程一体化的监督检查。

二、特种设备安全生产监察机构及人员的职责

1. 特种设备安全监察机构

（1）监察机构根据《特种设备安全监察条例》，特种设备安全监察由政府设立的安全监督管理部门负责。安全管理部门代表国家行使政府行政监督职能。国家、省、市、州、县各级部门中设立特种设备安全监察机构。

（2）特种设备安全监察机构的职责

① 积极宣传安全生产的方针、政策和特种设备安全法规，督促有关单位贯彻执行；

② 制定或参与审定有关特种设备的安全技术规程、标准；

③ 对特种设备制造、安装单位进行检查，发现违规行为时，有权通知该单位予以纠正；

④ 检查特种设备的使用情况，有权制止违章指挥、违章操作的行为；

⑤ 发现不安全的因素，发出《安全监察指令书》，要求使用单位解决；逾期不解决，或有发生事故的危险时，有权通知停止该设备的运行；

⑥ 监督有关单位对特种设备操作人员的培训和考试，核发合格证；

⑦ 有权制止无证操作特种设备；

⑧ 有权参加或进行特种设备的事故调查，提出处理意见。

2. 特种设备安全监察人员的职责

特种设备安全监察人员是指代表县级以上特种设备安全监督管理部门内执行安全监察任务的特种设备安全监察机构的工作人员。

特种设备安全监察人员在其获批准的专业监察范围和法定的区域或场所内，履行下列职责：

（1）积极宣传安全生产的方针、政策和特种设备安全法规，督促有关单位贯彻执行；

（2）对特种设备设计、制造、安装、充装、检验、修理、改造、使用、维修保养、化学清洗单位进行监督检查，发现有违反设备安全法律法规行为时，有权通知违规单位予以纠正；

（3）对特种设备的制造、安装、充装、检验、修理、改造、使用、维修保养、化学清洗活动进行检查，有权制止无资质或违章作业行为，发现安全质量不符合要求的，可以报告监察机构发《安全监察指令书》，要求相关单位限期解决。逾期不解决，有权通知停止设备的制造、安全和使用。

（4）监督有关单位对司炉工、焊工、压力容器操作人员、医用氧舱维护人员、水处理人员、电梯操作人员、起重机构操作人员、客运索道管理人员、充装人员等特种作业人员的培训考核核，有权制止非持证人员上岗作业；

（5）制定或参与审定有关特种设备安全技术规程、标准；

（6）参加特种设备事故的调查，提出处理意见。

三、特种设备安全监察的方式与内容

1. 行政许可制度

对特种设备实施市场准入制度和设备准用制度。市场准入制度主要是对从事特种设备的设计、制造、安装、修理、维护保养、改造单位实施资格许可，并对部分产品出厂实施安全性能监督检验。对在用的特种设备通过实施定期检验，注册登记，施行准用制度。

2. 监督检查制度

监督检查的目的是预防事故的发生，其实现手段：一是通过检验发现特种设备在设计、制造、安装、维修、改造中的影响产品安全性能的质量问题；二是通过分析事故发生的情况和定期检查发现问题，用行政执法的手段纠正违法违规行为；三是通过广泛宣传，提高全社会的安全意识和法规意识；四是发挥群众监督和舆论监督的作用，加大对各类违法违规行为的查处力度。

3. 事故应对措施

特种设备安全监察机构在做好事故预防工作的同时，要将危机处理机制的建立作为安全监察工作的重要内容。危机处理机制应包括事故应急处理预案、组织和物资的保证、技术支撑、人员的救援、后勤保障、建立与舆论界可控的互动关系等。

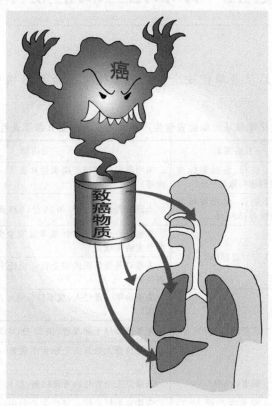

安全生产标准化三级企业标准

1. 危险化学品从业单位安全生产标准化三级企业 B 级要素否决项见附表 1-1。

附表 1-1　危险化学品从业单位安全生产标准化三级企业 B 级要素否决项（40 项）

A级要素	B级要素	否决项
1. 法律、法规和标准(100分)	1.1 法律、法规和标准的识别和获取(50分)	未明确专门部门定期识别和获取，扣 50 分(B级要素否决项)
	1.2 法律、法规和标准符合性评(50分)	未进行符合性评价，扣 50 分(B级要素否决项)
2. 机构和职责(100分)	2.1 方针目标(20分)	未制订安全生产方针或年度安全生产目标，扣 20 分(B级要素否决项)
		未签订各级组织的安全目标责任书，扣 20 分(B级要素否决项)
	2.2 负责人(20分)	未明确第一责任人，或不符合规定，扣 20 分(B级要素否决项)
		未实施领导干部带班，扣 20 分(B级要素否决项)
		主要负责人对其安全职责不清楚，扣 30 分(B级要素否决项)
	2.3 职责(30分)	未建立安全责任制考核机制，扣 30 分(B级要素否决项)
	2.4 安全生产投入(10分)	未按有关规定投入安全生产费用，扣 10 分(B级要素否决项)
3. 风险管理(100分)	3.1 风险评价(10分)	未按规定的频次和时机开展风险评价，扣 10 分(B级要素否决项)
	3.2 风险控制(15分)	未将重大风险降到可以接受的程度，扣 15 分(B级否决项)
	3.3 隐患排查与治理(20分)	未书面向主管部门和当地政府、安全监管部门报告扣 20 分(B级要素否决项)
		不具备整改条件的重大事故隐患，未采取防范措施，或未纳入计划，或未限期解决或停产，一项不符合扣 20 分(B级要素否决项)
		未书面向主管部门和当地政府、安全监管部门报告扣 20 分(B级要素否决项)
	3.4 重大危险源(20分)	防护距离不符合规定要求，且无防范措施，一处扣 20 分(B级要素否决项)

续表

A级要素	B级要素	否决项
4. 管理制度 (100分)	4.1安全生产规章制度 (40分)	未制订以下规章制度之一,扣40分(B级要素否决项):变更管理、风险管理、隐患排查治理、临时用电作业、高处作业、起重吊装作业、破土作业、断路作业、设备检查维修作业、抽堵盲板作业管理制度及文件档案管理制度
	4.2操作规程(40分)	有岗位未编制规程,或岗位无法提供操作规程,扣40分(B级要素否决项)
		投产或投用前未编制操作规程,扣40分(B级要素否决项)
5. 培训教育 (100分)	5.3管理人员培训(20分)	主要负责人或安全生产管理人员未取得安全资格证书或证书失效,扣20分(B级要素否决项)
	5.4从业人员培训教育 (30分)	未接受三级安全培训教育或考核不合格上岗,1人次扣30分(B级要素否决项)
6. 生产设施及工艺安全(100分)	6.1生产设施建设(10分)	新开发的危险化学品生产工艺,未经小试、中试、工业化试验直接进行工业化生产,扣10分(B级要素否决项)
	6.2安全设施(20分)	①未在危险工业装置上可能引起火灾、爆炸的部位设置超温、超压等检测仪表、声和(或)光报警和安全联锁装置等设施,扣20分(B级要素否决项);②没有按标准设置有毒有害、可燃气体泄漏报警仪的,扣20分(B级要素否决项);③经专家诊断没有按标准、规范设置其他安全设施的,扣20分(B级要素否决项)
	6.3特种设备(10分)	①未及时报废,1台次扣10分(B级要素否决项);②已报废的特种设备,仍在现场使用,1台次扣10分(B级要素否决项)
	6.4工艺安全(25分)	压力容器及附件未检验或检验不合格,一项扣25分(B级要素否决项)
	6.5关键装置及重点部位(15分)	未确定关键装置、重点部位,扣15分(B级要素否决项)
	6.6检维修(10分)	①未制定检维修方案,扣10分(B级要素否决项);②未办理检维修前工艺、设备设施交付检维修或检维修后检维修交付生产手续,扣10分(B级要素否决项)
7. 作业安全 (100分)	7.3作业环节(40分)	未持相应作业许可证进行危险性作业,扣40分(B级要素否决项)
8. 职业健康 (100分)	8.1职业危害项目申报(25分)	①未识别职业危害因素,扣25分(B级要素否决项);②未申报职业病危害因素,扣25分(B级要素否决项)
	8.2作业场所职业危害管理(50分)	作业场所设生活设施并住人,扣50分(B级要素否决项)
9. 危险化学品管理(100分)	9.1危险化学品档案(10分)	未进行危险化学品普查,扣10分(B级要素否决项)
	9.3化学品安全技术说明书和安全标签(10分)	生产的危险化学品未编制"一书一签",扣10分(B级要素否决项)
	9.4化学事故应急咨询服务电话(10分)	未设立应急电话,也未委托应急机构代理,扣10分(B级要素否决项)

续表

A级要素	B级要素	否决项
9. 危险化学品管理(100分)	9.5 危险化学品登记(20分)	没有进行危险化学品登记或登记证载明的日期超过有效期扣20分(B级要素否决项)
	9.7 储存和运输(25分)	剧毒化学品未实行双人收发、双人保管,扣25分(B级要素否决项)
10. 事故与应急(100分)	10.3 应急救援预案与演练(25分)	未编制事故应急救援预案,扣25分(B级要素否决项)

2. 危险化学品从业单位安全生产标准化三级企业A级要素否决项见附表1-2。

附表1-2　危险化学品从业单位安全生产标准化三级企业A级要素否决项（13项）

A级要素	B级要素	否决项
2. 机构和职责(100分)	2.3 职责(30分)	未建立安全生产责任制,扣100分(A级要素否决项)
	2.4 组织机构(20分)	未设置安委会、安全生产管理部门或配备专职安全管理人员,扣100分(A级要素否决项)
3. 风险管理(100分)	3.5 重大危险源(20分)	未建立重大危险源管理制度,或未辨识、确定重大危险源,扣100分(A级要素否决项)
		重大危险源有重大事故隐患,且未采取安全防范措施的,扣100分(A级要素否决项)
4. 管理制度(100分)	4. 安全生产规章制度(40分)	未制订动火作业管理制度或进入有限空间管理制度,扣100分(A级要素否决项)
6. 生产设施及工艺安全(100分)	6.1 生产设施建设(10分)	未按国家安全监管总局令第8号要求进行设计审查、安全条件论证和竣工验收的,扣100分(A级要素否决项)
		使用无资质或资质不符合规定的设计、施工、监理单位,扣100分(A级要素否决项)
		采用国家明令淘汰的工艺、技术、设备、材料,扣100分(A级要素否决项)
		国内首次采用的化工工艺未经论证的,扣100分(A级要素否决项)
	6.4 工艺安全(25分)	危险工艺未按规定实现自动化控制的,扣100分(A级要素否决项)
7. 作业安全(100分)	7.1 作业许可(20分)	未实施危险性作业许可管理,扣100分(A级要素否决项)
10. 事故与应急(100分)	10.5 事故报告(15分)	存在事故瞒报、谎报、拖延不报现象的,扣100分(A级要素否决项)
11. 检查与自评(100分)	11.4 自评(30分)	未进行自评,扣100分(A级要素否决项)

3. 电镀企业国家三级安全生产标准化考评细则见附表1-3。

附表1-3 电镀企业国家三级安全生产标准化考评细则

考评项目		考评内容和安全管理要求	满分	评分标准	自评分	考评分
一	目标	建立安全生产目标的管理制度,明确目标的制订、分解、实施、考核等环节内容	6	无该项制度的,不得分;未以文件形式发布生效的,不得分;安全生产目标管理制度缺少制订、分解、实施、绩效考核等内容的,扣2分;未能明确责任部门或责任人相应责任的,扣2分		
		按照安全生产目标管理制度的规定,制订文件化的年度安全生产目标	8	无年度安全生产目标的,不得分;未以文件印发的,不得分;安全生产目标内容不完善的,扣3分;目标不合理或不明确,每处扣1分		
		根据电镀企业各部门(车间)在安全生产中的职能,分解年度安全生产目标,并制订实施计划和考核办法	6	无年度安全生产目标分解的,不得分;无实施计划或考核办法的,不得分;实施计划无针对性的,扣2分;缺个职能部门的目标实施计划或考核办法的,扣2分		
		按照制度规定,对安全生产目标和指标实施计划的执行情况进行检查,并保存有关检查记录资料	5	无安全目标实施情况检查记录的,不得分;检查不符合制度规定的,扣2分;检查资料不齐全的,扣1分		
		定期对安全生产目标的完成效果进行评估和考核,依据评估考核结果,及时调整安全生产目标的实施计划。评估报告和实施计划的调整、修改记录应形成文件并加以保存	5	未定期进行效果评估和考核的(含无评估报告),不得分;未根据评估结果及时调整实施计划的,不得分;调整后的目标与实施计划未以文件形式印发的,扣2分;记录资料保存不齐全的,扣1分		
小计			30			
二	组织机构和职责	设置安全管理机构、配备安全管理人员的管理制度	2	无该项制度的,不得分;未以文件形式发布生效的,不得分;与国家、地方等有关规定不符的,扣1分		
		1. 企业应有文件明确企业的主要负责人为本单位安全生产第一责任人,主要负责人全面负责安全生产工作,并履行下列主要职责:(1)组织建立、健全本单位的安全生产责任制,并保证有效执行;(2)组织制订安全生产规章制度和操作规程,并保证其有效实施;(3)保证本单位安全生产投入的有效实施;(4)督促检查本单位安全生产工作,及时消除生产事故隐患;(5)组织制订并实施本单位的生产安全事故应急救援预案;(6)及时、如实报告生产安全事故。2. 主要负责人做出文件化的安全承诺,并提供相应的资源和技术的支撑,确保安全承诺的实现	10	1. 无文件的不得分,文件中未明确第一责任人的扣5分。主要负责人安全生产职责不明确,没有履行主要职责的,每缺一项,扣2分;本小项不得分时,追加扣除20分。2. 无文件的不得分,文件中未明确资源说明,每缺一项扣3分		

考评项目	考评内容和安全管理要求	满分	评分标准	自评分	考评分
二 组织机构和职责	建立主要负责人、分管负责人，公司各部门、各车间、班组、各岗位从业人员安全生产责任制，并明确相关责任	6	无生产责任制不得分，责任制不明确扣2分，每缺一项责任制扣2分		
	层层(公司与部门、厂与车间、车间与班组、班组与员工)签订安全生产责任书	6	未签订安全生产责任书不得分，查责任书每缺一项扣2分		
	电镀车间承包、出租应当签订安全生产管理协议书，对承包、承租单位的安全工作履行统一管理的职责	6	未签订安全管理协议书不得分，协议书内容不明确的扣3分(没有履行监督、检查、统一协调的扣3分)		
	从业人员在50人以下，应配备专职或兼职安全管理人员；从业人员在50人以上应配备1名专职安全管理人员。从业人员在300人以上，根据有关规定和企业实际，设立安全生产领导机构，建立各级(公司、部门、车间、班组)安全管理网络，并明确具体人员，有任命文件	8	未设立的，不得分；未以文件形式任命的，扣3分；成员未包括主要负责人、部门负责人等相关人员的，扣3分。配备的人员不符合规定的，每人扣2分；本小项不得分时，追加扣除6分		
	安全生产领导机构每季度应至少召开一次安全专题会，协调解决安全生产问题。会议纪要中应有工作要求并保存	5	未定期召开安全专题会的，不得分；未跟踪上次会议工作要求的落实情况的或未制订新的工作要求的，不得分；无会议记录的，扣2分；有未完成项目无整改措施的，每一项扣1分		
	建立安全生产责任制的制度。建立、健全安全生产责任制，并对落实情况进行考核	6	无该项制度的，不得分未建立安全生产责任制的，不得分；未以文件形式发布生效的，不得分；责任制内容与岗位工作实际不相符的，每个扣1分；没有对安全生产责任制落实情况进行考核的，不得分；本小项不得分时，追加扣除6分		
	对各级管理层进行安全生产责任制与权限的培训。安全管理人应当具有经安监管理部门培训考核合格取得资格证书，其他从业人员应当具有培训考核合格的上岗证	6	无该培训的，不得分；无培训记录的，不得分；每缺少一人培训的，扣1分；被抽查人员对责任制不清楚的，每人扣1分		
	定期对安全生产责任制进行适宜性评审与更新	5	未定期进行适宜性评审的，不得分；无评审记录的，不得分；评审、更新频次不符合制度规定的，每缺一次扣1分；更新后未以文件形式发布的，扣1分		

考评项目		考评内容和安全管理要求	满分	评分标准	自评分	考评分
小计			60			
三	安全生产投入	建立安全生产费用提取和使用管理制度	7	无该项制度的,不得分;未以文件形式发布生效的,不得分;制度中职责、范围、检查等内容,每缺一项扣1分		
		保证安全生产费用投入,专款专用,并建立安全生产费用使用台账	12	未按规定提取安全生产费用的,不得分;安全生产投入不足的,不得分;无财务专项科目或报表中无安全生产费用归类统计的,不得分;无安全费用使用台账的,扣8分;台账不完整齐全的,扣6分		
		制订包含以下方面的安全生产费用的使用计划: (1)完善、改造和维护安全防护设备设施; (2)安全生产教育培训和配备劳动防护用口; (3)安全评价、危险源监控、事故隐患评估和整改; (4)设备设施安全性能检测检验; (5)应急救援器材、装备的配备及应急救援演练; (6)安全标志及标识; (7)其他与安全生产直接相关的物品或者活动。制定职业危害防治,职业危害因素检测、监测和职业健康体检费用的使用计划	15	无该使用计划的,不得分;计划内容缺失的,每缺一个方面扣2分;未按计划实施的,每一项扣2分;有超规定范围使用的,每次扣4分		
		建立员工工伤保险、安全生产责任保险的管理制度,并足额缴纳	8	无该项制度的,不得分;未以文件形式发布生效的,扣2分。未缴纳的,不得分;无缴费相关资料的,不得分		
		有危险源评估,事故隐患监控和整改的专项资金	8	没有投入不得分,计划不落实扣3分		
小计			50			
四、法律法规与安全管理制度	4.1法律法规、标准规范	建立识别、获取、更新适用的安全生产法律法规与标准的管理制度	5	无该项制度的,不得分;缺少识别、获取、更新等环节要求以及部门、人员职责等内容的,扣2分;未以文件发布生效的,扣2分		
		定期识别和获取使用的安全生产法律法规与标准,并发布清单	5	未定期识别和获取的,不得分;工作程序或结果不符合规定的,每次扣2分;无安全生产法律法规与标准要求清单的,不得分;每缺一个安全生产法律法规与标准要求文本或电子版的,扣2分		

考评项目		考评内容和安全管理要求	满分	评分标准	自评分	考评分
四、法律法规与安全管理制度	4.1 法律法规、标准规范	及时将适用的安全生产法律法规与标准要求传达给从业人员，并进行相关培训和考核	8	未培训考核的，不得分；无培训考核记录的，不得分；每缺少一项培训和考核的，扣2分		
		电镀企业应具有污染物排污许可证和环评报告的批复文件，及环保、卫生、安全"三同时"验收文件，保证其企业合法性	15	无任何证件的不得分，并给予取缔，缺一个证件的扣5分，并立即办理证件		
	4.2 规章制度	按照相关规定建立和发布健全的安全生产规章制度，至少包含下列内容： 1. 安全生产目标的管理制度； 2. 安全管理机构，配备安全管理人员的管理制度； 3. 安全生产责任制度； 4. 安全生产费用提取和使用管理制度； 5. 员工工伤保险，安全生产责任保险的管理制度； 6. 识别、获取、更新安全生产法律、法规与其标准的管理制度； 7. 安全生产工作会议制度； 8. 文件和档案的管理制度； 9. 安全生产教育和培训管理制度； 10. 消防和用电管理制度； 11. 设备、设施的检修、检测、检验、维护、保养管理制度； 12. 安全生产台账管理制度； 13. 对"三违"行为的管理制度； 14. 作业过程及环境变更的管理制度； 15. 安全生产检查及事故隐患排查、治理的管理制度； 16. 危险物品和危险源的管理制度； 17. 职业健康和劳动防护用品发放的管理制度； 18. 事故应急救援管理制度； 19. 事故的管理制度 20. 安全生产标准化绩效评定的管理制度； 21. 防火、防爆、防毒管理制度	15	制度未以文件形式发布的，不得分；每缺一项制度的，扣2分；制度内容不符合规定或与实际不符的，每项制度扣2分；无制度执行记录的，每项制度扣2分		
		将安全生产规章制度发放到相关工作岗位，并对员工进行培训和考核	5	未发放的，扣2分；无培训和考核记录的，不得分；每缺少一项培训和考核的，扣1分		

续表

考评项目	考评内容和安全管理要求	满分	评分标准	自评分	考评分
4.3 操作规程	电镀生产作业安全操作规范必须符合《电镀生产安全操作规程》(AQ 5202—2008)中相关要求	10	抽查操作规程，未制订的不得分，制订的规程未按标准要求的，每缺一项扣3分，违规操作一处扣5分		
	向员工下发岗位安全操作规程，并对员工进行培训和考核	10	未发放的，不得分；每少发一个岗位的，扣2分；无培训和考核记录等资料的，不得分；每缺一个培训和考核的，扣2分		
4.4 评估	每年至少一次对安全生产法律法规、标准规范、规章制度、操作规程的执行情况和适用情况进行检查和评估	10	未进行的，不得分；无评估报告的，不得分；评估报告每缺少一个方面内容的，扣3分；评估结果与实际不符的，扣5分；评估周期超过每年一次的，扣5分		
四、法律法规与安全管理制度	建立文件和档案的管理制度，明确责任部门、人员、流程、形式、权限及各类安全生产档案及保存要求等	7	无该项制度的，不得分；未以文件形式发布的，不得分；未明确安全规章制度和操作规程编制、使用、评审、修订等责任部门/人员、流程、形式、权限等的，扣2分；未明确具体档案资料、保存周期、保存形式等的，扣2分		
4.5 文件和台账管理	对下列主要安全生产资料进行台账管理：安全生产会议记录(含纪要)、安全费用提取使用记录、员工安全教育培训记录、劳动防护用品采购发放记录、危险源管理台账、安全生产检查记录、事故调查处理报告、事故隐患整改记录、安全生产奖惩记录、特种作业人员登记记录、特种设备管理记录、安全设备设施管理台账、新改扩建项目"三同时"、风险评价信息、职业健康检查与监护记录、应急演习信息等	10	未实行台账管理的，不得分；台账管理不规范的，扣6分；每缺少一类台账，扣2分		
小计		100			
五、教育培训	建立安全生产教育培训的管理制度	5	无该项制度的，不得分；未以文件形式发布生效的，不得分；制度中缺少一类培训规定的，扣2分		
5.1 教育培训管理	定期识别安全教育培训需求，制订各类人员的培训计划	5	未定期识别需求的，扣2分；识别不充分的，扣1分；无培训计划的，不得分；培训计划中每缺一类培训的，扣1分		

续表

考评项目		考评内容和安全管理要求	满分	评分标准	自评分	考评分
五、教育培训	5.1教育培训管理	按计划进行安全教育培训,对安全培训效果进行评估和改进。做好培训记录,并建立档案	10	未按计划进行培训的,每次扣2分;记录不完整齐全的,每缺一项扣2分;未进行效果评估的,每次扣2分;未根据评估作出改进的,每次扣2分;未进行档案管理的,不得分;档案资料不完整齐全的,每次扣2分		
	5.2操作岗位人员教育培训	对岗位操作人员进行安全教育和生产技能培训和考核,促使岗位作业人员能熟悉并遵守作业操作规程,能掌握紧急情况下应急措施的操作。考核不合格人员,不得上岗;进行上岗前的职业健康培训和在岗期间的定期职位健康培训	5	未经培训,或培训考核不合格而上岗作业的,每人次扣1分		
		对新员工进行"三级"安全教育	8	三级安全教育培训无针对性或流于形式的,不得分;新入厂人员上岗前未经三级安全教育培训的,每人次扣1分		
		在新工艺、新技术、新材料、新设备设施投入使用前,应对有关岗位操作人员进行专门的安全教育和培训	5	在新工艺、新技术、新材料、新设备设施投入使用前,未对岗位操作人员进行专门的安全教育培训的,每人次扣1分		
		岗位操作人员转岗和离岗一年重新上岗者,应进行车间、班组安全教育培训,经考核合格后,方可上岗工作	6	未按规定对转岗和离岗者进行培训考核合格就上岗的,每人次扣1分		
		从事特种作业人员和特种设备作业人员应取得特种作业操作资格证书,方可上岗作业	6	特种作业人员和特种设备作业人员配备不合理的,每人次扣2分;有特种作业和特种设备作业岗位但未配备相应作业人员的,每人次扣2分;无特种作业和特种设备作业资格证书上岗作业的,每人次扣2分;证书过期未及时审核的,每人次扣2分;缺少特种作业和特种设备作业人员档案资料的,每人次扣1分		
	5.3安全文化建设	车间每月、班组每周开展一次安全活动,并形成记录,车间活动要有计划、规定活动形式、内容、要求,安全管理人员应定期参加车间安全活动并对安全活动进行检查、签字	10	查班组、车间活动记录,未定期开展安全活动每次扣2分,无记录扣5分,未制订活动计划扣5分,计划内容缺项每项扣1分,安管员不参加不签字扣3分		
小计			60			

续表

考评项目	考评内容和安全管理要求	满分	评分标准	自评分	考评分
六、生产设备设施	6.1 工艺装备				
	禁止氰化物镀锌、镀锌层六价铬钝化、电镀锡铅合金等工艺。无铅、镉、汞等重污染化学品	10	有氰化镀锌、六价铬钝化、电镀锡铅合金等工艺的不得分。有铅、镉、汞使用的不得分		
	自动化生产线镀槽容积不小于总容积的80%，应特殊工艺要求无法实现自动化的手工电镀线（包括前处理和铬钝化等工段）确保废水不落地	15	总容积小于80%的，不得分，手工电镀线未经环保局批准同意的，不得分。废水落地的，不得分		
	6.2 生产工艺及设施要求				
	电镀生产装置安全技术规程必须符合《电镀生产装置安全技术条件》（AQ5203—2008）中的相关要求	20	抽查企业的电镀生产装置和附属设施，是否符合标准要求，每缺一处扣5分，并督促其整改。完全不符合的不得分		
	说明剧毒、有毒化学品在工艺流程中使用、损耗情况（注明使用、泄漏、释放及排放等环节），计算企业使用的数量，禁止把氰化物使用在镀锌和除油、脱脂及非法转让他人	10	查流向登记和购买凭证计算其使用量，不符合的扣5分，使用在镀锌上或其他除油工艺上扣5分，非法转让他人报公安局处理		
	按照设备、设置管理制度和检测检验维护，保养制度，建立生产设备、设施台账，记录档案齐全，设备完好率达95%以上。电镀企业的锅炉、起重机械、货梯、厂内机动车、安全装置、消防器材、防雷、防静电、电气防爆等各种安全防护设施，企业应有专人负责管理，并定期检测，检查和维护保养，有记录	15	查台账，无台账扣10分，缺一项设备设施扣1分，完好率不达标扣5分。查定置管理图和设备管理牌，无专人负责扣3分，漏一项扣2分，未定期检测、检查、维护扣2分，无记录或记录不全每项扣2分		
	电镀企业的电气设备安装施工应由有资质的单位来做，施工人员有相应的特种作业操作证	15	施工单位无资质的不得分，施工人员无证作业每人次扣5分		
	有完整的电气设备档案，台账，设备应定期检查，维修，保养，并检修记录台账，保证设备正常运转	10	未建立设备档案不得分，无设备保养、检修记录台账扣5分，设备台账档案不完整，每处扣2分		
	机械设备的传动部位应有防止机械伤害的防护装置。传动设备应设置紧急停止装置	15	一处未设防护装置扣2分		
	电气设备、开关、按钮、插座等不能安装在可燃材料上。整流器外壳应安全接地，相互间距不小于600mm	15	一处不合格扣5分		
	涉及喷漆易燃易爆的车间，电线应穿管敷设，应有防爆装置	20	电气开关、按钮、灯具一处不防爆不得分，线路未穿管敷设的，不得分		

215

续表

考评项目		考评内容和安全管理要求	满分	评分标准	自评分	考评分
六、生产设备设施	6.2 生产工艺及设施要求	镀槽加热采用电热棒加热的，应安装低水位自动停电装置。电加热镀槽上方应安装自动喷淋灭火装置和烟火感应报警装置	15	不安装的，不得分。缺一项的扣10分		
	6.3 设备设施运行管理	锅炉与辅机锅炉应满足："三证"齐全	10	锅炉无"三证"（产品合格证、登记使用证、定期检验合格证）的，不得分；"三证"每缺一项扣3分		
小计			170			
七、作业安全	7.1 生产现场管理和生产过程控制	对电镀化学品、储存、使用必须符合《电镀化学品运输、储存、使用安全规程》（AQ3019—2008）中的6.7.8.项要求	20	抽查电镀化学品、储存、使用等方面台账，同标准相比较，与标准不符的，缺项一处扣5分		
		储存、使用剧毒、有毒、易制毒物品的车间、仓库的建筑物应安装避雷和消防器材装置，剧毒品车间、仓库还应安装视频监控，CK报警，并按规定要求定期检测合格，保持有效状态	15	未安装避雷消防装置，视频监控，CK报警的不得分。安装后不使用扣10分，不维修，不保养、不检测扣5分		
		对生产现场和生产过程、环境存在的风险和隐患进行辨识、评估分级，并制订相应的控制措施	15	企业未对生产作业过程及物料、设备设施、器材、通道、作业环境等存在的隐患进行分析和控制，不得分，分析和控制无针对性的，每处扣5分		
		非经允许，禁止与生产无关人员进入生产操作现场。应划出非岗位操作人员行走的安全路线	5	有与生产无关人员进入生产操作现场的，不得分；未划出非岗位操作人员行走的安全路线的，不得分；安全路线设置不合理的，每处扣2分		
		危险化学品的车间、仓库应有安全周知卡和安全标识，挂在墙上，岗位员工应了解所用的化学物品名称、特性和预防应急处理措施	10	一处未设置安全周知卡和安全标识扣2分，查员工不了解所用的危险化学品名称，特性及预防应急措施，每人次扣1分		
		储存、使用剧毒、有毒、易制毒等有毒物品的仓库、车间建议安装有毒气体浓度检测报警仪	10	安装后不使用扣5分，不检测，不保养扣5分		
		电镀车间废气排放接入废气收集处理系统，镀槽采用上吸式集气罩或侧吸式集气罩。加强车间通风，封闭式电镀，敞开式的车间要实行吊顶	10	废气排放不接入废气收集处的，不得分。敞开式的车间不吊顶的，不得分。镀槽不采用上集气罩的，缺一项扣5分		

考评项目		考评内容和安全管理要求	满分	评分标准	自评分	考评分
七、作业安全	7.2 生产现场管理和生产过程控制	电镀车间必须安装重金属和废酸回收装置。 对危险作业(特别是清理污泥)的安全管理工作实施作业许可。作业许可证应包含危害因素分析和安全措施等内容	10	重金属与废酸回收装置不安装的扣 5 分;对危险性较高的作业没有实施作业许可的,每次扣 3 分;作业许可没有包含危害因素分析的,每次扣 2 分;危险性作业没有采取安全措施的,每次扣 2 分;作业许可证中的危害因素分析不到位或安全措施无针对性的,每处扣 2 分; 本小项不得分时,追加扣除 12 分		
		对生产作业过程中人的不安全行为进行辨识,并制定相应的控制措施	10	每缺一类风险和隐患辨识的,扣 10 分;缺少控制措施或针对性不强的,每类扣 5 分;作业人员不清楚风险及控制措施的,每人次扣 5 分		
		建立对"三违"行为的管理制度,明确监控的责任、方法、记录、考核等事项	20	无该制度的,不得分;内容不全的,每缺一环节,扣 1 分		
		应当为从业人员配备与工作岗位相适应的符合国家标准或者行业标准的劳动防护用品,并监督、教育从业人员按照使用规则佩戴、使用	8	无发放标准的,不得分;未及时发放的,不得分;购买、使用不合格劳动防护用品的,不得分;发放标准不符有关规定的,每项扣 4 分;员工未正确佩戴和使用的,每人次扣 4 分		
		车间、仓库操作员工 1. 严格执行操作工的"六严格"(严格执行交接班制度,严格进行巡回检查,严格控制工艺指标,严格执行操作流程,严格遵守劳动纪律,严格执行有关安全规定)的规定,按要求填写运行记录。 2. 作业人员配备使用的安全装备,剧毒物品场所应按规定配备应急解毒药品,使用的各类工机具应符合安全要求。 3. 禁止在车间进食和饮水,禁止在车间(夏天)赤膊、赤脚操作,禁止在车间摆放蔬菜和抽烟。 4. 涉及腐蚀品,有毒品的使用车间应设置冲淋设施,洗眼器,且服务半径不大于 15m	20	1. 查运行记录,每项不符合扣 2 分。 2. 从业人员的安全装置不符合国家或行业标准的扣 5 分,车间内无急救药品扣 3 分。使用的各类工机具不符合安全要求每件扣 2 分。 3. 在车间内进食和饮水、抽烟每人次扣 2 分,操作时不穿劳服用品,且违规赤膊等每人次扣 5 分。 4. 不设冲淋设施和洗眼器,每处扣 1 分		

考评项目		考评内容和安全管理要求	满分	评分标准	自评分	考评分
七、作业安全	7.3 警示标志	建立警示标志和安全防护的管理制度	4	无该项制度的,不得分		
		危险化学品专用仓库、特种设备、产生严重职业危害的作业岗位,应按照有关规定设置标识及警示标志	5	未按规定设置标识及警示标志的,每处扣2分		
		设备裸露的运转部分,应设有防护罩、防护栏杆或防护挡板	4	有一处不符合要求的,扣2分		
		煤气容易泄漏和积聚的场所,应设醒目的警示标志	4	有一处不符合要求的,扣2分		
	7.4 车间作业环境	1. 车间内挂具、添加剂、化工原料及镀件等必须定置摆放,摆放整齐,平稳高度合适,危险部位应设置安全标志。 2. 车行道、人行道宽度符合安全间距,且通道线明显清晰。 3. 地面平整,无障碍物和拌脚物,做好地面防渗漏、坑、沟应设置盖板或护栏。 4. 生产作业点、镀槽和安全通道采光照明符合标准,照明灯具完好率达100%。 5. 按规定配备消防器材,且灵敏可靠。 6. 设备、设施与墙、柱以及设备设施之间留有（600～1100mm)的安全隔离,各种操作部位,观察部位符合人机工程的距离要求	20	1. 不定置摆放,一处不合格扣1分,摆放不整齐,平稳,高度不合适,每处扣1分,危险部位不设安全标志扣1分。 2. 车行道、人行道不符合安全间距一处不合格扣1分,通道线不明显清晰一处扣1分。 3. 地面不平坦,且有障碍物,拌脚物一处不合格扣1分,未作防渗漏无盖板或护栏一处不合格扣1分。 4. 作业点、通道采光照明不符合要求,每处扣1分。 5. 消防器材不按规定配套,少一件扣1分,过期无效每件扣2分。 6. 设备设施与墙、柱、安全距离不合格每处扣1分		
	7.5 厂区作业环境	1. 厂容厂貌。厂区内机动车辆、摩托车、自行车及其他物料,应定置摆放。 2. 厂区内垃圾、厕所、办公场所应清洁、无污染。 3. 厂区大门应有自动或半自动,定期检测、保养,保持有效状态。 4、厂区道路,主干道不少于5m,支干道不少于3m,路面排水良好,坡度适当,厂区门口设置限速标牌和警示标牌,并有明显的人、车分隔线。 5. 厂区照明灯布局合理,室内外消防栓应有明显的漆色标志,其1m范围内无障碍物。 6. 厂区内的物品定道堆放,不能影响通道	20	1. 厂区内实行定置摆放,现场核对厂区平面定置图,一处不合格扣1分。 2. 垃圾定点存放,且有防吹散防污染措施,一处不合格扣1分。 3. 厂区大门开启灵活,方便迅速,无卡死现象,一处不合格扣1分。 4. 查现场,不合格按比例每5%扣1分,厂区门口无警示牌一处不合格扣2分,人车分隔线一处不合格扣2分。 5. 查看现场,照明灯布局不合理,一处扣2分,灯具照明完好率100%,所有消防器材完好,一处不合格扣1分		

续表

考评项目		考评内容和安全管理要求	满分	评分标准	自评分	考评分
小计			210			
八、隐患排查与治理	8.1 隐患排查	建立隐患排查治理的管理制度,明确责任部门、人员、方法	10	无该项制度的,不得分;制度与《安全生产事故隐患排查治理暂行规定》等有关规定不符的,扣5分		
		对危险源,必须按规定进行排查,登记,备案。建立档案,并定期评估,确定隐患等级,对危险源要采取相应的防范,监控措施。对事故隐患应有切实可行的整改措施,并有记录台账	10	无隐患汇总登记台账的,不得分;无隐患评估分级的,不得分;隐患登记档案资料不全的,每处扣3分		
	8.2 排查范围与方法	隐患排查的范围应包括所有与生产经营场所、环境、人员、设备设施和活动。楼上作业的电镀车间,每年进行一次楼层承受能力检测	12	楼上作业不检测的扣5分,隐患排查范围每缺少一类,扣3分		
		采用综合检查、专业检查、定期检查、季节性检查、节假日检查、日常检查等方式进行隐患排查工作	15	各类检查缺少一次的,扣5分;检查表无人签字或签字不全的,每次扣5分		
	8.3 隐患治理	根据隐患排查的结果,制订隐患治理方案,对隐患进行治理。方案内容应包括目标和任务、方法和措施、经费和物资、机构和人员、时限和要求。重大事故隐患在治理前采取临时控制措施并制定应急预案。隐患治理措施应包括管理措施、教育措施、防护措施、应急措施等	15	无该方案的,不得分;方案内容不全的,每缺一项扣3分;每项隐患整改措施针对性不强的,扣3分		
		按规定对隐患排查和治理情况进行统计、分析并向安全监管部门和有关部门报送书面统计分析表	8	无统计分析表的,不得分;未及时报送的,不得分。分析表不全面扣4分		
小计			70			
九、安全评价与产品安全危害告知		1. 委托有资质的单位定期进行安全评价,对整个企业的安全生产条件和安全生产管理形状和电镀设备,设施进行安全评价。送安监部门备案	10	未及时安全评价,不得分,评价后不确认的,不得分。评价不全,每缺一项扣5分。评价后不送安监局备案扣5分		
		2. 根据评价的结果,对评价中应整改的事项,确认书上应详细注明整改完成的情况及图片	10	评价不整改的,不得分。整改不到位,每缺一处扣3分		

考评项目		考评内容和安全管理要求	满分	评分标准	自评分	考评分
九	安全评价与产品安全危害告知	3. 建立主要危险、有害因素档案,应将工作场所存在的主要危险有害因素控制措施向从业人员进行宣传,控制措施应安全,可行,可靠,合理	10	未建档案扣 5 分,档案不全每缺一项扣 2 分,预防控制措施没有扣 5 分,控制措施不全每缺一项扣 3 分		
		4. 采购危险化学品时,应索取安全技术说明书和安全标签,不得采购无安全技术说明书和安全标签的危险化学品	10	无安全技术说明书和安全标签的不得分。缺一项扣 5 分		
		5. 使用危险化学品前,必须先看安全技术说明书和安全标签,了解其物理、化学性能,以及安全使用和防范措施	10	查看作业场所有无安全技术说明书和安全标签,没有扣 5 分,违规操作一次扣 10 分		
		6. 应急药品和应急救援器材 24 小时必须有专人值班,能及时供应	5	无应急药品和应急救援器材的不得分。应急供应不上的扣 5 分		
		7. 以适当有效的方式对从业人员进行危害特性、预防、应急处置等知识的告知与沟通	5	抽查从业人员对危害特性及防范措施掌握情况,每人次不符合扣 2 分		
小计			60			
十、职业健康	10.1 职业健康管理	建立职业健康的管理制度	8	无该项制度的,不得分。制度与有关法规规定不一致的,扣 1 分		
		按有关要求,电镀车间产值必须在 500 万元以上。为员工提供符合职业健康要求的工作环境和条件: (1)生产布局合理,有害作业与无害作业分开; (2)作业场所与生活场所分开,作业场所不得住人; (3)有与职业危害防治工作相适应的有效防护设施; (4)职业危害强度或浓度符合国家标准、行业标准	8	有一处不符合要求的,扣 2 分;一年内有职业病患者的,不得分		
		建立、健全职业卫生档案和员工健康监护档案。对接触职业危害的作业人员,每 1~2 年应进行一次职业危害体检,体检结果记入"职业健康监护档案"	6	未进行员工健康检查的,不得分;未进行入厂和退休健康检查的,不得分;健康检查每少一人次的,扣 2 分;无档案的,不得分;每缺少一人档案的,扣 1 分;档案内容不全的,每缺一项资料,扣 1 分		

考评项目		考评内容和安全管理要求	满分	评分标准	自评分	考评分
十、职业健康	10.1 职业健康管理	定期识别作业场所职业危害因素,并进行检测,将检测结果公布、存入档案	4	未定期进行作业场所职业危害因素识别的,不得分;未定期检测的,不得分;检测的周期、地点、有毒有害因素等不符合要求的,每项扣1分;结果未公开公布的,不得分;结果未存档的,一次扣1分		
		各种防护器具应定点存放在安全、便于取用的地方,并有专人负责保管,定期校验和维护	4	未定点存放,或存放地点不安全、不便于取用的,扣1分;无专人负责,或未定期检验和维护的,扣1分		
		对现场急救物品、设备和防护用品等进行经常性的检维修,定期校验其性能,确保发生事故时可靠有效	8	未进行经常性的检维修的,扣2分;未进行定期校验,或结果不合适规定,并未及时更换的,不得分		
	10.2 职业危害告知和警示	与从业人员订立劳动合同(含聘用合同)时,应将保障从业人员劳动安全和工作过程中可能产生的职业危害及其后果、职业危害防护措施、待遇等如实以书面形式告知从业人员,并在劳动合同中写明	4	未书面告知的,不得分;告知内容不全的,每缺一项内容,扣1分;未在劳动合同中写明的(含未签合同的),不得分;劳动合同中写明内容不全的,每缺一项内容,扣1分		
		对员工宣传和培训生产过程中的职业危害、预防和应急处理措施	4	无培训、宣传的,不得分;培训、宣传无针对性或缺失内容的,每次扣1分;员工及相关方不清楚的,每人次扣1分		
		对存在职业危害的作业岗位,按照《工作场所职业病危害警示标识》(GBZ158)要求,在醒目位置设置警示标志和警示说明	4	未设置标志的,不得分;缺少标志的,每处扣1分;标志内容(含职业危害的种类、后果、预防以及应急救治措施等)不全的,每处扣1分		
	10.3 职业危害申报	按规定,及时、如实地向当地主管部门申报生产过程存在的职业危害因素	6	未申报材料的,不得分;申报内容不全的,每缺少一类扣1分		
		下列事项发生重大变化时,应向原申报主管部门申请变更:(1)新、改、扩建项目;(2)因技术、工艺或材料等发生变化导致原申报的职业危害因素及其相关内容发生重大变化;(3)企业名称、法定代表人或主要负责人发生变化	4	未申报的,不得分;每缺少一类变更申请的,扣1分		
小计			60			

考评项目		考评内容和安全管理要求	满分	评分标准	自评分	考评分
十一、应急救援	11.1 应急机构和队伍	建立事故应急救援制度	4	无该项制度的,不得分;制度内容不全或针对性不强的,扣2分		
		按相关规定建立安全生产应急管理机构或指定专人负责安全生产应急管理工作	4	没有建立机构或指定专人负责的,不得分;专人能力不能满足要求的,扣1分		
		企业应有应急救援组织,救援队伍和必要的应急救援器材,且定期组织专兼职应急救援人员开展各类应急演练,并及时修订应急预案	4	无训练计划和记录的,不得分;未定期训练的,不得分;未按计划训练的,每次扣1分;训练科目不全的,每项扣1分;救援人员不清楚职能或不熟悉救援装备使用的,每人次扣1分		
	11.2 应急预案	企业应根据具体情况制订有针对性、且可操作性强的应急救援预案和环境污染突发事故的应急预案。其中生产安全事故应急预案,包括综合预案(火灾、爆炸和毒物逸散等专项预案内容)、现场处置方案	5	无完整预案的,不得分;应急预案的格式和内容不符合有关规定的,不得分;无重点作业岗位应急处置方案或措施的,不得分;未在重点作业岗位公布应急处置方案或措施的,每处扣2分;有关人员不熟悉应急预案和应急处置方案或措施的,每人次扣2分;本小项不得分时,追加扣除4分		
		根据有关规定将应急预案报当地主管部门备案,并通报有关应急协作单位	4	未进行备案的,不得分;未通报有关应急协作单位的,每个扣1分		
		生产安全事故应急预案的评审、发布、培训、演练和修订应符合《生产安全事故应急预案管理办法》(国家安全监管总局令第88号)	4	未定期评审或无有关记录的,不得分;未及时修订的,不得分;未根据评审结果或实际情况的变化修订的,每缺一项,扣1分;修订后未正式发布或培训的,扣1分		
	11.3 应急设施装备物资	按应急预案的要求,建立事故应急池,其容积应能容纳12~24h的废水量,配备应急装备,储备应急物资	4	每缺少一类的,扣1分		
		对应急设施、装备和物资进行经常性的检查、维护、保养,确保其完好可靠	5	无检查、维护、保养记录的,不得分;每缺少一项记录的,扣1分;有一处不完好、可靠的,扣1分		
	11.4 应急演练	制订应急预案演练计划,每年至少组织一次综合应急预案演练或者专项应急预案演练,每半年至少组织一次现场处置方案演练。对应急演练的效果进行评估	8	未进行演练的,不得分;无应急演练方案和记录的,不得分;演练方案简单或缺乏执行性的,扣2分;高层管理人员未参加演练的,每次扣2分;本小项不得分时,追加扣除8分。		

考评项目		考评内容和安全管理要求	满分	评分标准	自评分	考评分
十一、应急救援	11.4应急演练	演练后要评估、总结,提出修改意见	8	无评估报告的,不得分;评估报告未认真总结问题或未提出改进措施的,扣1分;未根据评估的意见修订预案或应急处置措施的,扣1分		
	11.5事故救援	发生事故后,应立即启动相关应急预案,积极开展事故救援	4	未及时启动的,不得分;未达到预案要求的,每项扣1分		
		应急结束后,应编制应急救援报告	4	无应急救援报告的,不得分;未全面总结分析应急救援工作的,每缺一项,扣1分		
小计			50			
十二、事故报告调查和处理	12.1事故报告	建立事故的管理制度,明确报告、调查、统计与分析、回顾、书面报告样式和表格等内容	5	无该项制度的,不得分;制度与有关规定不符的,扣1分;制度中每缺少一项内容的,扣1分		
		发生事故后,主要负责人或其代理人应立即到现场组织抢救,采取有效措施,防止事故扩大	5	有一次未到现场组织抢救的,不得分;有一次未采取有效措施,导致事故扩大的,不得分		
		按规定在1小时内及时向政府和安监部门报告,并保护事故现场及有关证据	5	未及时报告的,不得分;未有效保护现场及有关证据的,不得分;报告的事故信息内容和形式与规定不相符的,扣1分		
		对事故进行登记建档管理	2	无登记记录的,不得分;登记管理不规范的,每次扣1分		
	12.2事故调查和处理	按照相关法律法规、管理制度的要求,组织事故调查组或配合有关政府行政部门对事故、事件进行调查	5	事故发生后,无调查报告的,不得分;未按"四不放过"原则处理的,不得分;调查报告内容不全的,每次扣2分;相关的文件资料未整理归档的,每次扣2分		
		按照《企业职工伤亡事故分类》(GB 6441)定期对事故、事件进行统计、分析	5	事故发生后,未统计分析的,不得分;统计分析不符合规定的,扣1分;未向领导层汇报结果的,扣1分		
		对本单位的事故及其他单位的有关事故进行回顾、学习	3	未进行回顾的,不得分;有关人员对原因和防范措施不清楚的,每人次扣1分		
小计			30			
十三、绩效评定与持续改进	13.1绩效评定	建立安全生产标准化绩效评定的管理制度,明确对安全生产目标完成情况、现场安全状况与标准化规范的符合情况、安全管理实施计划的落实情况	10	通过评估与分析,发现安全管理过程中的责任履行、系统运行、检查监控、隐患整改、考评考核等方面存在的问题,由安全生产领导机构讨论提出纠正、预防的管理方案,并纳入下一周期的安全工作实施计划中		

续表

考评项目		考评内容和安全管理要求	满分	评分标准	自评分	考评分
十三、绩效评定与持续改进	13.1 绩效评定	无该项制度的,不得分;制度中每缺少一项要求的,扣3分;制度缺乏操作性和针对性的,扣3分	8	未进行讨论且未形成会议纪要的,不得分;纠正、预防的管理方案,未纳入下一周期实施计划的,扣1分		
		将安全生产标准化工作评定报告向所有部门、所属单位和从业人员通报	8	未通报的,不得分;抽查发现有关部门和人员对相关内容不清楚的,每人次扣1分		
		每年至少一次对安全生产标准化实施情况进行评定,并形成正式的评定报告。发生死亡事故或生产工艺发生重大变化应重新进行评定	10	评定周期少于每年一次的,不得分;无评定报告的,不得分;主要负责人未组织和参与的,不得分;评定报告未形成正式文件的,扣2分;评定中缺少元素内容或其支撑性材料不全的,每个扣2分;未对前次评定中提出的纠正措施的落实效果进行评价的,扣2分		
		将安全生产标准化实施情况的评定结果,纳入部门、车间、员工年度安全绩效考评	4	未纳入年度考评的,不得分;评定结果纳入年度考评每少一项的,扣1分;年度考评每少一个部门、车间、人员的,扣1分;年度考评结果未落实兑现到部门、车间、人员的,每项扣1分		
	13.2 持续改进	根据安全生产标准化的评定结果,对安全生产目标、规章制度、操作规程等进行修改完善,制订完善安全生产标准化的工作计划和措施,实施计划、执行、检查、改进,不断提高安全绩效	10	未进行安全标准化系统持续改进的,不得分;未制订完善安全标准化工作计划和措施的,扣2分;修订完善的记录与安全生产标准化系统评定结果不一致的,每处扣2分		
小计			50			
总计			1000			

注:评估等级划分标准:一级国家评审、二级省级评审、三级地市级评审;850。

安全生产标准化企业自查表

1. 企业基本情况，见附表 2-1

附表 2-1　企业基本情况

企业名称		性质	
企业地址		邮编	
法人代表		联系电话	
专(兼)职安全员		联系电话	
职工人数		女职工人数	
管理人员数		特种作业人员数	
参加社会保障情况			
厂区占地面积		总建筑面积	
企业固定资产	上年产值	上年安全投入	
主要原料			
主要产品			
是否被列入消防安全重点单位		是否制定应急预案	
重点部位			
企业获得安全誉			
企业受处罚情况			
历年事故情况			

2. 年度安全生产资金使用情况，见附表 2-2

附表 2-2　年度安全生产资金使用情况

安全生产资金提取		（元）
使用情况		

3. 参加工伤社会保险，见附表 2-3

附表 2-3　企业员工工伤社会保险表

姓名	性别	年龄	身份证号	进单位时间	参保时间

4. 企业重点危险源监控登记表，见附表 2-4

附表 2-4 企业重点危险源监控登记表

名称			面积		防火等级	
主要原料			产品			
人数		责任人		联系电话		
设备情况：						
生产工艺(贮存物)：						
危险性：						
预防措施：						
应急措施：						

5. 安全生产组织人员情况，见附表 2-5

附表 2-5 安全生产组织人员情况表

安全组织职务	姓名	性别	出生年月	文化程度	所在单位	党政职务	受过何种安全培训

6. 企业安全检查记表，见附表 2-6

附表 2-6　企业安全检查记表

检查日期	检查部门	配合部门	牵头人	检查部位及检查结果

7. 上级来文登记、贯彻情况，见附表 2-7

附表 2-7　上级来文登记、贯彻情况表

序号	来文号	来文单位	来文标题	到文日期	贯彻情况

8. 企业安全事故情况登记表，见附表2-8

附表 2-8　企业安全事故情况登记表

事故发生时间	事故发生地点	事故类型	事故主要原因	人员伤亡情况	整改情况

9. 安全生产责任书签订情况登记表，见附表2-9

附表 2-9　安全生产责任书签订情况登记表

签订部门	签订人职务	签订人姓名	签订时间

10. 企业义务消防队队员情况登记表，见附表 2-10

附表 2-10　企业义务消防队队员情况登记表

姓名	年龄	部门	职务	参加时间	参加特种培训	联系电话

11. 各工种劳动防护用品发放情况，见附表 2-11

附表 2-11　各工种劳动防护用品发放情况表

工种名称	劳动防护用品名称	发放标准	发放日期	发放数量	领用人签字

12. 消防器材登记表，见附表 2-12

附表 2-12　消防器材登记表

部位(车间)	器材名称	规格	到期日	数量	管理人

13. 安全生产规章制度、操作规程登记表，见附表 2-13

附表 2-13　安全生产规章制度、操作规程登记表

编号	安全生产规章制度、操作规程	修订时间	备注

14. 安全会议（活动）记录，见附表 2-14

附表 2-14　安全会议（活动）记录表

序号	时间	地点	开会人员	会议主题	主持人	记录人

15. 生产经营单位主要负责人、安全生产管理人员及其他从业人员安全生产培训登记表，见附表 2-15

附表 2-15　生产经营单位主要负责人、安全生产管理人员及其他从业人员安全生产培训登记表

序号	部门	职务	姓名	性别	出生年月	培训类别	证书编号	培训年月	有效期	备注

16. 企业职工安全教育活动情况，见附表 2-16

附表 2-16　企业职工安全教育活动情况表

项目	时间	培训形式和内容	人数
新职工上岗前培训教育情况			
职工安全生产教育开展情况			
职工安全技能技术培训情况			

17. 特种设备保养维修检测检验记录，见附表 2-17

附表 2-17　特种设备保养维修检测检验记录表

时间	保养维修检测检验项目、内容	责任人

18. 特种设备情况登记表，见附表 2-18

附表 2-18　特种设备情况登记表

使用部门	设备名称	型号	生产厂家	数量	吨位	使用证号	年检情况	备注

19. 事故应急预案编制及演练情况，见附表 2-19

附表 2-19　事故应急预案编制及演练情况表

预案名称	编制部门	主要负责人	编制时间	演练情况

参考文献
REFERENCES

[1] 中华人民共和国安全生产法.

[2] 中华人民共和国职业病防治法.

[3] 中华人民共和国消防法.

[4] 关于特大安全事故行政责任追究的规定，国务院令第 302 号，2001.

[5] 使用有毒物品作业场所劳动保护条例，国务院令第 352 号，2002.

[6] 危险化学品安全管理条例，国务院令第 591 号，2011.

[7] 使用有毒物品作业场所劳动保护条例，国务院令第 352 号，2002.

[8] 生产安全事故报告和调查处理条例，国务院令第 493 号，2007.

[9] 危险化学品名录（2015 版），国家安全生产监督管理局公告 2015 第 5 号，2015.

[10] 危险化学品重大危险源辨识. GB18218-2014.

[11] 工业企业设计卫生标准. GBZ1-2010.

[12] 罗元. 现代安全管理. 第 3 版. 北京：化学工业出版社，2016.

[13] 崔政斌等. 危险化学品企业隐患排查治理. 北京：化学工业出版社，2016.

[14] 刘景良. 安全管理. 第 3 版. 北京：化学工业出版社，2014.

[15] 崔政斌等. 危险化学品企业安全管理指南. 北京：化学工业出版社，2016.